HANDBUCH DER ANALYTISCHEN CHEMIE

HERAUSGEGEBEN

VON

W. FRESENIUS UND G. JANDER

WIESBADEN BERLIN

DRITTER TEIL

QUANTITATIVE BESTIMMUNGS- UND TRENNUNGSMETHODEN

BAND VIIIbγ

ELEMENTE DER ACHTEN NEBENGRUPPE

III

(PLATINMETALLE)

Springer-Verlag Berlin Heidelberg GmbH

1953

ELEMENTE DER ACHTEN NEBENGRUPPE

III

PLATINMETALLE

PLATIN PALLADIUM · RHODIUM · IRIDIUM
RUTHENIUM · OSMIUM

BEARBEITET

VON

G. BAUER · W. GEIBEL

SPEKTROCHEMISCHE BESTIMMUNG DES PLATINS

VON

H. OBERLÄNDER

MIT 3 ABBILDUNGEN

Springer-Verlag Berlin Heidelberg GmbH

1953

ISBN 978-3-662-35922-8 ISBN 978-3-662-36752-0 (eBook)
DOI 10.1007/978-3-662-36752-0

Ursprünglich erschienen bei Springer-Verlag OHG., Berlin/Göttingen/Heidelberg 1953.

Softcover reprint of the hardcover 1st edition 1953

Inhaltsverzeichnis.

Verzeichnis der Zeitschriften und ihrer Abkürzungen.

Abkürzung	Zeitschrift
A.	LIEBIGS Annalen der Chemie; bis **172** (1874): Annalen der Chemie und Pharmacie.
Acc. Sci. med. Ferrara	Accademia delle scienze mediche di Ferrara.
A. Ch.	Annales de Chimie; vor **1914**: Annales de Chimie et de Physique.
Acta Comment. Univ. Tartu	Acta et Commentationes Universitatis Tartuensis (Dorpatensis).
Acta med. Scand.	Acta Medica Scandinavica.
Agricultura	Agricultura.
Am. Chem. J. (Am. Ch.)	American Chemical Journal; seit 1917 vereinigt mit Am. Soc.
Am. Fertilizer	The American Fertilizer.
Am. J. Physiol.	American Journal of Physiology.
Am. J. Sci.	American Journal of Science.
Am. Soc.	Journal of the American Chemical Society.
Am. Soc. Test. Mater. (Am. Soc. Testing Materials)	American Society of Testing Materials.
Anal. Chem.	Analytical Chemistry, früher Ind. Eng. Chem. Anal. Edit.
Anal. chim. Acta	Analytica chimica acta.
Analyst	The Analyst.
An. Argentina	Anales de la asociación química Argentina.
An. Españ.	Anales de la sociedad española de física y química; seit 1941: Anales de fisica y quimica (Madrid).
An. Farm. Bioquim.	Anales de farmacia y bioquímica (Buenos Aires).
Angew. Ch.	Angewandte Chemie, vor 1932: Zeitschrift für angewandte Chemie.
Ann. Acad. Sci. Fenn.	Annales academiae scientiarum fennicae.
Ann. agronom.	Annales agronomiques.
Ann. Chim. anal.	Annales de Chimie analytique et de Chimie appliquée.
Ann. Chim. appl(ic).	Annali di chimica applicata.
Ann. Falsific.	Annales des Falsifications et des Fraudes.
Ann. Office nat. Combustibles liquides	Annales de l'Office National des Combustibles Liquides.
Ann. Phys.	Annalen der Physik (GRÜNEISEN und PLANCK).
Ann. Sci. agronom. Franç.	Annales de la Science agronomique française et étrangère; nach 1930: Annales agronomiques.
Ann. Soc. Sci. Bruxelles	Annales de la société scientifique de Bruxelles, Série A: Sciences mathématiques; Série B: Sciences physiques et naturelles.
Anz. Akad. Wiss. Wien, math.-naturwiss. Kl.	Anzeiger der Akademie der Wissenschaften in Wien, Mathematische-Naturwissenschaftliche Klasse.
Anz. Krakau. Akad.	Anzeiger der Akademie der Wissenschaften, Krakau.
Apoth.-Z.	Apotheker-Zeitung.
Ar.	Archiv der Pharmazie.
Arch. Eisenhüttenw.	Archiv für das Eisenhüttenwesen.
Arch. exp. Pathol.	Archiv für experimentelle Pathologie und Pharmakologie (NAUNYN-SCHMIEDEBERG).
Arch. Math. Naturvidensk (Arch. F. Mathem. og Naturvid.)	Archiv for Mathematik og Naturvidenskab.
Arch. Néerland. Physiol.	Archives Néerlandaises de Physiologie de l'Homme et des Animaux.
Arch. Phys. biol.	Archives de Physique biologique et de Chimie-Physique des Corps organisés.
Arch. Physiol.	Archiv für die gesamte Physiologie des Menschen und der Tiere (PFLÜGER).
Arch. Sci. biol.	Archivio di scienze biologiche (Italy).
Arch. Sci. phys. nat. Genève	Archives des Sciences physiques et naturelles, Genève.

Abkürzung	Zeitschrift
Atti Accad. Lincei	Atti della Reale Accademia nazionale dei Lincei.
Atti Accad. Sci. Torino	Atti della Reale Accademia delle Scienze di Torino.
Atti Congr. naz. Chim. pura applic.	Atti del congresso nazionale di chimica pura ed applicata.
Atti X Congr. int. Chim., Roma (Atti Congr. int. Chim. Roma)	Atti del X Congresso Internazionale di Chimica (Roma).
Austr. J. exp. Biol. med. Sci.	Australian Journal of Experimental Biology and Medical Science.
B.	Berichte der Deutschen Chemischen Gesellschaft.
Ber. dtsch. keram. Ges.	Berichte der Deutschen Keramischen Gesellschaft.
Ber. dtsch. pharm. Ges.	Berichte der Deutschen Pharmazeutischen Gesellschaft.
Ber. oberhess. Ges. Naturk.	Bericht der oberhessischen Gesellschaft für Natur- und Heilkunde.
Ber. Wien. Akad.	Sitzungsberichte der Akademie der Wissenschaften, Wien.
Betriebslab.	Betriebslaboratorium; russ.: Sawodskaja Laboratorija.
Biochem. J.	Biochemical Journal.
Biol. Bl.	Biological Bulletin of the Marine Biological Laboratory; seit 1930: Biological Bulletin.
Bio. Z.	Biochemische Zeitschrift.
Bl.	Bulletin de la Société chimique de France; vor 1907: Bulletin de la Société chimique de Paris.
Bl. Acad. Roum.	Bulletin de la section scientifique de l'Académie Roumaine.
Bl. Acad. Russie	Bulletin de l'Academie des Sciences de Russie; seit 1925: Bl. Acad. URSS.
Bl. Acad. Sci. Pétersb.	Bulletin de l'Académie impériale des Sciences, Pétersbourg; seit 1917: Bl. Acad. Russie.
Bl. Acad. URSS.	Bulletin de l'Académie des Sciences de l'U[nion des] R[épubliques] S[oviétiques] S[ocialistes].
Bl. Acad. URSS., Sér. chim.	Bulletin de l'Académie des Sciences de l'U[nion des] R[épubliques] S[oviétiques] S[ocialistes], Sér. chimique.
Bl. agric. chem. Soc. Japan	Bulletin of the Agricultural Chemical Society of Japan.
Bl. Am. phys. Soc.	Bulletin of the American Physical Society.
Bl. Assoc. techn. Fonderie (Bull. [Ass.] techn. Fonderie)	Bulletin de l'Association Technique de Fonderie.
Bl. Biol. pharm.	Bulletin des Biologistes pharmaciens.
Bl. Bur. Mines Washington	Bulletin, Bureau of Mines, Washington
Bl. chem. Soc. Japan	Bulletin of the Chemical Society of Japan.
Bl. Chim. pura apl. Bukarest (B. Chim. pura aplicata Bukarest)	Buletinul de Chimie Pură si Aplicată (al Societătii Române de Chimie) Bukarest.
Bl. Inst. physic. chem. Res. (Abstr.) Tôkyô	Bulletin of the Institute of Physical and Chemical Research, Abstracts, Tôkyô.
Bl. Sci. pharmacol.	Bulletin des Sciences pharmacologiques.
Bl. Soc. chim. Belg.	Bulletin de la Société chimique de Belgique.
Bl. Soc. Chim. biol.	Bulletin de la Société de Chimie biologique.
Bl. Soc. chim. Paris	Vgl. Bl.
Bl. Soc. Min.	Bulletin de la Société française de Minéralogie.
Bl. Soc. Mulhouse	Bulletin de la Société industrielle de Mulhouse.
Bl. Soc. Pharm. Bordeaux	Bulletin des Travaux de la Société de Pharmacie de Bordeaux.
Bl. Soc. România	Buletinul societatii de chimie din România.
Bodenkunde Pflanzenernähr.	Bodenkunde und Pflanzenernährung: 1. Folge (Band **1** bis **45**) heißt: Zeitschrift für Pflanzenernährung, Düngung und Bodenkunde.
Boll. chim. farm.	Bolletino chimico-farmaceutico.
Branntwein-Ind. (russ.)	Branntwein-Industrie (russisch).
Brit. chem. Abstr.	British Chemical Abstracts.
Bur. Stand. J. Res.	Bureau of Standards Journal of Research.
C.	Chemisches Zentralblatt.
Canad. Chem. Metallurgy (Can. Chem. Met.)	Canadian Chemistry and Metallurgy; ab Bd. **22** (1938): Canadian Chemistry and Process Industries.
Canadian J. Res.	Canadian Journal of Research.
Časopis českoslov. Lékárn.	Časopis československého, Lékárnictva.

Abkürzung	Zeitschrift
Cereal Chem.	Cereal Chemistry.
Chem. Abstr.	Chemical Abstracts.
Chem. Age	Chemical Age.
Chem. Apparatur	Chemische Apparatur.
Chem. eng. min. Rev.	Chemical Engineering and Mining Review.
Chem. Ind.	Chemistry and Industry.
Chemisat. soc. Agric. (Chemisat. socialist. Agr.) (russ.)	Chemisation of Socialistic Agriculture (russisch).
Chemist-Analyst	The Chemist-Analyst.
Chem. J. Ser. A	Chemisches Journal Serie A, Journal für allgemeine Chemie; russ.: Chimitscheski Shurnal Sser. A, Shurnal obschtschei Chimii.
Chem. J. Ser. B	Chemisches Journal Serie B, Journal für angewandte Chemie; russ.: Chimitscheski Shurnal Sser. B, Shurnal prikladnoi Chimii.
Chem. Listy	Chemické Listy pro vědu a průmysl.
Chem. Metallurg. Eng. (Chem. Met. Engin.)	Chemical and Metallurgical Engineering.
Chem. N.	Chemical News.
Chem. Obzor	Chemický Obzor.
Chem. Reviews	Chemical Reviews.
Chem. social. Agric.	Chemisation of socialistic Agriculture; russ.: Chimisazia ssozialistitscheskogo Semledelija.
Chem. Trade J. chem. Engr. (Chem. Trade J.)	Chemical Trade Journal and Chemical Engineer.
Chem. Weekbl.	Chemisch Weekblad.
Ch. Fabr.	Die chemische Fabrik.
Chim. e Ind. (Milano)	Chimica e Industria (Milano).
Chim. Ind.	Chimie & Industrie.
Chim. Ind. 17. Congr. Paris	Chimie & Industrie, 17. Congrès, Paris.
Ch. Ind.	Die chemische Industrie.
Ch. Z.	Chemiker-Zeitung.
Ch. Z. Chem. techn. Übersicht	Chemiker-Zeitung, Chemisch-technische Übersicht.
Ch. Z. Repert.	Chemiker-Zeitung, Repertorium.
Coll. Trav. chim. Tchécosl.	Collection des Travaux chimiques de Tchécoslovaquie
C. r.	Comptes rendus de l'Académie des Sciences.
C. r. Acad. URSS.	Comptes rendus (Doklady) de l'académie des sciences de l'U[nion des] R[épubliques] S[oviétiques] S[ocialistes].
C. r. Carlsberg	Comptes rendus des Travaux du Laboratoire de Carlsberg.
C. r. Soc. Biol.	Comptes rendus de la Société de Biologie.
Current Sci.	Current Science.
Dansk Tidsskr. Farm.	Dansk Tidsskrift for Farmaci.
Dingl. J.	DINGLERS Polytechnisches Journal.
Dtsch. med. Wschr.	Deutsche medizinische Wochenschrift.
Dtsch. tierärztl. Wschr.	Deutsche tierärztliche Wochenschrift.
Eng. Min. Journ.	Engineering and Mining Journal.
E. P.	Englisches Patent.
Erzmetall	Zeitschrift für Erzbergbau und Metallhüttenwesen; neue Folge von „Metall und Erz".
Fenno-Chem.	Fenno-Chemica.
Finska Kemistsamfundets Medd.	Finska Kemistsamfundets Meddelanden; fortgesetzt unter der Bezeichnung: Fenno-Chemica.
Fortschr. Chem. Physik physik. Chem.	Fortschritte der Chemie, Physik und physikalischen Chemie.
Fr.	Zeitschrift für analytische Chemie (FRESENIUS).
G.	Gazzetta chimica italiana.
Gas- und Wasserfach	Das Gas- und Wasserfach; vor 1922: Journal für Gasbeleuchtung sowie für Wasserversorgung.
Gen. electr. Rev. (General Electric Rev.)	General Electric Review.
Giorn. Biol. appl. Ind. chim. aliment. (G. Biol. appl. Ind. chim.)	Giornale di Biologia Applicata alla Industria Chimica ed Alimentare; ab Bd. 5 (1935): Giornale di Biologia Industriale Agraria ed Alimentare.

Abkürzung	Zeitschrift
Giorn. Chim. ind. ed applic. (Giorn. Chim. ind. appl.)	Giornale di Chimica Industriale ed Applicata.
Glastechn. Ber.	Glastechnische Berichte.
Glückauf	Glückauf, berg- und hüttenmännische Zeitschrift.
H.	Zeitschrift für physiologische Chemie (HOPPE-SEYLER).
Helv.	Helvetica chimica acta.
Ind. Chemist (chem. Manufacturer) (Ind. Chemist a. Chemical Manufacturer)	Industrial Chemist and Chemical Manufacturer.
Ind. chimica	L'Industria chimica, mineraria e metallurgica.
Ind. eng. Chem.	Industrial and Engineering Chemistry.
Ind. eng. Chem. Anal. Edit.	Industrial and Engineering Chemistry, Analytical Edition.
Ing. Chimiste (Bruxelles)	Ingénieur Chimiste (Bruxelles).
Internat. Sugar J.	International Sugar Journal.
J. agric. Sci.	Journal of Agricultural Science.
J. Am. ceram. Soc.	Journal of the American Ceramic Society.
J. Am. Leather Chem.	Journal of the American Leather Chemists' Association.
J. Am. med. Assoc.	Journal of the American Medical Association.
J. Am. pharm. Assoc.	Journal of the American Pharmaceutical Association.
J. Am. Soc. Agron.	Journal of the American Society of Agronomy.
J. Am. Water Works Assoc.	Journal of the American Water Works Association.
J. anal. appl. Chem.	Journal of Analytical and Applied Chemistry.
J. Assoc. offic. agric. Chem.	Journal of the Association of Official Agricultural Chemists.
J. Biochem.	Journal of Biochemistry (Japan).
J. biol. Chem.	Journal of Biological Chemistry.
Jbr.	Jahresberichte über die Fortschritte der Chemie (LIEBIG und KOPP), 1847—1910.
Jb. Radioakt.	Jahrbuch der Radioaktivität und Elektronik.
J. chem. Educat.	Journal of Chemical Education.
J. chem. Ind.	Journal der chemischen Industrie; russ.: Shurnal Chimitscheskoi Promyschlennosti.
J. chem. Physics (J. chem. Phys.)	Journal of Chemical Physics.
J. chem. Soc.	Journal of the Chemical Society of London.
J. chem. Soc. Japan	Journal of the Chemical Society of Japan.
J. Chim. appl. (J. chem. applic.) (russ.)	Journal de Chimie Appliquée (russisch).
J. Chim. phys.	Journal de Chimie physique; seit 1931: ... et Revue générale des Colloides.
J. chos. med. Assoc.	Journal of the Chosen Medical Association (Japan).
Jernkont. Ann.	Jernkontorets Annaler.
J. ind. eng. Chem.	Journal of Industrial and Engineering Chemistry; seit 1923: Ind. eng. Chem.
J. Indian chem. Soc.	Journal of the Indian Chemical Society.
J. Indian Inst. Sci.	Journal of the Indian Institute of Science.
J. Inst. Brew.	Journal of the Institute of Brewing.
J. Inst. Petrol. Tech.	Journal of the Institution of Petroleum Technologists.
J. Iron Steel Inst.	Journal of the Iron and Steel Institute.
J. Labor clin. Med.	Journal of Laboratory and Clinical Medicine.
J. Landwirtsch.	Journal für Landwirtschaft.
J. of Hyg. (Brit.)	Journal of Hygiene (britisch).
J. opt. Soc. Am.	Journal of the Optical Society of America.
J. Pharm. Belg.	Journal de Pharmacie de Belgique.
J. Pharm. Chim.	Journal de Pharmacie et de Chimie.
J. pharm. Soc. Japan	Journal of the Pharmaceutical Society of Japan.
J. physic. Chem.	Journal of Physical Chemistry.
J. Physiol.	Journal of Physiology.
J. pr.	Journal für praktische Chemie.
J. Pr. Austr. chem. Inst.	Journal and Proceedings of the Australian Chemical Institute.
J. Res. Nat. Bureau of Standards	Journal of Research of the National Bureau of Standards, früher: Bur. Stand. J. Res.
J. Russ. phys.-chem. Ges.	Journal der russischen physikalisch-chemischen Gesellschaft.
J. S. African chem. Inst.	Journal of the South African Chemical Institute.

Abkürzung	Zeitschrift
J. Sci. Soil Manure	Journal of the Sciences of Soil and Manure (Japan).
J. Soc. chem. Ind.	Journal of the Society of Chemical Industrie (Chemistry and Industry).
J. Soc. chem. Ind. Japan (Suppl.)	Journal of the Society of Chemical Industry, Japan. Supplement.
J. Soc. Dyers Colourists	Journal of the Society of Dyers and Colourists.
J. Washington Acad. Sci.	Journal of the Washington Academy of Sciences.
J. Zucker-Ind.	Journal der Zuckerindustrie; russ.: Shurnal Sakharnoi Promyschlennosti.
Keem. Teated	Keemia Teated (Tartu).
Kem. Maanedsbl. nord. Handelsbl. kem. Ind.	Kemisk Maanedsblad og Nordisk Handelsblad for Kemisk Industri.
Klin. Wschr.	Klinische Wochenschrift.
Koks u. Chem. (russ.)	Koks und Chemie (russisch).
Kolloidchem. Beih.	Kolloidchemische Beihefte.
Kolloid-Z.	Kolloid-Zeitschrift.
Lantbruks-Akad. Handl. Tidskr.	Kungl. Lantbruks-Akademiens Handlingar och Tidskrift.
Lantbruks-Högskol. Ann.	Lantbruks-Högskolans Annaler.
L. V. St.	Landwirtschaftliche Versuchsstationen.
M.	Monatshefte für Chemie.
Magyar Chem. Folyóirat	Magyar Chemiai Folyóirat (Ungarische chemische Zeitschrift).
Malayan agric. J.	Malayan Agricultural Journal.
Medd. Centralanst. Försöksväs. jordbruks., landwirtsch.-chem. Abt.	Meddelande från Centralanstalten för Försöksväsendet på Jordbruksområdet, landbrukskemi.
Medd. Nobelinst.	Meddelanden från K. Vetenskapsakademiens Nobelinstitut.
Med. Doswiadczalna i Spoleczna	Medycyna Doswiadczalna i Spoleczna.
Mem. Sci. Kyoto Univ.	Memoirs of the College of Science, Kyoto Imperial University
Metal Ind. (London)	Metal Industry (London).
Metallurgia ital. (Metallurg. Ital.)	Metallurgia Italiana.
Metallwirtschaft (Metallwirtsch., Metallwiss., Metalltechn.)	Metallwirtschaft, Metallwissenschaft, Metalltechnik.
Met. Erz	Metall und Erz.
Mikrochemie (Mikrochem.)	Mikrochemie, vereinigt mit Mikrochimica acta.
Mikrochim. A.	Mikrochimica acta.
Milchw. Forsch.	Milchwirtschaftliche Forschungen.
Mitt. berg- u. hüttenmänn. Abt. kgl. ung. Palatin-Joseph-Universität Sopron	Mitteilungen der berg- und hüttenmännischen Abteilung der königlich ungarischen Palatin-Joseph-Universität, Sopron.
Mitt. Forsch.-Anst. G.H. Hütte (Gutehoffnungshütte-Konzerns)	Mitteilungen aus den Forschungsanstalten des Gutehoffnungshütte-Konzerns.
Mitt. Geb. Lebensmitteluntersuch. Hyg.	Mitteilungen auf dem Gebiet der Lebensmitteluntersuchung und Hygiene.
Mitt. Kali-Forsch.-Anst.	Mitteilungen der Kali-Forschungsanstalt.
Mitt. K.W.I. Eisenforschg. (Düsseldorf)	Mitteilungen aus dem Kaiser-Wilhelm-Institut für Eisenforschung zu Düsseldorf.
Nachr. Götting. Ges.	Nachrichten der Kgl. Gesellschaft der Wissenschaften, Göttingen; seit 1923 fällt „Kgl." fort.
Nature	Nature (London).
Naturwiss.	Naturwissenschaften.
Natuurwetensch. Tijdschr.	Natuurwetenschappelijk Tijdschrift.
Nederl. Tijdschr. Geneesk.	Nederlandsch Tijdschrift voor Geneeskunde.
Neues Jahrb. Mineral. Geol.	Neues Jahrbuch für Mineralogie, Geologie und Paläontologie.
New Zealand J. Sci. Tech.	New Zealand Journal of Science and Technology.
Öst. Ch. Z.	Österreichische Chemiker-Zeitung.
Onderstepoort J. Vet. Sci.	Onderstepoort Journal of Veterinary Science and Animal Industry.
P. C. H.	Pharmazeutische Zentralhalle.

Abkürzung	Zeitschrift
Ph. Ch.	Zeitschrift für physikalische Chemie.
Pharm. Weekbl.	Pharmaceutisch Weekblad.
Pharm. Z.	Pharmazeutische Zeitung.
Phil. Mag.	Philosophical Magazine and Journal of Science.
Phil. Trans.	Philosophical Transactions of the Royal Society of London.
Phys. Rev.	Physical Review.
Phys. Z.	Physikalische Zeitschrift.
Plant Physiol.	Plant Physiology.
Pogg. Ann.	Annalen der Physik und Chemie, herausgegeben von POGGENDORFF (1824—1877); dann Wied. Ann. (1877—1899); seit 1900: Ann. Phys.
Pr. Am. Acad.	Proceedings of the American Academy of Arts and Sciences, Boston.
Pr. Am. Soc. Test. Mater. (Pr. Am. Soc. for testing Materials)	Proceedings of the American Society for Testing Materials.
Pr. (chem. Soc.)	Proceedings of the Chemical Society (London).
Pr. Indian Acad. Sci.	Proceedings of the Indian Academy of Sciences.
Pr. internat. Soc. Soil Sci.	Proceedings of the International Society of Soil Science.
Pr. Leningrad Dept. Inst. Fert.	Proceedings of the Leningrad Departmental Institute of Fertilizers.
Pr. Roy. Soc. Edinburgh	Proceedings of the Royal Society of Edinburgh.
Pr. Roy. Soc. London Ser. A	Proceedings of the Royal Society (London). Serie A: Mathematical and Physical Sciences.
Pr. Roy. Soc. New South Wales	Proceedings of the Royal Society of New South Wales.
Pr. Soc. Cambridge	Proceedings of the Cambridge Philosophical Society.
Problems Nutrit.	Problems of Nutrition; russ.: Woprossy Pitanija.
Pr. Oklahoma Acad. Sci.	Proceedings of the Oklahoma Academy of Science.
Pr. Soc. exp. Biol. Med.	Proceedings of the Society for Experimental Biology and Medicine.
Pr. Utah Acad. Sci.	Proceedings of the Utah Academy of Sciences.
Przemysl Chem.	Przemysl Chemiczny.
Publ. Health Rep.	Public Health Reports.
R.	Recueil des Travaux chimiques des Pays-Bas.
Radium	Le Radium, seit 1920: Journal de Physique et Le Radium.
Rep. Connecticut agric. Exp. Stat.	Report of the Connecticut Agricultural Experiment Station.
Repert. anal. Chem.	Repertorium der analytischen Chemie (1881—1887).
Répert. Chim. appl.	Répertoire de Chimie pure et appliquée (von 1864 ab: Bulletin de la Société chimique de France).
Rep. Invest. (Rep. Investig.)	United States Department Interior, Bureau of Mines, Report of Investigation.
Rev. brasil. chim. (Revista brasileira de chimica)	Revista Brasileira de Chimica (São Paulo).
Rev. Centro Estud. Farm. Bioquim.	Revista del centro estudiantes de farmacia y bioquímica.
Rev. Mét.	Revue de Métallurgie.
Rev. univ. des Min.	Revue universelle des Mines.
Roczniki Chem.	Roczniki Chemji.
Schweiz. Apoth. Z.	Schweizerische Apotheker-Zeitung.
Schweiz. med. Wschr.	Schweizerische medizinische Wochenschrift.
Schw. J.	SCHWEIGGERS Journal für Chemie und Physik (Nürnberg, Berlin 1811—1833, 68 Bde.).
Science	Science (New York).
Sci. Pap. Inst. Tôkyô	Scientific Papers of the Institute of Physical and Chemical Research Tôkyô.
Sci. quart. nat. Univ. Peking	Science Quarterly of the National University of Peking.
Sci. Rep. Tôhoku (Imp. Univ.)	Science Reports of the Tôhoku Imperial University.
Skand. Arch. Physiol.	Skandinavisches Archiv für Physiologie.
Soc.	Journal of the Chemical Society of London.

Abkürzung	Zeitschrift
Soc. chem. Ind. Victoria (Proc.)	Society of Chemical Industry of Viktoria, Proceedings.
Soil Sci.	Soil Science.
Spectrochim. Acta	Spectrochimica Acta.
Sprechsaal	Sprechsaal für Keramik-Glas-Email.
Stahl Eisen	Stahl und Eisen.
Svensk Tekn. Tidskr.	Svensk Teknisk Tidskrift.
Sv. V.A.H. (Sv VAH, Sv. Vet. Akad. Handl.)	Svenska Vetenskaps-Akademiens-Handlingar.
Techn. Mitt. Krupp	Technische Mitteilungen KRUPP.
Tôhoku J. exp. Med.	Tôhoku Journal of Experimental Medicine.
Trans. Am. electrochem. Soc.	Transactions of the American Electrochemical Society.
Trans. Am. Inst. min. metalling. Eng. (Trans. Am. Inst. Min. Eng.)	Transactions of the American Institute of Mining and Metallurgical Engineers.
Trans. Butlerov Inst. chem. Technol. Kazan	Transactions of the BUTLEROV Institute; (seit 1935: KIROV Institute) for Chemical Technology of Kazan.
Trans. ceram. Soc. England	Transactions of the Ceramic Society, England; ab Bd. **38** (1939): Transactions of the British Ceramic Society.
Trans. Dublin Soc.	Scientific Transactions of the Royal Dublin Society.
Trans. Faraday Soc.	Transactions of the FARADAY Society.
Trans. Roy. Soc. Edinburgh	Transactions of the Royal Society of Edinburgh.
Trans. sci. Inst. Fert.	Transactions of the Scientific Institute of Fertilizers and Insectofungicides (USSR.).
Trans. Sci. Soc. China	Transactions of the Science Society of China.
Trav. Inst. Etat Radium (russ.)	Travaux de l'Institut d'Etat de Radium (russisch).
Trav. Lab. biogéochim. Acad. Sci. URSS.	Travaux du laboratoire biogéochimique de l'académie des sciences de l'U[nion des] R[épubliques] S[oviétiques] S[ocialistes].
Uchen. Zapiski Kazan. Gosud. Univ.	Uchenye Zapiski Kazanskogo Gosudarstvennogo Universiteta (USSR.).
Ukrain. chem. J.	Ukrainian Chemical Journal (Journal chimique de l'Ukraine).
Union pharm.	Union pharmaceutique.
Union S. Africa Dept. Agric.	Union of South Africa. Department of Agriculture.
Univ. Illinois Bl.	University of Illinois, Bulletin.
U.S. Dep. Commerce Bur. Mines Bl. (U.S. Bur. Min. B.)	U.S. Department of Commerce, Bureau of Mines, Bulletin.
U.S. Dep. Interior Bur. (U.S. Mines Bull.)	United States Department of the Interior, Bureau of Mines, Bulletin.
U.S. Dept. Agric. Bl.	United States Department of Agriculture, Bulletins.
U.S. Geol. Surv. Bl.	United States Geological Survey Bulletin.
Verh. phys. Ges.	Verhandlungen der Deutschen physikalischen Gesellschaft.
Vorratspflege u. Lebensmittelforsch.	Vorratspflege und Lebensmittelforschung.
Washington Acad. Science	Journal of the Washington Academy of Sciences.
Wschr. Brauerei	Wochenschrift für Brauerei.
Wied. Ann.	Annalen der Physik und Chemie, herausgegeben von WIEDEMANN; s. Pogg. Ann.
Wien. klin. Wschr.	Wiener klinische Wochenschrift.
Wien. med. Wschr.	Wiener medizinische Wochenschrift.
Wiss. Nachr. Zucker-Ind.	Wissenschaftliche Nachrichten der Zuckerindustrie (ukrain.).
Wiss. Veröffentl. Siemens-Konzern	Wissenschaftliche Veröffentlichungen aus dem SIEMENS-Konzern (seit 1935: aus den SIEMENS-Werken).
Z. anorg. Ch.	Zeitschrift für anorganische und allgemeine Chemie.
Zbl. Min. Geol. Paläont. Abt. A	Zentralblatt für Mineralogie, Geologie und Paläontologie, Abt. A: Mineralogie und Petrographie.
Z. Chem. Ind. Kolloide	Zeitschrift für Chemie und Industrie der Kolloide; seit 1913: Kolloid-Zeitschrift.
Z. Deutsch. Öl- u. Fettind.	Zeitschrift für Deutsche Öl- und Fettindustrie.
Z. El. Ch.	Zeitschrift für Elektrochemie.

Abkürzung	Zeitschrift
Zentr. wiss. Forsch.-Inst. Leder-Ind.	Zentrales wissenschaftliches Forschungsinstitut für die Lederindustrie; russ.: Zentralny nautschno-issledowatelski Institut koshewennoi Promyschlennosti, Sbornik Rabot.
Z. ges. Brauw.	Zeitschrift für das gesamte Brauwesen.
Z. ges. Kältetechnik (-Industrie)	Zeitschrift für die gesamte Kältetechnik (-Industrie).
Z. Hygiene	Zeitschrift für Hygiene und Infektionskrankheiten.
Z. klin. Med.	Zeitschrift für klinische Medizin.
Z. Krist.	Zeitschrift für Kristallographie und Mineralogie.
Z. landw. Vers.-Wes. Österr.	Zeitschrift für das landwirtschaftliche Versuchswesen in Deutsch-Österreich; 1925—1933 genannt: Fortschritte der Landwirtschaft.
Z. Lebensm.	Zeitschrift für Untersuchung der Lebensmittel; bis 1925: Zeitschrift für Untersuchung der Nahrungs- und Genußmittel sowie der Gebrauchsgegenstände.
Z. Metallkunde	Zeitschrift für Metallkunde.
Z. Naturforschg.	Zeitschrift für Naturforschung.
Z. Oberschl. Berg- u. Hüttenmänn. Verb.	Zeitschrift des Oberschlesischen Berg- und Hüttenmännischen Verbandes.
Z. öffentl. Ch.	Zeitschrift für öffentliche Chemie.
Z. Pflanzenernähr. Düng. Bodenkunde	Vgl. Bodenkunde Pflanzenernähr.
Z. Phys.	Zeitschrift für Physik.
Z. pr. Geol.	Zeitschrift für praktische Geologie.
Zprávy česk. keram. společnosti	Zprávy československé keramické společnosti.
Z. techn. Phys. (russ.)	Zeitschrift für technische Physik (russ.).
Z. VDI (Z. Ver. dtsch. Ing.)	Zeitschrift des Vereins Deutscher Ingenieure.

Abkürzungen oft benutzter Sammelwerke.

Abkürzung	Sammelwerk
Berl-Lunge	BERL-LUNGE: Chemisch-technische Untersuchungsmethoden, 8. Aufl. Berlin 1931—1934. Bis zur 7. Aufl. „LUNGE-BERL" genannt.
GM.	GMELINS Handbuch der anorganischen Chemie, 8. Aufl. Berlin.
Handb. Pflanzenanal.	Handbuch der Pflanzenanalyse (KLEIN).
Lunge-Berl	Vgl. BERL-LUNGE.
Schiedsverfahren	Analyse der Metalle. Erster Band: Schiedsverfahren. 2. Aufl. Berlin-Göttingen-Heidelberg 1949.

Quantitative Analyse der Platinmetalle

Von G. Bauer und W. Geibel, Hanau.

Mit 3 Abbildungen.

Inhaltsübersicht.

§ 1. Allgemeiner Teil.

Von den im Qualitativen Teil beschriebenen zahlreichen Nachweismethoden sind nur wenige für die Bestimmung und Trennung der einzelnen Platinmetalle voneinander sowie von Au, Ag und Unedelmetallen brauchbar. Bevor wir uns mit ihnen befassen, sollen einige Betrachtungen vorausgeschickt werden, welche die Platinmetalle in ihrer Gesamtheit betreffen, nämlich über die der Analyse vorausgehenden Vorarbeiten sowie über Fällungen und Verglühungen.

A. Probenahme.

Die Wichtigkeit einer einwandfreien Probenahme kann gerade im Falle der Edelmetalle gar nicht oft genug betont werden, und zwar sowohl vom wissenschaftlichen als auch vom technischen und wirtschaftlichen Standpunkt aus. Die beste Analysenmethode ist wertlos, wenn die Probenahme versagt hat.

Die Probenahme ist im allgemeinen nicht Sache des Analytikers, sondern sie wird meist von vereidigten Probenehmern überwacht. Doch enthalten die meisten Bücher, die sich mit der qualitativen und quantitativen Analyse befassen, auch gleichzeitig mehr oder weniger eingehende Beschreibungen der Probenahme (Brunck; W. Biltz; Schiffner; R. Fresenius).

Bei dem großen Einfluß jedoch, der gerade bei der Analyse der Edelmetalle der Probenahme beigemessen werden muß, ist es außerordentlich wichtig, wenn auch der Chemiker in der Lage ist, nicht allein bei der Probenahme mitzuwirken, sondern diese sogar unter eigener Verantwortung durchzuführen. Denn gerade bei den platinmetallhaltigen Materialien ist die Herstellung einer guten Durchschnittsprobe häufig wegen ihrer ungleichmäßigen Zusammensetzung besonders schwierig. Die Art der Probenahme muß also auf die Besonderheiten des vorliegenden Materials zugeschnitten sein. Über Einzelheiten bezüglich der Probenahme edelmetallhaltiger Materialien ist insbesondere auf das vom Chemiker-Fachausschuß, Metall und Erz e.V. herausgegebene Buch: Analyse der Metalle, Band I: Schiedsverfahren, Berlin 1949, S. 164 hinzuweisen.

Den in den oben zitierten Werken gemachten Ausführungen über die Probenahme möchten wir noch hinzufügen, was im besonderen von den Platinmetallen in dieser Hinsicht zu sagen ist. Schwierigkeiten, die besondere Maßnahmen bei der Probenahme nötig machen, können hauptsächlich bei den hochwertigen Waschkonzentraten entstehen, die in der Regel 85 bis 95% Platinmetalle enthalten, während der Rest aus Sand und Mineralien, wie z. B. Chromeisenstein, Titaneisen, Spinell, Korund u. a., besteht.

Es handelt sich entweder um Rohplatinwaschkonzentrate (die häufig, wenn auch nicht zutreffend, als „Erze“ bezeichnet werden) oder um Osmiridiumwaschkonzentrate.

Die Rohplatinwaschkonzentrate bestehen in der Hauptsache aus duktilen, metallischen, in Königswasser zum weitaus größten Teil löslichen flachen oder eckigen Körnern, die ganz verschiedene Größe, und zwar von etwa ½ bis 5 mm Durchmesser, aufweisen können. Doch finden sich ganz vereinzelt auch Stücke von wesentlich größerem Format. Der größte Klumpen, der in Nischni-Tagil aufgefunden wurde, wog 9,6 kg. Die Konzentrate enthalten meist Eisen (bis zu 15% und mehr) und sind infolgedessen stark magnetisch. Das Eisen ist größtenteils mit dem Platin legiert.

Wie ungleichmäßig diese Konzentrate zusammengesetzt sind, geht aus einer in dem Werk von Duparc und Tikonowitch enthaltenen Tabelle hervor (S. 218). Diese Forscher haben den Umstand, daß die Konzentrate viel Eisen im legierten Zustand enthalten und deshalb magnetisch sind, benutzt, um mit dem Elektromagneten eine Trennung der Körner in drei Fraktionen von stark-, schwach- und unmagnetischem Material durchzuführen. Die in Prozenten umgerechneten Ergebnisse wurden auf einer Tafel übersichtlich zusammengestellt. Wie man sieht, ist das relative Verhältnis der beiden Hauptfraktionen sehr verschieden, während die dritte nur eine ganz untergeordnete Rolle spielt.

Um bei derartigem nichthomogenisierbarem Material, dessen Einzelteile außerdem noch in ihrer chemischen Zusammensetzung größere Unterschiede aufweisen können, eine einigermaßen einwandfreie Probenahme durchzuführen, bedient man sich folgender Hilfsmittel:

Man trennt zunächst die gröberen Körner der einzelnen Lose von den feineren durch Absieben[1] und behandelt jeden Anteil für sich weiter, wie unten angegeben. Wie oft man diese Trennung durch Absieben vornehmen, d. h. also, wieviel Siebklassen man herstellen soll, hängt von der Größe der Lose und den vorherrschenden Korngrößen ab. Im allgemeinen wird man dabei mit zwei bis drei Fraktionen auskommen. Auf alle Fälle wird jede Fraktion eines Loses für sich bemustert und analysiert.

Das Siebfeine wird auf einem Bogen glattem Packpapier in dünner Schicht ausgebreitet. An verschiedenen Stellen werden mit einem Metallöffel Proben entnommen, die man wieder vereint und nach dem Mischen (soweit dies möglich ist) abermals in dünner Schicht ausbreitet und in der gleichen Weise behandelt wie vorher. Aus der hinreichend verjüngten Menge wird schließlich die endgültige Probe im Gewicht von 3mal 20 g gezogen, wovon je 20 g der Käufer und der Verkäufer erhält, während 20 g für Zwecke etwaiger Schiedsanalysen zurückgestellt werden. Zur weiteren Sicherheit beträgt die Einwaage zur Analyse 5 bis 10 g des Materials. Die Analysen werden immer doppelt ausgeführt.

Die Gröbe eines Loses wird, falls sie mengenmäßig nicht groß ist, in ihrer Gesamtheit mit Königswasser behandelt und die filtrierte Lösung in einen Meßkolben gegeben. Zur Analyse werden aliquote Teile abpipettiert. Größeren Gröbemengen werden nach entsprechender Verjüngung 50 g entnommen, in Königswasser gelöst und wie vorstehend angegeben weiterbehandelt[2]. Bei sehr starkem Überwiegen einer Kornklasse in einem Lose können die anderen bei der Probenahme unberücksichtigt bleiben. Vgl. auch ADOLPHI. Der unlösliche Rest pflegt so verschwindend zu sein, daß er vernachlässigt werden kann. Andernfalls wird er als Osmiridiumkonzentrat mit der Zinkschmelze aufgeschlossen.

Größere Klumpen von Rohplatin, sogenannte „Findlinge“, werden bei der Probenahme wie geschmolzene Barren behandelt und an verschiedenen Stellen angebohrt. Da sie häufig im Innern mineralische Fremdbestandteile, wie z. B. Chromeisenstein u. dgl., einhüllen können, ist es ratsam, die Bohrungen hierbei möglichst durch das ganze Probestück hindurchzuführen.

Die *Osmiridiumwaschkonzentrate* hingegen weisen keine derartig krassen Unterschiede in den Korngrößen auf, wie sie bei den Rohplatinwaschkonzentraten vorkommen können. Sie sind besonders kenntlich durch ihre Form (zum großen Teil flache hexagonale, dünne Plättchen und Flitter), ihre Härte, Sprödigkeit und Unlöslichkeit in Königswasser. Näheres über diese Konzentrate siehe Qual. Teil S. 20 bis 21, Erläuterungen zu Tafel I bis III.

Aus diesen Konzentraten werden Muster in der oben besprochenen Weise gezogen und etwa 3 bis 5 g mit der Zinkschmelze[3] aufgeschlossen. Nach Entfernung des Zinküberschusses mit verdünnter Schwefelsäure wird der feinverteilte Rückstand wegen der Gefahr von Osmiumverlusten langsam, zuerst nur bei 50 bis 60°, getrocknet und ihm dann die Probe für die Analyse entnommen. Das aufgeschlossene Material wird über konzentrierter Schwefelsäure im Vakuumexsiccator aufbewahrt. Vor dem Öffnen wird dieser zunächst mit Kohlensäure oder Stickstoff gefüllt.

Außer den Konzentraten unterliegen noch Salze, Schwamm, geschmolzene Barren, Kontaktmassen und manchmal auch Lösungen der Probenahme.

Bei der *Probenahme von Präparaten*, wie z. B. $H_2PtCl_6 \cdot 6H_2O$, die in Form sehr hygroskopischer, kristalliner Plätzchen oder Kügelchen von etwa ½ bis 2 cm Durchmesser geliefert werden, wird wie folgt verfahren: Das in Glasflaschen mit eingeschliffenen Stopfen aufbewahrte Präparat wird zunächst durch vorsichtiges

[1] Die Durchführung der Probenahme wird in der Regel in allen Einzelheiten vorher von den Parteien schriftlich vereinbart.

[2] Siehe Fußnote 1.

[3] Über die Zinkschmelze s. Aufschlußmethoden, Qual. Teil S. 207.

Drehen der schräg gehaltenen, verschlossenen Flasche durchgemischt. Dann wird die Flasche geöffnet und rasch mit einer mit Platinschuhen versehenen Nickelzange das Probestückchen erfaßt und in ein Wägegläschen gebracht, das sofort verschlossen wird.

Aus *geschmolzenen Barren* wird, soweit es sich um Platin- oder Palladiumbarren handelt, die Analysenprobe wie üblich in Form von Bohrspänen oder Aushieben[1] entnommen. Bei den harten Beimetallen Ir, Ru, Os dagegen stößt das Anbohren auf erhebliche Schwierigkeiten, während Rh zwischen den harten und weichen Metallen der Platingruppe eine Mittelstellung einnimmt. Infolge ihrer Sprödigkeit lassen sich jedoch die harten Beimetalle leicht auf mechanische Weise durch Druck oder Schlag zerkleinern.

Das Zerschlagen von größeren Stücken geschieht auf der Stahlplatte oder in einer Presse, dagegen werden kleinere Stückchen im Diamantmörser zerkleinert. Hierbei werden die Platinmetalle mitunter durch Eisen nicht nur oberflächlich verunreinigt, es können vielmehr auch Stahlsplitter in das zertrümmerte Edelmetall gelangen. Diese Verunreinigungen müssen vor Beginn des Auflösens der Analysenprobe wieder entfernt werden, was mit Hilfe eines starken Magneten und anschließendes Auskochen in heißer konzentrierter Salzsäure erreicht werden kann. Dank der hohen chemischen Widerstandsfähigkeit der geschmolzenen Platinmetalle gegen Mineralsäuren mit Ausnahme von Königswasser lassen sich durch Behandlung mit heißen Säuren die oberflächlichen Verunreinigungen wieder entfernen. Über das bei hochreinen Platinmetallen anzuwendende Verfahren vgl. Qual. Teil S. 241, „Extreme Sonderfälle“.

Bei der *Probenahme von Schwamm* ist es zur Erlangung einer einwandfreien Durchschnittsprobe nötig, daß dieser sich leicht zu feinstem Pulver zerdrücken oder zerreiben läßt, so daß er ohne viel Rückhalt durch ein Sieb von mindestens ½ bis höchstens 1 mm Maschenweite bequem hindurchgeht. Für solche Zwecke eignet sich besonders ein Schwamm, der bei sehr niedriger Temperatur durch langsames Verglühen von Ammoniumchloriden des Platins, Palladiums oder Rhodiums hergestellt worden ist.

Gewisse Vorsicht ist auch bei der *Bemusterung von Kontaktmassen* geboten, insbesondere wenn diese größere Platingehalte aufweisen, wie z. B. der Platinasbest nach Tenteleff, der 5 bis 10% Platin enthalten kann, oder wenn, wie im Falle der Masse nach Grillo-Schroeder, als Trägersubstanz stark hygroskopisches Magnesiumsulfat verwendet wird.

Im Falle des *Platinasbestes* ist besonders zu beachten, daß das Platin z. T. nur lose an der Trägermasse haftet. Es muß daher jede überflüssige mechanische Beanspruchung des platinierten Asbestes bei der Probenahme nach Möglichkeit vermieden werden, weil diese Vorgänge immer mit einem gewissen Platinverlust verknüpft sind. Aus dem gleichen Grunde dürfen die zur Probenahme und erst recht die zur Einwaage für die Analyse bestimmten Asbestmengen nicht mit den Fingern, sondern nur mit einer sauberen Zange angefaßt werden, weil die Haut, namentlich wenn sie feucht ist, leicht etwas von dem auf der Asbestfaser locker sitzenden Platinmohr wegnehmen würde.

Bei der Bemusterung von platiniertem Asbest ist, wie im Falle der Waschkonzentrate, eine Homogenisierung durch Mischen nur in äußerst beschränktem Umfang durchführbar. Die Probenahme erfolgt daher in der gleichen Weise wie bei den Waschkonzentraten, nämlich indem man eine größere Durchschnittsprobe, die man z. B. beim Einfüllen des Asbestes in die zur Verpackung bestimmten Fässer gezogen hat, auf einer größeren Fläche von glattem Packpapier ausbreitet und die Probe unter Benutzung sauberer Zangen entnimmt.

[1] Aushiebe werden zu dünnen Streifen ausgewalzt und kleingeschnitzelt.

Bei der *Probenahme von Lösungen*, die meist in Glasflaschen mit eingeschliffenen Glasstopfen versandt werden, ist zu beachten, daß vor der Entnahme der Probe die Lösung einige Zeit kräftig geschüttelt wird. Man kontrolliert die Temperatur der Lösung und unter Umständen auch das spezifische Gewicht und entnimmt die zur Analyse erforderlichen Mengen mit der Pipette. Zur Sicherheit ist es ratsam, die abpipettierten Mengen in einem verschlossenen Wägegläschen gewichtsanalytisch zu kontrollieren.

B. Auflösen und Aufschließen.

Das Wesen der Aufschlußverfahren für die Platinmetalle und die hierbei in Betracht kommenden chemischen Vorgänge sowie die praktische Durchführung von Aufschlüssen sind bereits im Qual. Teil S. 205ff. behandelt worden. Besonders erwähnt sei, daß osmiumhaltiges Analysenmaterial in apparativer und chemischer Hinsicht besondere Vorkehrungen nötig macht. Um das leicht flüchtige Tetroxyd restlos zu erfassen, müssen alle Arbeiten in vollständig geschlossener Apparatur durchgeführt werden. Siehe hierzu Analysenbeispiele A und B, S. 205, 228 und 236 des Qual. Teils.

Metallisches Platin und Palladium in jeder Form werden am einfachsten durch Säurebehandlung (Königswasser oder bei Pd auch Salpetersäure) in der Wärme in Lösung gebracht. Der Lösevorgang verläuft um so schneller, je größer die Oberfläche der Analysenproben ist.

Zum Auflösen der Proben in Säuren benutzt man, falls auf Os keine Rücksicht zu nehmen ist, bedeckte Bechergläser oder besser noch ERLENMEYER-Kolben, in deren Hals man, um Verluste durch Versprühen zu verhindern, kurzstielige Trichter mit stark abgeschrägtem Stielende einhängt. Bei Auswahl der Lösegefäße ist zu berücksichtigen, daß durch längeres Kochen in konzentrierten Säuren auch Bestandteile des Glases gelöst und die Edelmetallösungen damit verunreinigt werden können. In weit stärkerem Maße ist das beim Arbeiten mit alkalischen oder ammoniakalischen Lösungen in der Wärme der Fall. Vgl. hierzu BRUNCK. Die Säurebehandlung wird zweckmäßig auf einem Sandbad und unter einem gut ziehenden Abzug vorgenommen. Auf die für die einzelnen Platinmetalle in Betracht kommenden Lösungsmittel wird im Speziellen Teil bei den Einzelbestimmungen der Metalle besonders eingegangen.

Bei feinverteiltem Rhodium und Iridium ist, abgesehen von der Säurebehandlung, mindestens *ein* Aufschluß erforderlich, in manchen Fällen sogar noch ein zweiter. Geschmolzenes oder kompaktes Material muß außerdem vor dem Aufschluß mechanisch zerkleinert werden.

Um feinverteiltes Ruthenium und Osmium in wasser- oder säurelösliche Form zu bringen, werden beide Metalle zunächst in Tetroxyde verwandelt, z. B. mit Hilfe der Chlordestillation aus alkalischer Lösung. Für die Weiterbearbeitung sind zwei Methoden möglich, eine auf alkalischer und eine auf saurer Grundlage. Bei Benutzung der ersteren werden die Tetroxyde in starker Alkalihydroxydlauge umgesetzt, und zwar Ru zu Ruthenat (z. B. K_2RuO_4) und Os zu einer Anlagerungsverbindung $OsO_4 \cdot 2\,KOH = K_2(OsO_4(OH)_2)$. Beide Salze, das Ru- wie das Os-Salz, sind wasserlöslich und in stark alkalischer Lösung haltbar [REMY (b); KRAUSS]. Nach der sauren Methode werden beide Tetroxyde durch starke Salzsäure in Chloride oder die entsprechenden Komplexe verwandelt [REMY (a); GILCHRIST und WICHERS]. Beide Salze sind ebenfalls wasserlöslich und in starker Salzsäure haltbar (MYLIUS und MAZZUCCHELLI).

Aufschluß von Kontaktmassen.

Platinasbest. Die in der Hauptsache aus Magnesium-Eisensilicat bestehende Asbestfaser wird mit Flußsäure zerstört, das freigelegte Platin in Königswasser gelöst und in bekannter Weise als Platinsalmiak bestimmt. Die Restlösungen werden mit Zink auszementiert und die Fällungen, mit den Asbestrückständen vereint, auf dem Scherben in der Muffel mit Blei und Borax angesotten. Der Bleikönig wird nach Silberzusatz abgetrieben und das Silberkorn mit konzentrierter Schwefelsäure geschieden.

Man kann auch umgekehrt zuerst die Hauptmenge des Platins mit Königswasser entfernen und den Rest des Platins nach Zerstörung der Asbestfaser, wie oben angegeben, auf dokimastischem Wege ermitteln. Dabei kann jedoch beim Eindampfen der Königswasserlösung SiO_2-Abscheidung erfolgen.

Ein namentlich für ärmere Asbestmassen in Betracht kommendes Verfahren besteht darin, daß die gesamte Asbestprobe mit Blei und Fluß reduzierend im Tiegel verschmolzen und das im Bleikönig angesammelte Platin auf dokimastischem Wege bestimmt wird.

Grillo-Schroeder-Masse. Zur Entfernung des Magnesiumsulfats werden die Proben zunächst mit heißem Wasser behandelt, das man mit Salzsäure schwach angesäuert hat. Enthalten die wäßrigen Auszüge Pt, wird die gesamte Lösung mit Zink gefällt. Der unlösliche Rückstand vom Wasserauszug wird verglüht und im Mörser zerkleinert. Nach Vereinigung mit dem Zinkfällungsrückstand wird alles im Tiegel unter Zusatz von Kohle und Blei mit Glätte und Fluß verschmolzen und das im Bleikönig angesammelte Platin auf dokimastischem Wege bestimmt.

Der Aufschluß mit Chlor mit und ohne Kochsalz.

1. Der Aufschluß mit Chlor allein. Die Behandlung der feinverteilten Platinmetalle mit trockenem Chlor bei höheren Temperaturen ist ein wertvolles und wichtiges Aufschlußverfahren. Es dient zugleich zur Trennung insbesondere derjenigen Platinbeimetalle, die hierbei nichtflüchtige Trichloride bilden, von den übrigen Platinmetallen und Unedelmetallen, die entweder verflüchtigt werden oder wasser- bzw. säurelösliche Chloride bilden. Am günstigsten liegen in dieser Hinsicht die Verhältnisse bei Rh, dessen Chlorid $RhCl_3$ im Gegensatz zu den übrigen Platinmetallchloriden bis zu 800° beständig und nichtflüchtig, außerdem aber in Königswasser (1 + 4) vollkommen unlöslich ist. Die Flüchtigkeit der unlöslichen Chloride bei höheren Temperaturen nimmt zu von Rh = 0 in der Reihenfolge Rh, Ru, Ir, Pt, Os; Pd bildet kein unlösliches Chlorid. Die Chlorierung ist bei denjenigen Platinmetallen, die hierbei nichtflüchtige Chloride bilden, mit einer erheblichen Volum- und Oberflächenvergrößerung verbunden.

Da die unlöslichen, wasserfreien Chloride der Platinmetalle schon bei verhältnismäßig niedrigen Temperaturen gegen Sauerstoff sehr empfindlich sind (Ru), darf bei der Verchlorung nur sauerstofffreies Chlor verwendet werden. Bei Benutzung von Bombenchlor wird ihm etwas Kohlenoxyd beigegeben. Durch abwechselndes mehrfaches Chlorieren und Reduzieren wird das Analysenmaterial besonders fein, d. h. bis zum Mohr, aufgeschlossen. Die Reduktion findet bereits bei Temperaturen bis zu 200°, in feinster Verteilung sogar z. T. bei Raumtemperatur, statt; über 400° darf man dabei nicht hinausgehen (Wöhler und Metz).

Durch längeres Digerieren mit ganz konzentrierter Natronlauge (in Gold-, Goldplatin- oder Platinschale) in der Wärme werden die unlöslichen Trichloride der Platinbeimetalle zersetzt und wieder salzsäurelöslich.

Werden die unlöslichen Chloride bei 600 bis 800° mit Sauerstoff behandelt, bis kein Chlor mehr entweicht, so entstehen Oxyde, und zwar IrO_2, RuO_2, Rh_2O_3, in feinster Verteilung. Diese Oxyde sind in allen Säuren unlöslich und auch gegen schmelzendes Pyrosulfat resistent.

2. Der Aufschluß mit Chlor und Kochsalz. Durch Vermischen des Analysenmaterials mit Kochsalz läßt sich der Dampfdruck der unlöslichen Chloride herabsetzen. Man vermeidet dadurch eine allzu große Verflüchtigung dieser Chloride, die sonst mit in die Vorlage gehen würden. Durch Erhitzen auf höhere Temperaturen (in der Regel 600 bis 750°) kann man die Platinmetalle sogar unmittelbar in die wasser- und säurelösliche Form überführen; denn bei gutem Aufschluß sind die entstehenden Natriumhexachloroplatin(IV)-metallkomplexe vollkommen wasserlöslich. Wird das aufgeschlossene Komplexsalz im Wasserstoffstrom reduziert (Temperatur unter 500°) und dann mit Wasser gelaugt, so hinterbleibt das betreffende Platinmetall größtenteils (soweit es ,,aufgeschlossen" war) als Mohr. Man kann also diese Methode auch zur Desintegrierung des Analysenmaterials benutzen.

Der Aufschluß mit Chlor und Kochsalz kann ebensogut mit den unlöslichen Chloriden der Platinmetalle wie mit den reduzierten Metallen durchgeführt werden.

Muß der Aufschluß wiederholt werden, so ist der metallische Rückstand zuvor sorgfältig zu reduzieren.

Um Verluste durch Dekrepitieren zu vermeiden, wird zu dem Aufschluß nur geknistertes und sehr fein geriebenes Kochsalz verwendet.

Hill und Beamish schließen auch sehr schwer angreifbare Legierungen, wie Osmiridium, nach dieser Methode auf. Bei einer Einwaage von 3 bis 5 mg und dem Zusatz der 10fachen Kochsalzmenge genügt eine 12stündige Behandlung mit Chlor bei 700 bis 750°, um alle Metalle vollständig in salzsäurelösliche Produkte überzuführen.

Über weitere Einzelheiten zu 1 und 2 siehe Qual. Teil

unter Platin S. 31 und 32	unter Palladium S. 59 und 61
,, Rhodium S. 83, 84, 88, 100	,, Iridium S. 105 bis 109
,, Ruthenium S. 135, 136, 138	,, Osmium S. 157 und 159.

Aufschluß von Rhodium mit der Pyrosulfatschmelze

siehe Qual. Teil S. 86.

Aufschluß von Osmiridium mit NaOH und Salpeter

siehe Qual. Teil S. 209.

Aufschluß mit der Bleischmelze

siehe Qual. Teil S. 207.

Aufschluß schwer schmelzbarer Legierungen mit der Zinkschmelze

siehe Qual. Teil S. 207.

C. Behandlung der in wasser- oder säurelösliche Form überführten Analysenproben.

Nach den Aufschlüssen werden, abgesehen von den mit Chlor und Kochsalz aufgeschlossenen Proben, Königswasser oder auch Salpetersäure enthaltende Lösungen vorliegen. Enthält das Material Os, so muß dieses aus der siedenden Königswasserlösung nach entsprechender Verdünnung mit einem hindurchgeleiteten Luftstrom als flüchtiges Osmium(VIII)-oxyd abgetrieben und in Vorlagen aufgefangen werden, die mit SO_2-gesättigter 6 n Salzsäure beschickt sind. Das geschieht am besten unter Zuhilfenahme der Destillationsapparatur. Siehe S. 52.

In der Königswasserlösung muß, einerlei, ob Os vorhanden war oder nicht, zunächst die Salpetersäure durch mehrfaches Eindampfen mit HCl zerstört werden; und zwar dampft man immer nur bis zum Sirup, nicht bis zur Trockne, um unbeabsichtigte Reduktionsvorgänge zu vermeiden. Es könnte sonst z. B. Gold vorzeitig abgeschieden werden, aber auch die Platinmetalle könnten dabei ganz oder teilweise aus der höheren in die niedere, mit Salmiak nicht fällbare Chlorierungsstufe übergeführt werden. Besonders leicht erfolgt die Reduktion beim Palladium. Es folgen Ru und Ir; am trägsten verläuft die Reduktion des Platins, so daß auf diese Weise Lösungen entstehen können, die neben 4wertigem Platin, Iridium und Ruthenium sowie 2wertigem Palladium auch 3wertiges Iridium und Ruthenium enthalten. Durch Erhitzen der eingedampften Lösungen auf Temperaturen über 100° (z. B. auf 130°) oder auch durch Zusatz von reduzierend wirkenden Reagenzien, wie z. B. Alkohol oder Oxalsäure, kann der Reduktionsvorgang beliebig weit, unter Umständen selbst bis zur völligen Reduktion der Beimetalle zur niederen Chlorierungsstufe fortgeführt werden. Bei hinreichender Dauer der Reduktionswirkung kann sogar auch das Platin zum Teil bis zur 2wertigen Stufe, also zu H_2PtCl_4, reduziert werden. Gibt man zu diesen Lösungen NH_4Cl oder KCl, so dürfte theoretisch nur der Rest des Platins als gelbes Salz fallen, während Ru und Ir nebst Pd quantitativ in der Mutterlauge bleiben müßten. Praktisch wird aber dabei immer ein mehr oder weniger großer Teil der in der Lösung anwesenden Platinbeimetalle mit dem Platin zusammen gefällt (Mylius und Mazzucchelli).

Nachdem durch mehrfaches Eindampfen die Salpetersäure vollständig zerstört ist, wird der erhaltene Rückstand mit Wasser und etwas verdünnter Salzsäure aufgenommen. Das dabei einzuhaltende Flüssigkeitsvolumen oder, was dasselbe ist, die Konzentration der Edelmetalle und der Salzsäure[1] richten sich ganz nach der geplanten Weiterbehandlung. Für die Fällung mit NH_4Cl oder KCl z. B. soll die Edelmetallkonzentration etwa 10 g Platin in 100 cm³ Lösung betragen; soll aber die Trennung des Platins von den Beimetallen durch Hydrolyse erfolgen oder soll das Platin z. B. mit Hydrazinchlorid als Metallschwamm oder mit H_2S als Sulfid abgeschieden werden, dann werden die Lösungen auf 300 bis 500 cm³ verdünnt. Beim Vorhandensein störender Mengen von Alkalisalzen werden diese zweckmäßig bei der ersten sich bietenden Gelegenheit ausgesalzen, bevor man weitere Edelmetallbestimmungen ausführt. Enthält die Probe Gold und Silber, so ist es zweckmäßig, beide Metalle unmittelbar nach dem Eindampfen in bekannter Weise abzuscheiden und zu bestimmen, und zwar Gold aus ganz schwach salzsaurer Lösung und in mäßiger Verdünnung mit SO_2 oder Oxalsäure, und Silber nach starker Verdünnung als AgCl, wobei man die Fällung über Nacht stehenläßt. Auf alle Fälle ist es ratsam, die Lösung vor der Weiterbehandlung zwecks Entfernung etwa vorhandener Kieselsäure zu filtrieren.

D. Fällungen.

Bei den Fällungen wird man, wenn irgend angängig, solchen Reagenzien den Vorzug geben, durch welche Niederschlag und Filtrat möglichst wenig verunreinigt werden; denn alle Verunreinigungen können sich bei den nachfolgenden chemischen Umsetzungen störend bemerkbar machen. Hierzu gehören die meisten Alkalisalze, insbesondere die Kalisalze, ebenso wie manche Schwermetallsalze, z. B. $FeCl_2$. Zu den Reagenzien, mit denen man diesen Nachteil vermeidet, gehören Gase, wie z. B. Chlor, Schwefelwasserstoff und Schwefeldioxyd, ferner Reagenzien, die leicht wieder entfernt oder zerstört werden können, wie z. B. Hydrazinsalze, Ameisensäure, Dimethylglyoxim u. a. organische Reagenzien, von kräftig oxydierend wirkenden Stoffen außer Chlor noch Salpetersäure, H_2O_2 in Gegenwart von Salzsäure, Chlorwasser, und als Reduktionsmittel organische Stoffe wie Oxalsäure. Als Reduktionsgase kommen noch in Betracht Kohlenoxyd, Acetylen und Wasserstoff, der neuerdings auch zur Abscheidung der Platinmetalle aus Lösungen vorgeschlagen wird. So liegen von Ipatieff und Troneff Versuche vor, die Platinmetalle mit Wasserstoff bei

[1] Es darf hierbei nicht übersehen werden, daß bei der Fällung der komplexen Chlorosäuren der Platinmetalle z. B. mit Salmiak nach $H_2PtCl_6 + 2\,NH_4Cl = (NH_4)_2PtCl_6 + 2\,HCl$ freie Salzsäure entsteht.

verschiedenen Drucken und Temperaturen auszufällen. Aus den bisherigen Ergebnissen kann angeblich gefolgert werden, daß es möglich ist, die Platinmetalle mit Wasserstoff zu trennen, eine, was die oben geforderte Sauberkeit der Fällungen anbelangt, geradezu ideale Trennungs- und Fällungsmöglichkeit. Nähere Angaben liegen aber, soweit hierbei die deutsche Fachliteratur in Betracht kommt, noch nicht vor. Auch sind unseres Wissens noch keine Beleganalysen veröffentlicht, aus denen sich die Brauchbarkeit der Methode für analytische Zwecke beurteilen ließe.

Die älteste Arbeitsmethode zur Abscheidung des Platins aus salzsaurer Lösung ist zweifellos die *Fällung mit Salmiak.* Sie ist anscheinend erstmalig bereits vor 200 Jahren von dem schwedischen Münzprobierer SCHEFFER ausgeführt und beschrieben worden. Die Fällungsbedingungen sind im Qual. Teil S. 34 eingehend dargelegt. Durch einfaches Verglühen des Platinsalmiaks wird in kurzer Zeit das Platin als Schwamm gewonnen und durch Umlösen in verdünntem Königswasser und abermaliges Fällen mit Salmiak bereits verhältnismäßig rein erhalten.

Die kanariengelbe Farbe[1] des schweren Niederschlages, der sich selbst in feinkristallinem Zustand in kurzer Frist zu Boden setzt, ist charakteristisch für Platin, so daß Verwechselungen oder Täuschungen ganz ausgeschlossen sind. Bereits geringe Mengen Fremdmetalle, insbesondere das isomorphe schwärzlichrote Iridiumsalz, lassen sich an der Veränderung der gelben Farbe ohne weiteres erkennen und bei einiger Übung im Vergleich mit einer Standardfällung aus reinstem Platin sogar abschätzen.

Angesichts der Vorzüge der Fällungsmethode mit Salmiak im Verein mit der Einfachheit der Ausführung ist es nicht zu verwundern, daß sie trotz ihrer Mängel, auf die wir später noch zurückkommen werden, auch weiterhin ihren Platz unter den Fällungsmethoden behaupten wird.

Das von der Fällung des Platins Gesagte gilt im wesentlichen auch von der Fällung des Iridiums[2] mit Salmiak.

Die bei der Fällung des Platins mit KCl entstehenden, wohl ausgebildeten Oktaeder dienen zum mikrochemischen Nachweis des Platins.

Von großer Bedeutung für die Trennung der Platinmetalle von Gold und Unedelmetallen ist auch die *Fällung mit Schwefelwasserstoff*, insbesondere unter Druck. Es gab Zeiten, in denen die Anwendung von H_2S in den Platinlaboratorien grundsätzlich verpönt war. Man wollte Schwefel als „Platingift" möglichst von den Edelmetallösungen fernhalten. Der schädliche Einfluß des Schwefels zeigt sich indes nur bei seiner Entfernung, besonders aus Palladiumsulfid (GILCHRIST und WICHERS).

Die zu fällende Lösung wird bei Anwesenheit von Ru mit konzentrierter Salzsäure auf etwa 7 bis 8% HCl der Dichte 1,19 eingestellt; wenn kein Ru vorhanden ist, genügen 3 bis 5%. Das Gelingen der H_2S-Fällung in der Druckflasche[3] ist, abgesehen von der Temperatur und der Dauer der Behandlung, abhängig vom Druck und der Konzentration des in der etwa zu ¾ mit Lösung gefüllten Flasche anwesenden Schwefelwasserstoffs. Besondere Schwierigkeiten bestehen bei Ir, welches unter den Edelmetallen die längste Zeit für seine vollständige Abscheidung als Sulfid braucht. Zu berücksichtigen ist außerdem noch, daß z. B. im Fall der Waschkonzentrate außer der Reduktion der Edelmetallsalze noch eine beachtliche Menge H_2S für die oft verhältnismäßig große Menge Fe(III) erforderlich ist, falls man nicht vorzieht, diese vorher mit SO_2 durchzuführen, wobei gleichzeitig das Gold abgeschieden wird. Als Anhaltspunkt für eine überschlägliche Berechnung der erforderlichen H_2S-Menge diene, daß 1 l bei 20° gesättigtes H_2S-Wasser 4,42 g H_2S enthält.

[1] Die Farbe des Platinsalmiaks ändert sich etwas mit der Korngröße. Sehr feine Niederschläge sind fast schwefelgelb, sehr grobe dagegen leuchtend hellorange.

[2] Die Farbe des Iridiumsalmiaks ist in feinem Zustand rein schwarz, in grobem schwärzlichrot.

[3] Über die Benutzung von Autoklaven vgl. BRUNCK.

Um eine vollständige Fällung mit H_2S zu erzielen, verfährt man wie folgt: Die von überschüssigem Schwefeldioxyd befreite Lösung wird in der noch offenen Druckflasche in einem Becher mit kochendem Wasser bis zur Siedetemperatur erhitzt. In die heiße Lösung wird nun H_2S bis zur Abkühlung auf Raumtemperatur eingeleitet, wobei der größte Teil der Edelmetalle bereits als Sulfide ausfällt. Darauf wird die Flasche dicht verschlossen, im Wasserbad abermals 2 Std. gekocht und der Rest der Edelmetalle, insbesondere das Iridium, abgeschieden. Die abgekühlte klare Lösung wird durch ein Filter gegossen, nach mehrfachem Dekantieren mit schwach salzsaurem Wasser der Sulfidniederschlag auf das Filter gebracht und gut mit H_2S-Wasser bis zum Verschwinden der Eisenreaktion ausgewaschen. Im Filtrat befinden sich die Metalle der dritten und der folgenden Gruppen. — Im allgemeinen wird man bei der Ausführung der H_2S-Fällung unter Druck mit einer 500 cm^3 fassenden Druckflasche auskommen; größere Flüssigkeitsmengen sind vorher einzudampfen.

Probe auf Vollständigkeit der H_2S-Fällung. Da das Iridium von allen Edelmetallen am schwierigsten vollständig als Sulfid zu fällen ist, genügt zu diesem Zweck eine Prüfung auf Ir, die am besten in der im Qual. Teil S. 113 angegebenen Weise durchgeführt wird. Der Nachweis wird weder von Eisen- noch von Zinksalzen wesentlich gestört. Er kann deshalb auch bei Zinkfällungen angewendet werden, erfordert nur dann etwas mehr Zeit bis zum Eintritt der Blaufärbung. Man kann auch, wenn die Aufnahme des Salzes NH_4NO_3 durch die heiße Lösung nachzulassen beginnt, den Zusatz dieses Salzes unterbrechen, bevor der zuletzt hinzugefügte Teil zersetzt ist, indem man die Probe von der heißen Platte herunternimmt und vor dem Erstarren der Salze etwas Wasser hinzusetzt, wobei sich die Masse im Falle der Anwesenheit von Ir zu einer mehr oder weniger blauen Flüssigkeit löst.

Nach Mylius und Mazzucchelli läßt sich die H_2S-Fällung in der bei der qualitativen Analyse geschilderten Weise (erst in der Kälte, dann in der Wärme) auch bei der quantitativen Analyse der Platinmetalle mit gutem Erfolg durchführen.

Eine wichtige und besonders in der Technik viel verwendete Fällungsmethode für Platinmetalle ist die Zementation. Man versteht darunter den in einer wäßrigen Lösung sich abspielenden Vorgang, bei dem ein edles Metall aus seiner Lösung durch ein unedleres verdrängt wird. Hierbei wird das edlere Metall ausgefällt und ein äquivalenter Teil des unedleren Metalls dafür aufgelöst.

Wird z. B. Silber aus schwefelsaurer Lösung durch Kupfer auszementiert, so entsteht schwammiges, weißes „Zementsilber", während ein entsprechender Teil Kupfer dafür in Vitriol verwandelt wird. Enthält die schwefelsaure Lösung noch weitere Edelmetalle (Au, Pt-Metalle), so werden diese hierbei als Schwamm bzw. Mohre abgeschieden und bleiben beim Zementsilber.

Häufig benutzt werden als „zementierende Metalle" bei der Analyse der Platinmetalle Zink und Magnesium. In diesem Falle werden somit alle metallischen Verunreinigungen des Zinkes oder Magnesiums, die elektronegativer sind als Zink (Magnesium), wie z. B. Fe, Ni, Cu, Pb, As usw., ferner etwa vorhandene Edelmetallspuren (siehe Spannungsreihe!)[1] mit dem zu bestimmenden Edelmetall abgeschieden, tragen also zur Verunreinigung der Platinmetallmohre bei. Dagegen gehen alle Metalle, die elektropositiver sind als Zink und Magnesium, mit diesen beiden in Lösung.

Für analytische Zwecke dürfen deshalb *nur* allerreinste (forensische) Unedelmetalle zur Zementation verwendet werden. Besonders bevorzugt war aus diesem

---

[1] Infolgedessen ist bei der „Zementation" auch mit einer gewissen Differenzierung in der Zusammensetzung der niedergeschlagenen Metalle zu rechnen. Die Metalle der Eisengruppe werden allerdings auch bei geringer Säurekonzentration baldigst wieder in Lösung gehen. Vgl. auch Qual. Teil S. 54 unter i.

Grunde seither das Magnesium. Aber auch reinstes Zink, sog. „5 Neuner Zink“ (Zn = 99,999%), ist jetzt erhältlich. Für besondere Zwecke werden auch noch Kupfer (in feinster Form, siehe AOYAMA) oder Aluminium (dieses seltener und häufig in alkalischer Lösung) angewendet.

Der Ablauf des Zementationsvorganges hängt, abgesehen von der Entfernung des zementierenden vom zementierten Metall, in der Spannungsreihe noch ab von der Metall- und Säurekonzentration der Lösung, ferner von der Dauer und der bei dem Vorgang herrschenden Temperatur ab. Siehe auch AOYAMA.

Verhältnismäßig rasch geht, abgesehen vom Gold, das sich besonders leicht reduzieren läßt, die Zementation beim Palladium vonstatten; es folgen Platin und Rhodium, bei denen schon kräftigere Reduktionsmittel anzuwenden sind. Längere Zeit beanspruchen Osmium, Ruthenium und Iridium, von denen namentlich das letztere sich am schwierigsten auszementieren läßt.

Zu beachten sind noch folgende Punkte:

1. Die Unedelmetalle werden als dünne Folien, Bänder, Pulver, Staub, dünnwandige Granalien verwendet.

2. Da die Reduktionsgeschwindigkeit mit der Oberfläche der verwendeten Unedelmetalle beträchtlich zunimmt, läßt sich beim Vorliegen des Unedelmetalls in geeigneter Form und Beschaffenheit viel Zeit ersparen. Namentlich die letzten Reste der Platinmetalle lassen sich aus den Lösungen meistens schwer reduzieren.

3. Die in feinster Form (als Mohre) vorliegenden reduzierten Edelmetalle sind nicht nur in trockenem Zustand verhältnismäßig empfindlich gegen Luftsauerstoff (Osmium!), sondern auch im feuchten Zustand, namentlich bei gleichzeitiger Gegenwart von Salzsäure (WILM), siehe auch Qual. Teil S. 85.

Es ist deshalb im allgemeinen zweckmäßig, die Mohre, soweit Palladium und Rhodium in Betracht kommen, ohne Verzug zu filtrieren, gründlich auszuwaschen und gegebenenfalls weiterzuverarbeiten.

4. Die auszementierten Edelmetalle sind häufig mit dem zur Fällung verwendeten Unedelmetall oberflächlich legiert, und dieses wird infolgedessen von den Edelmetallen hartnäckig zurückgehalten. Anscheinend genügt bereits die Temperatur, bei der diese Zementationsvorgänge verlaufen, und die hierbei stattfindende innige Berührung des abgeschiedenen oberflächenreichen Platinmohrs mit den unedlen Metallen zur Bildung von Legierungen (FOERSTER; WOGRINZ).

Durch Säurebehandlung allein können die Verunreinigungen der Mohre nur unvollständig entfernt werden. Meist wird ein Teil des Mohres hierbei wieder aufgelöst. Das Zink, welches vor allem an der Legierungsbildung beteiligt ist, läßt sich häufig erst durch Chlorbehandlung bei höherer Temperatur (800°) restlos austreiben.

5. Auch mit Kieselsäure können die Mohre verunreinigt sein. Man entfernt sie durch Abrauchen mit HF und nachfolgendes reduzierendes Glühen.

6. Die Mohre enthalten meist okkludierte Gase (Wasserstoff-Sauerstoff). Es besteht bei Weiterverarbeitung Möglichkeit zu Verpuffungen.

7. Die Farblosigkeit der Filtrate ist nicht immer ein Kriterium für die Abwesenheit von Platinmetallen (Ir, Os).

E. Verglühen.

Ihrem Charakter als Edelmetalle entsprechend werden die Platinmetalle wie das Gold, nach vorausgegangener Abscheidung aus ihren Lösungen, durch Verglühen als Metalle bestimmt. Während aber bei Gold das Verglühen unmittelbar zum Metall führt, müssen die Platinmetalle, insbesondere die Beimetalle, wegen ihrer Neigung zur Oxydbildung[1] beim Glühen außerdem noch reduziert werden.

Die Beschaffenheit, in der das verglühte Metall schließlich vorliegt, ist, abgesehen von seiner Vorgeschichte, stark von der Art und Weise abhängig, in der das Verglühen vorgenommen wurde. Der Glühprozeß ist daher neben der Fällung einer der wichtigsten Vorgänge in der Behandlung der Platinmetalle.

Die Ausführung des Glühens kann auf dreierlei Art geschehen, nämlich: 1. über freier Flamme, 2. im mit Gas geheizten Röhrenofen, 3. im elektrisch geheizten Tiegel-, Muffel- oder Röhrenofen. Als Gefäße dienen Tiegel und Schiffchen aus Porzellan, Quarzglas oder Platin.

Zu 1. Das Erhitzen über freier Flamme ist der einfachste Glühvorgang; er erfordert den geringsten apparativen Aufwand. Besonders geeignet ist dafür der Rose-Tiegel, und zwar bevorzugt man wegen der noch zu erörternden Verlustmöglichkeiten an Analysenmaterial die schlanke Form.

Beim reduzierenden Glühen von *Osmium* führt man zunächst den mit ganz kleiner Flamme aus der Mündung des Einleitungsröhrchens brennenden Wasserstoff durch das Loch des Rose-Deckels vorsichtig (damit die Flamme nicht erlischt) in den Tiegel ein. Vorsichtshalber hat man zuvor dem zu reduzierenden Osmium einen kleinen Löffel Salmiak hinzugesetzt[2]. Erst nach einiger Zeit wird je nach Bedarf die Flamme allmählich größer eingestellt, bis der brennende Wasserstoff zwischen Deckel und Tiegelrand zum Vorschein kommt. Der weitere Verlauf der Reduktion spielt sich in der von Gilchrist und Wichers (b) geschilderten Weise ab[3].

Bei sorgfältiger Ausführung lassen sich selbst Osmiumsalze in der oben angegebenen Weise einwandfrei verglühen, wie aus dem nachfolgenden Beispiel hervorgeht. Das Salz wie z. B. Kaliumosmiat wird im Neubauer-Tiegel mit einer reichlichen Menge Salmiak vermischt und die Mischung noch mit einer Lage von Salmiak abgedeckt. Dem mit einem Rose-Deckel bedeckten Tiegel wird durch ein Gaseinleitungsröhrchen nur so viel Wasserstoff zugeleitet, daß ein ganz kleines Flämmchen entsteht. Die Zufuhr von Wasserstoffgas wird nach einiger Zeit schließlich so eingestellt, daß aus dem Tiegel schwache Salmiaknebel entweichen. Beim Nachlassen der Nebelbildung wird die Wasserstoffflamme entsprechend vergrößert, bis schließlich die Nebel ausbleiben[4]. Nun wird der Brenner unter dem Tiegel entzündet und die Reduktion bei Rotglut noch 10 bis 15 Min. fortgesetzt. Man entfernt dann den Brenner und läßt im Wasserstoff erkalten, der schließlich durch Kohlensäure ersetzt wird. Der abgekühlte Neubauer-Tiegel wird nun auf eine Saugflasche gesetzt und der Niederschlag so lange mit heißem Wasser ausgelaugt, bis in einer Probe kein Chlor mehr nachweisbar ist. Zum Schluß wird mit etwas verdünnter Salzsäure (1 + 99) nachgewaschen und nach dem Auslaugen mit Wasser und Trocknen bei höchstens 190° abermals reduziert und gewogen.

Bisweilen werden bei der Reduktion von sauerstoffhaltigen Osmiumverbindungen im Wasserstoffstrom Osmiumverluste beobachtet, die sich dadurch vermeiden lassen, daß die abziehenden Gase durch ein mit Kupferspänen gefülltes Röhrchen geleitet werden, das zum Glühen erhitzt wird. Etwa in den Gasen vorhandenes Osmium(VIII)-oxyd wird in Berührung mit dem glühenden Kupfer zu CuO und Os umgesetzt. Nach Reduktion des Kupfer(II)-oxyds mit Wasserstoff läßt sich aus der Gewichtszunahme des Röhrchens die darin abgeschiedene Osmiummenge ermitteln (Morath und Wischin).

---

[1] Das hierfür in Frage kommende Temperaturgebiet erstreckt sich bei den Platinmetallen etwa von 150° bis 1150°. Die thermische Zersetzung der Oxyde durch Verglühen bei höheren Temperaturen verbietet sich, abgesehen von Pt, Pd und Rh, bei den übrigen Platinbeimetallen in Rücksicht auf die damit verbundenen Verluste schon von selbst.

[2] Vgl. S. 17.

[3] Vgl. S. 91.

[4] Vgl. S. 91.

Bei der Reduktion der übrigen Platinmetalle wird, nachdem der Brenner unter dem Tiegel in Gang gesetzt und der ROSE-Deckel aufgelegt ist, das Gaseinleitungsrohr bei brennender, kleiner Reduktionsflamme durch das Loch im Deckel in den Tiegel eingeführt. Dagegen können durch Entzünden des in den kalten Tiegel eingeleiteten, noch nicht brennenden Reduktionsgases mehr oder weniger heftige Knallgasexplosionen eintreten, die in der Regel zu Materialverlusten führen. Rein mechanische Verluste ähnlicher Art können außerdem beim Vorliegen von feinverteiltem Analysenmaterial dadurch entstehen, daß die Wasserstoffzufuhr nicht langsam und allmählich, sondern stoßweise vor sich geht, was z. B. bei Entnahme von Bombenwasserstoff leicht vorkommen kann. Plötzliche heftige Gasstöße aus dem Einleitungsröhrchen können ebenso wie Verpuffung zu erheblichen Substanzverlusten führen, indem feinste Teilchen des Analysenmaterials von dem zu kräftigen Wasserstoffstrom aufgewirbelt und aus dem Tiegel unbemerkt herausgeschleudert werden.

Zu 2 und 3. Verluste aus diesem Anlaß sind, abgesehen von Verpuffungen, bei *Ausführung der Reduktion im Rohre* normalerweise nicht zu befürchten, während bei der Reduktion über freier Flamme solche Verluste nicht nur leicht eintreten, sondern sich auch ebenso leicht der Feststellung entziehen, so daß sie zunächst gar nicht bemerkt werden. So können mitunter Platinverluste z. B. bei der Reduktion von getrocknetem, feinverteiltem Kaliumhexachloroplatinat(IV) über freier Flamme entstehen, namentlich wenn der Tiegel mit verhältnismäßig viel Material beschickt ist, wohingegen die im Schiffchen durchgeführte Reduktion im Rohre ohne jeden Verlust sich abspielt.

Sollen Oxydation und Reduktion nacheinander in dem gleichen Rohr durchgeführt werden, so überzeuge man sich jedesmal vor dem Übergang von der Oxydation zur Reduktion und umgekehrt, daß die gesamte Apparatur frei von Knallgas ist (Durchspülen mit CO_2 oder N_2). Sicherer ist jedenfalls die Ausführung der beiden Vorgänge in besonderen Rohren, doch auch in diesem Falle muß vor jeder Reduktion die Prüfung auf Knallgas durchgeführt werden. Die Ausführung der Reduktion im Röhrenofen hat den Vorteil, daß man z. B. flüchtige Oxyde entweder als Sublimate in dem kälteren Teil des Rohres oder in mit geeigneten Waschflüssigkeiten beschickten Vorlagen zurückhalten kann. Vgl. hierzu auch MORATH und WISCHIN.

Am saubersten und zuverlässigsten in jeder Hinsicht arbeiten elektrisch geheizte Öfen mit selbständiger Temperaturregulierung. Sie haben den Vorzug, nicht nur außerordentlich gleichmäßig durchgeglühte Rückstände zu liefern, sie gestatten auch, mehrere Proben gleichzeitig bei eingestellter Temperatur in kürzester Zeit vollständig zu verglühen. Sie sind besonders für serienmäßige Verglühungen von metallischen Niederschlägen und Rückständen (z. B. bei Probiermethoden) hervorragend geeignet. Größere Mengen von Niederschlägen, die, wie z. B. Ammoniumhexachloroplatinat(IV), beim Verglühen viel Salmiak in Freiheit setzen, der zur Verstopfung führen könnte, werden besser zunächst vorsichtig über freier Flamme und dann anschließend in der Muffel oder im Rohr zu Ende geglüht.

Die mit elektrischen Öfen erreichbaren Höchsttemperaturen betragen bei Tiegel- und Röhrenöfen etwa 1200°, im letzteren bei Molybdänwicklung bis zu 1700°, und bei Muffelöfen 1000°.

Bei Benutzung von Geräten aus durchsichtigem Quarzglas (Verbrennungsrohr, Tiegel) ist schließlich noch zu berücksichtigen, daß die Geräte bei längerer Glühdauer über 1000° entglasen.

Am einfachsten gestaltet sich der Glühvorgang bei Analysenmaterial, welches, wie z. B. viele organische und anorganische Präparate, außer Platinmetallen nur noch brennbare oder bei Glühtemperatur leicht flüchtige Bestandteile enthält. (Vorher qualitativ prüfen!) Durch vorsichtiges Veraschen (zur Vermeidung des Dekrepitierens) und anschließendes Verglühen und Reduzieren bis zur Gewichtskonstanz läßt sich der Edelmetallgehalt in einfacher Weise feststellen.

Sollen beim Glühen größere Mengen flüchtiger Bestandteile ausgetrieben werden, wie z. B. beim Verglühen des Platinsalmiaks, so muß dabei äußerste Vorsicht angewendet werden. Geschieht das nicht, so können hierbei leicht Verluste dadurch entstehen, daß feinste Edelmetallteilchen von den entweichenden Salmiaknebeln mitgerissen werden. Zu Glühtemperaturen kann man erst dann übergehen, wenn der Salmiak vollständig verflüchtigt ist[1]. Zu berücksichtigen ist hierbei vor allen Dingen, daß beim Erhitzen der Salmiak in seine Bestandteile NH_3 und HCl zerfällt, die beide mehr oder weniger reduzierende Eigenschaften zeigen. Als Vorbeugungsmittel gegen Verpuffungen wird empfohlen, Substanz und Filter einige Stunden bei 50° zu trocknen, darauf bei Zimmertemperatur mit Wasserstoff zu behandeln. Durch die hierbei schon einsetzende *Reduktion* wird beim Veraschen das Versprühen verhindert (Wöhler und Metz). Vgl. auch im Qual. Teil S. 207, Absatz 2, Ziffer 2. Siehe auch unter „Aufschlußverfahren“ S. 208, „Aufschluß mit Hilfe der Zinkschmelze“.

Das Verglühen dieser Niederschläge kann also um so unbedenklicher geschehen, je vorsichtiger und langsamer der Salmiak zuvor ausgetrieben wurde. Man macht daher aus der Not eine Tugend, indem man zu Niederschlägen, welche nur mit äußerster Vorsicht verascht werden dürfen, absichtlich Salmiak hinzufügt. Die für die Zersetzung des Salmiaks benötigte Zeit und Temperatur genügen offenbar, damit nach der restlosen Vertreibung des Salmiaks die zu verglühende Substanz dann anschließend höheren Glühtemperaturen ohne Verlustgefahr durch Verpuffung ausgesetzt werden darf. Diese beabsichtigte Verzögerung des Beginns der eigentlichen Verglühung läßt sich künstlich z. B. auch dadurch herbeiführen, daß man das Filter samt Niederschlag in ein aschearmes, zweites Filter einschlägt, das zur Verlangsamung der Verbrennung noch mit Salmiak durchtränkt ist.

In ähnlicher Weise lassen sich auch beim Verglühen von Oxydhydraten der Platinmetalle die außerordentlich störenden Verpuffungen vermeiden, indem man die Filter samt den Niederschlägen nach dem Auswaschen mit einer Salmiaklösung durchfeuchtet und nach erfolgter Trocknung vorsichtig verglüht (Gilchrist und Wichers). Auch in diesem Falle dient das Ende des Entweichens von Salmiaknebeln gewissermaßen als „Indicator“ dafür, daß nunmehr mit der Steigerung der Temperatur auf Glühhitze begonnen werden kann. Sehr interessant ist die Bemerkung von Gilchrist (a), daß die nach dem Verfahren von Ruff und Bornemann zur Bestimmung von Os als Dioxydhydrat beim Glühen der Fällung sehr leicht eintretende Verpuffung durch eine Verunreinigung der Fällung mit SiO_2 verhindert wird.

Enthält der Glührückstand aber nichtflüchtige, wasser- oder salzsäurelösliche Salze, z. B. Alkalichloride, die unter Umständen sogar hartnäckig zurückgehalten werden können, besonders nach kräftigem Glühen, so werden diese mit Wasser oder einer entsprechenden Säure entfernt. Das Auswaschen wird so lange fortgesetzt, bis ein auf einem Platinblech eingedampfter Tropfen keinen Salzrückstand mehr erkennen läßt. Der ausgelaugte Rückstand wird abermals reduzierend verglüht und gewogen. Bei Verdacht auf SiO_2 muß außerdem noch mit HF abgeraucht werden. So verfährt man z. B., wenn man das Platin nicht mit NH_4Cl, sondern mit KCl gefällt hat.

Das nach dem Verglühen aus seinen Salzen erhaltene Metall ist eine je nach der Glühtemperatur mehr oder weniger lockere, poröse, graue und glanzlose Masse,

[1] Bisweilen hält sich an den kälteren Teilen des Tiegeldeckels, besonders an den Rändern, etwas hartnäckig sitzendes Salmiaksublimat, das dann bei Erhöhung der Temperatur wieder zur Nebelbildung führt und zu Täuschungen bezüglich des Standes des Verglühungsvorganges Anlaß geben kann.

die man als Schwamm bezeichnet. Ausgesprochener Metallschwamm entsteht vornehmlich beim Verglühen von Fällungen, wie z. B. $(NH_4)_2PtCl_6$ und den entsprechenden Pd- und Rh-Salzen. Die übrigen Beimetalle dagegen gehen aus dem bei nicht zu hoher Temperatur durchgeführten Glühprozeß bereits als glanzlose Pulver hervor. Die Farbe des Schwammes und des Pulvers ist grau bis hellgrau, mit Ausnahme von Osmium, das einen bläulichgrauen Farbton zeigt.

Beim Auflösen von Metallschmelzen, wie z. B. der Blei-, Silber-, Gold- oder Wismutschmelze, in verdünnten Säuren dagegen hinterbleiben Rh, Ir, Ru und Os als zum Teil glänzende, deutlich kristallinische graue bis bläulichgraue Metallpulver und Flitter.

Die Benutzung der in der einen oder anderen Weise erhaltenen Schwämme und Pulver als Wägungsform setzt natürlich voraus, daß sie von höchster Reinheit sind. Die praktische Erfahrung besagt aber, daß dies durchaus nicht immer der Fall ist, daß vielmehr diese verglühten metallischen Rückstände fast immer gewisse Mengen Verunreinigungen enthalten. Hierbei handelt es sich hauptsächlich um SiO_2, dann aber auch um Fe_2O_3, Al_2O_3 und andere, die teils aus den Aschen des Filterpapiers, teils auch aus den Reagenzien oder Gefäßen und schließlich auch aus dem Analysenmaterial selbst (wie z. B. den Waschkonzentraten) stammen können und bei der Fällung und Filtration in den Niederschlägen zurückgehalten werden.

Da im Verlauf der Analysen häufig mit starken und heißen Säuren, teils auch mit kochenden alkalischen Lösungen, wie z. B. beim Reduzieren der Platinmetalle mit organischen und anorganischen Reduktionsmitteln, gearbeitet werden muß, ist das ohne weiteres verständlich. Hinzu kommt noch, daß die Platinmetalle besonders dazu neigen, bei ihrer Fällung andere in der Lösung vorhandene, unter den vorliegenden Bedingungen an sich nicht fällbare Stoffe mit niederzureißen[1].

Während die zuletzt aufgeführten Verunreinigungen der Niederschläge (und damit mittelbar auch der Metallschwämme oder Pulver) in Adsorptionserscheinungen und Mischkristallbildung ihre Ursache haben, sind die ersteren hauptsächlich als zufällige, meist an der Oberfläche anzutreffende Verunreinigungen zu betrachten.

Infolge ihrer verhältnismäßig großen Oberfläche zeigen Metallschwämme und Metallpulver der Platinmetalle, in besonders hohem Maße aber die sogenannten Mohre[2], außerdem noch das Bestreben, Gase, wie z. B. Wasserstoff und Sauerstoff, an ihrer Oberfläche zu verdichten. Erfolgt deren Vereinigung zu H_2O unter Verpuffung, was bei unvorsichtigem Arbeiten leicht eintritt, so kann dieser Vorgang mit erheblichen Materialverlusten verbunden sein. Abgesehen von diesen katalytischen Vorgängen können diese Gase unter Umständen sich auch z. T. mit dem Metall selbst in der einen oder anderen Form verbinden (z. B. unter Oxydbildung) oder von ihm gelöst werden (z. B. Wasserstoffaufnahme bei Pd und Pt).

Bei anhaltend starkem Glühen sintern die feinverteilten Metalle um so mehr, je größer ihre ursprüngliche Oberfläche war. So gehen z. B. Mohre unter gleichzeitigem starken Schrumpfen zunächst in Schwamm oder Pulver über, um bei weiterem Erhitzen mehr und mehr zusammenzubacken. Sie werden schließlich immer kompakter und in ihrem Verhalten den geschmolzenen Metallen immer ähnlicher, z. B. widerstandsfähiger gegen Säuren. Hierbei verlieren sie allmählich die oben besprochenen Eigenschaften der Schwämme und Pulver; so büßen sie z. B. die katalytischen Eigenschaften zum Teil ein, gebildete Oxyde zerfallen in ihre Bestandteile, aufgenommener Wasserstoff entweicht wieder. Dafür tritt aber eine neue, für den Analytiker besonders zu beachtende Erscheinung hinzu, nämlich die Flüchtig-

---

[1] Das gilt nicht etwa nur von den Fällungen als Salze, sondern auch als Metall durch Reduktion aus Lösungen. Außerdem wird z. B. durch feinverteiltes Pt aus alkalischen, besonders ammoniakalischen Flüssigkeiten kolloidal gelöste Kieselsäure adsorbiert (BRUNCK).

[2] Über die Schreibweise „Mohr“ siehe B. GERDES: Ch. Z. **22**, 57 (1898). Weder „Das Mohr“ noch „Das Moor“ ist richtig, sondern „Der Mohr“!

keit in sauerstoffhaltiger Atmosphäre, die bei den Platinmetallen hauptsächlich über die Oxyde, z. B. Tetroxyde des Osmiums und Rutheniums, verläuft. Os kann leicht vollständig verflüchtigt werden, beim Ruthenium beginnt die Verflüchtigung zwischen 600 und 700°, ebenso bei Ir über 700° (HOLBORN, HENNING und AUSTIN; WÖHLER und WITZMANN) und bei Pt über 900°, bei diesem allerdings zunächst in minimalen Mengen. Eine Ausnahme in dieser Hinsicht machen Pd und Rh, deren Oxyde sich vor der Verflüchtigung zersetzen.

Auch beim reduzierenden Glühen ist es ratsam, keine übermäßig hohen Temperaturen anzuwenden. Dies gilt insbesondere, wenn Aussicht besteht, daß der zu glühende metallische Rückstand bezüglich der Reinheit nicht vollkommen einwandfrei ist und noch weiteren Reinigungsverfahren unterzogen werden muß. So besteht z. B. weit eher die Möglichkeit, aus einer durch schwaches Glühen zuvor oxydischen, dann bei höchstens 400° (WÖHLER und METZ) reduzierten silberhaltigen Zinkfällung der Platinmetalle das Silber und sonstige in HNO_3 lösliche Verunreinigungen, wie Kupfer, durch Behandeln mit heißer HNO_3 größtenteils zu entfernen, als wenn man vorher durch zu starkes reduzierendes Glühen den feinverteilten Metallen Gelegenheit gegeben hat, sich mehr oder weniger zu legieren (vgl. auch FOERSTER).

Im allgemeinen neigt der auf dem Gebiet der Platinmetalle weniger erfahrene Analytiker dazu, die Metalle durchweg besonders kräftig zu glühen. Das mag bisweilen beim oxydierenden Glühen für besondere Zwecke, wie z. B. zur Austreibung flüchtiger Bestandteile (Os) und Verunreinigungen (Salmiak), erforderlich sein, beim reduzierenden Glühen dagegen liegt kaum ein triftiger Grund dazu vor; es sei denn, daß man dadurch den Schwamm in besonders dichter und kompakter Form erhalten will, um z. B. Verluste bei der Überführung aus einem Gefäß in ein anderes zu vermeiden.

Für die Reduktion der oxydhaltigen Schwämme genügen Temperaturen bis Dunkelrotglut vollauf zur Erreichung dieses Zweckes. Bei Pd beginnt die Reduktion bereits bei Zimmertemperatur unter Aufglühen, ebenso bei feinverteiltem Rhodium (WÖHLER und MÜLLER). Bezüglich des Verhaltens der Chloride vgl. Tafel E S. 180 im Qual. Teil.

Als Reduktionsgas verwendet man am besten reinen Wasserstoff. Bei der Herstellung von Wasserstoff aus Zink und Schwefelsäure ist vor allen Dingen darauf zu sehen, daß beide vollkommen arsenfrei sind. Wegen der Gefahr der Bildung flüchtiger Carbonylverbindungen ist es außerdem empfehlenswert, insbesondere beim Reduzieren von Chlorverbindungen der Platinmetalle, keine CO enthaltenden Reduktionsgase zu verwenden.

Die erörterten Vorgänge können die Analysenresultate in verschiedener Weise, nämlich nach oben oder unten, beeinflussen. Zum Beispiel kann durch Kieselsäure, die bei den Fällungen unbeabsichtigt ausgeschieden wurde, also zufällig in die Fällung geriet, ein eingetretener Glühverlust nicht allein ausgeglichen, sondern u. U. sogar „überkompensiert" werden.

Benutzt man zum Glühen der Rückstände Gefäße aus Platin, so kann bei anhaltend starkem Glühen, z. B. vor dem Gebläse, sogar der Fall eintreten, daß überhaupt keine Gewichtskonstanz zu erreichen ist, weil unter diesen Umständen zu dem Glühverlust des Tiegelinhalts noch laufend derjenige des Tiegels selbst hinzutritt. Um das zu verhindern, ist es zweckmäßiger, das betreffende Material nicht in einem Platingefäß zu verglühen, sondern in diesen Fällen Gefäße aus hochfeuerfester keramischer Masse zu benutzen, wie z. B. solche aus Magnesia.

Aus dem Gesagten ergeben sich für den Analytiker folgende Regeln:

1. Die Säurebehandlung von Rückständen wird meist in zwei Stufen durchgeführt, und zwar je nach dem Hauptmetall zunächst mit Salpetersäure und dann erst mit verdünntem Königswasser. Hierdurch wird bis zu einem gewissen Grade

eine Trennung der Metalle in edle und unedle und auch der Edelmetalle untereinander in lösliche und unlösliche herbeigeführt.

2. Enthalten die Rückstände außerdem noch unlösliche Oxyde, wie z. B. WO_3, so lassen sich diese aus dem ausgewaschenen Rückstand auf dem Filter durch warme Natronlauge- oder Ammoniaklösungen ebenfalls entfernen. Mit letzterem geht auch etwa vorhandenes Silberchlorid in Lösung. Zur Entfernung von $PbSO_4$ wäscht man mit ammoniakalischer Ammoniumacetatlösung[1].

3. Größere Mengen Platinschwamm, wie man sie z. B. bei der Analyse der Platinwaschkonzentrate erhält, halten namentlich nach starkem Glühen Alkalichloride besonders hartnäckig zurück. Deshalb muß man in diesem Falle das Waschwasser besonders sorgfältig auf Chlor-Ion oder durch vorsichtiges Eindampfen eines Tropfens auf einem Platinblech auf einen etwaigen Salzrückstand prüfen.

4. Der gut ausgewaschene Rückstand wird nun bei möglichst niedriger Temperatur im Wasserstoff reduziert und abermals mit den zuvor benutzten Säuren in der gleichen Reihenfolge ausgekocht und in der oben beschriebenen Weise behandelt. Diese Vorgänge werden so oft wiederholt, wie sich noch etwas löst. Die Prüfung der Filtrate oder Waschwässer auf gelöste Metalle erfolgt entweder durch entsprechende Fällungs- oder Farbenreaktionen oder durch Eindampfen eines Tropfens auf einem Platinblech.

5. Vollständige Wiederholungen der nach Ziffer 1 bis 4 vorzunehmenden Behandlungen machen sich in der Regel nur bei stark komplexem Material nötig, und zwar in der Hauptsache infolge von Passivierungserscheinungen, die durch Deckschichten (Oxyde, Chloride, schwer lösliche Salze, SiO_2) u. dgl. hervorgerufen werden können. Bisweilen bleiben auch beim Auflösen der Reguli usw. unlösliche, meist schlecht legierte Teile zurück. In einfachen Fällen, wie z. B. beim Auflösen eines Bleiregulus, der beim Aufschluß von Platin-Iridium mit der Bleischmelze erhalten wurde, läßt sich dagegen der nach der vorgeschriebenen Salpetersäurebehandlung bleibende Rückstand mit dem Glasstab leicht zerbröckeln. Er zerfällt hierbei in feine, lockere Bestandteile oder, nach der Königswasserbehandlung, in lockeres graues, kristallines, glitzerndes Pulver (Ir).

Wenn sich auch für den erfahrenen Analytiker in derartigen Fällen eine Wiederholung der Säurebehandlung erübrigt, sofern Temperatur, Menge und Konzentration der angewandten Säuren sowie die Dauer der Behandlung den Arbeitsvorschriften entsprechen, so ist doch für Ungeübte aus Gründen der Sicherheit eine Nachprüfung des Rückstandes unter Einhaltung der gleichen Arbeitsbedingungen immer zu empfehlen.

6. Liegt eine als „hochreines Metall" bezeichnete Probe zur Prüfung vor, so ist die Notwendigkeit wiederholter Behandlungen so gut wie ausgeschlossen, könnte aber trotzdem, z. B. bei Verwechselungen oder Verfälschungen, immerhin möglich sein. Das würde also andeuten, daß tatsächlich eine solche vorliegt, aber kein „hochreines Metall". Auch für solche Vorkommnisse muß der Praktiker gewappnet sein.

7. Der in Königswasser unlösliche, metallisch-kristalline Rückstand wird nach nochmaliger Prüfung auf AgCl filtriert, mit heißem Wasser gewaschen und nach vorsichtigem Veraschen reduziert und gewogen.

8. Sodann wird er in einem Platingefäß mit Flußsäure zur Entfernung von SiO_2 behandelt und abermals reduziert und gewogen.

9. Besteht Veranlassung, ihn noch von geringen Mengen Fe_2O_3 oder Al_2O_3 zu reinigen, so wird er entweder:

---

[1] Besteht der Verdacht, daß AgCl und $PbSO_4$ edelmetallhaltig waren, was sich z. B. an entsprechender Verfärbung erkennen läßt, so werden die Lösungen samt den Waschwässern zur Trockne verdampft, und der Rückstand wird dokimastisch auf Edelmetalle probiert (LATHE).

I. mit starker Salzsäure, der man einige Kriställchen NH_4J hinzugegeben hat[1], oder II. mit der Pyrosulfatschmelze unterhalb Rotglut[2] zur Entfernung von Fe_2O_3 und Al_2O_3 behandelt.

Sicherheitshalber wird die nach I. benutzte Salzsäure zur Trockne gedampft, der Rückstand mit etwas verdünnter Salzsäure aufgenommen und die Lösung zur Abscheidung etwa gelöster Edelmetalle in geeigneter Weise (meist mit der H_2S-Fällung) weiterbehandelt. Das gleiche geschieht mit der wäßrigen Lösung der nach II. erhaltenen Pyrosulfatschmelze, nachdem man durch längeres Digerieren mit Salzsäure in der Wärme die Sulfate in Chloride verwandelt hat. Nach GILCHRIST wird Rh aus Chloridlösung mit H_2S vollständig gefällt, nicht dagegen aus Sulfatlösung.

Der zurückgebliebene Edelmetallschwamm ist in diesen Fällen vor dem Glühen besonders sorgfältig auszuwaschen.

Handelt es sich um Pd- oder Rh-Schwamm, so ist die Entfernung des oberflächlich anhaftenden Eisen- und Aluminiumoxyds in der vorher geschilderten Weise wegen der Löslichkeit beider Metalle in den Reinigungsmitteln nicht möglich.

Bevor wir zur Beschreibung der Bestimmungsmethoden für die einzelnen Pt-Metalle übergehen, sei noch ein Wort vorausgeschickt:

Neben den gewichtsanalytischen Verfahren zur Bestimmung der Pt-Metalle haben, mit Ausnahme der Spektralanalyse, alle anderen — die Maßanalyse, die Potentiometrie, die Colorimetrie, die Elektroanalyse — keinerlei praktische Bedeutung, sondern nur theoretisches Interesse. Die auf diesen Spezialgebieten tätigen Forscher haben den Kreis ihrer Untersuchungen auch auf die Platinmetalle ausgedehnt und mancherlei Möglichkeiten gefunden, ihre Methoden auszuführen, jedoch wird in der Praxis fast niemand in die Lage kommen, sie anzuwenden. Deshalb werden sie hier nur kurz wiedergegeben.

Literatur.

ADOLPHI, W.: Ch. Z. **50**, 232 (1926). — AOYAMA, S.: Z. anorg. Ch. **133**, 241 (1924).

BILTZ, W.: Ausführung qual. Analysen (1939). — BRUNCK, O.: Quant. Analyse (1936).

DUPARC, L., u. M. N. TIKONOWITCH: Le platine et les gîtes platinifères de l'Oural et du monde (1920).

FOERSTER, F.: Elektrochemie wäßriger Lösungen, S. 185. Dresden 1922.

GILCHRIST, R.: (a) Bur. Stand. J. Res. **6**, 421 (1931); (b) Bur. Stand. J. Res. **12**, 300 (1934). — GILCHRIST, R., u. E. WICHERS: (a) Trabajos IX. Congreso Intern. Quimica Madrid 1934; (b) Am. Soc. **57**, 2565 (1935).

HILL, M. A., u. F. E. BEAMISH: Anal. Chem. **22**, 590 (1950). — HOLBORN, L., F. HENNING u. L. W. AUSTIN: Wiss. Abhandlg. PTR **4**, 85 (1904).

IPATIEFF, W. W., u. W. G. TRONEFF: (a) Chem. J. Ser. A **5** (67), 643 (1935); durch C. **107**, **I**, 1790; (b) C. r. Acad. URSS **1935 I**, 622; durch C. **107**, **I**, 3259 (1936); (c) C. r. Acad. URSS **1935 II**, 29; durch C. **107**, **II**, 2079 (1936).

KRAUSS, F.: Z. anorg. Ch. **175**, 345 (1928).

LATHE, F. E.: Canadian J. Res. **18 B**, 334 (1940).

MORATH, H., u. C. WISCHIN: Z. anorg. Ch. **3**, 159 (1893). — MYLIUS, F., u. A. MAZZUCCHELLI: Z. anorg. Ch. **89**, 1 (1914).

REMY, H.: (a) Z. angew. Ch. **39**, 1062 (1926); (b) Lehrb. anorg. Chemie **II**, 323 (1942). — RUFF, O., u. F. BORNEMANN: Z. anorg. Ch. **65**, 429 (1910).

SAINTE-CLAIRE-DEVILLE, H., u. I. S. STAS: Comité intern. poids et mesures. Proc.-verb. Séances Annexe **II**, 195 (1877). — SCHIFFNER, C.: Einführung in die Probierkunde (1912).

WILM, TH.: B. **14**, 634 (1881). — WÖHLER, L., u. L. METZ: Z. anorg. Ch. **149**, 305 (1925). — WÖHLER, L., u. W. MÜLLER: Z. anorg. Ch. **149**, 125 (1925). — WÖHLER, L., u. W. WITZMANN: Z. El. Ch. **14**, 106 (1908). — WOGRINZ, A.: Anal. Chemie der Edelmetalle (1936).

[1] Nach SAINTE-CLAIRE-DEVILLE und STAS benutzt man zur Auflösung des Eisenoxyds eine mit Salzsäure stark angesäuerte Lösung von NH_4J.

[2] Um zu verhindern, daß Platin gelöst wird.

Bestimmung der einzelnen Platinmetalle.

§ 2. Platin.

Pt, Atomgewicht 195,23, Ordnungszahl 78.

Lösungsmittel. Über die Wahl des von Fall zu Fall anzuwendenden Lösungsmittels entscheidet der Befund der qualitativen Analyse an Hand der unter B, S. 203 des Qual. Teiles besprochenen Lösungsmöglichkeiten. Siehe auch das chemische Verhalten des Platins gegenüber den für den Aufschluß in Frage kommenden Reagenzien, ebenda S. 31 und 203.

Zum Lösen von reinem Platin wird, ebenso bei hochprozentigen Platinlegierungen, konzentriertes Königswasser (1 Vol. HNO_3, 1,4 + 4 Vol. HCl 1,19) in der Wärme benutzt. Ist das Analysenmaterial darin unlöslich[1] (wie z. B. Platin mit mehr als 10% Ir), so muß es zuvor mit der Blei- oder Zinkschmelze aufgeschlossen werden[2]. Zum beschleunigten Lösen von Blechen und Drähten wird die Anwendung von Druck empfohlen. Die Ausführung geschieht in der Weise, daß man den Hals des Lösekolbens mit einem durchbohrten Korkstopfen verschließt, dessen Bohrung eine ⊓-förmig gebogene Glasröhre aufnimmt, deren längerer Schenkel mindestens 50 cm in einen mit Wasser gefüllten, engen Zylinder eintaucht. Der Lösekolben wird auf einem kleinen Sandbad erhitzt (Brunck).

A. Gewichtsanalytische Bestimmungsmethoden.

1. Fällung als Ammoniumchloroplatinat(IV), $(NH_4)_2(PtCl_6)$ [3].

Wägeform: Metallisches Platin. Die Fällung des Platins aus wäßrigen Lösungen der sog. Hexachloroplatin(IV)-säure $H_2PtCl_6 \cdot 6H_2O$ mit NH_4Cl ist nicht nur die älteste und einfachste, sondern zugleich auch die bekannteste und zuverlässigste Form der Abscheidung. Sie spielt trotz ihrer Mängel auch heute noch für analytische Zwecke und insbesondere auch bei der technischen Gewinnung des Platins nach wie vor eine beachtliche Rolle. Die Fällungsbedingungen sind im Qual. Teil besprochen. Brunck gibt zu dieser Fällung folgende ***Arbeitsvorschrift***: Man dampft die Lösung auf dem Wasserbade in einer kleinen Schale bis nahe zur Trockne, nimmt den Rückstand in ganz wenig Wasser auf und neutralisiert die konzentrierte, kalte Lösung nahezu mit Ammoniak. Zu der schwach sauren Lösung fügt man eine kaltgesättigte Lösung von Ammoniumchlorid im Überschuß zu, rührt gut um und gibt dann das doppelte bis dreifache Volumen der Flüssigkeit an absolutem Alkohol zu, worauf man über Nacht gut bedeckt stehenläßt. Ist der Niederschlag nicht rein gelb, sondern orange bis rot gefärbt, so deutet dies auf einen geringen Gehalt an Iridium hin, das mit Ammoniumchlorid ein ganz analog zusammengesetztes schwarzrotes Salz liefert. Man sammelt den Niederschlag auf einem nicht unnötig großen Filter und wäscht mit Alkohol von 80% aus. Nach dem Trocknen nimmt man den Niederschlag vom Filter, extrahiert dies auf dem Trichter mit siedend heißem Wasser, dampft die Lösung in einem geräumigen Porzellantiegel zur Trockne und gibt den trocknen Niederschlag zu. Man zersetzt ihn durch vorsichtiges Erhitzen bei möglichst niedriger Temperatur und steigert diese schließlich auf Rotglut. Den erhaltenen Platinschwamm glüht man nochmals im Wasserstoffstrom. Bei unvorsichtigem Erhitzen erleidet man jedoch leicht einen Verlust an Platin. Handelt es sich um größere Mengen von Platin, so ist es vorzuziehen, den Niederschlag in heißem Wasser aufzulösen und das Platin mit Ameisensäure (S. 26) zu Metall zu reduzieren. 100 cm^3 heißes Wasser lösen 1,25 g des Salzes.

Vgl. hierzu auch Krauss und Deneke.

---

[1] Erschwertes Lösen kann auch durch SiO_2-Filme verursacht werden, mit denen namentlich feinverteiltes Probematerial (Schwamm, Mohre) häufig verunreinigt ist.

[2] Über Ausführung der Aufschlußschmelzen mit Blei oder Zink siehe Qual. Teil S. 207.

[3] Das Ammoniumchloroplatinat(IV) wird noch vielfach als „Platinsalmiak" bezeichnet.

Bemerkung. Zu langes Stehenlassen des Niederschlages vor dem Filtrieren ist häufig die Ursache dafür, daß zunächst in der Mutterlauge gelöste Verunreinigungen beim nachträglichen Ausscheiden Gelegenheit finden, sich mit dem Niederschlag wieder zu vereinigen. Sie können sogar, falls sie nicht beim Auswaschen des Niederschlages entfernt werden, nach dessen Verglühen in den Metallschwamm gelangen.

Eine weitere ***Arbeitsvorschrift***[1], die *keine Anwendung von Alkohol* vorsieht und insbesondere für größere Mengen Platin geeignet ist, lautet: Die salzsaure, ziemlich konzentrierte Platinlösung wird nach Hinzufügen von 10 g NaCl auf 6 g Platin mit einigen Tropfen H_2O_2 oxydiert und in einem nicht zu kleinen Becher auf dem Wasserbad zur Trockne verdampft. Der Rückstand wird mit Wasser aufgenommen, mit festem Salmiak gesättigt und abermals auf dem Wasserbad vorsichtig eingedampft. Die hierbei sich bildenden Salzkristalle werden mit einem Glasstäbchen zerdrückt. Das lockere Salzgemisch wird auf dem Wasserbad so lange unter öfterem Rühren erwärmt, bis der Geruch nach Salzsäure verschwunden ist. Nun wird der Salzrückstand mit so wenig Wasser durchfeuchtet, daß sich gerade der überschüssige Salmiak löst. Man nimmt den Rückstand mit gesättigter heißer Salmiaklösung auf, rührt mehrmals um, läßt 1 bis 2 Std. stehen und filtriert die inzwischen abgekühlte Lösung unter Benutzung eines nicht zu kleinen Filters und eines in den Trichter eingelegten gelochten Platinkonus. Man wäscht den Niederschlag mit gesättigter Salmiaklösung, setzt den Trichter auf eine Saugflasche und entfernt die noch im Niederschlag verbliebene Lösung anfangs durch gelindes, schließlich durch kräftigeres Saugen. Die überragenden, vom Niederschlag nicht bedeckten Ränder des Filters werden hierbei nach innen umgeschlagen, so daß der Niederschlag vollständig in Filterpapier eingehüllt ist. Durch leichtes Drücken mit den Fingern läßt sich im Verein mit allmählich kräftiger werdendem Saugen der größte Teil des Filtrates bzw. der Waschflüssigkeit aus dem Niederschlag entfernen. Der nach längerem Hindurchsaugen von Luft vollständig kalt und trocken sich anfühlende, vom Papierkonus umhüllte und festgedrückte Niederschlag wird im Porzellan- oder Platintiegel, Spitze nach oben, zunächst mit ganz kleiner Flamme bei aufgelegtem Deckel so lange erhitzt, bis aller Salmiak verflüchtigt und das Papier verkohlt ist. Zum Schluß wird der Deckel abgenommen, die Temperatur auf Rotglut gesteigert und der Niederschlag bei ungehindertem Luftzutritt vollständig gleichmäßig durchgeglüht. Zur Prüfung auf einen etwaigen Platingehalt wird das Filtrat der Salmiakfällung mit H_2S (s. S. 25) gefällt, entstandener Niederschlag abfiltriert, verglüht, u. U. mit HF im Platingefäß abgeraucht und der Hauptfällung hinzugefügt. Wägeform: Metall.

Nach Wogrinz wird zur Fällung einer bereits reinen Lösung von H_2PtCl_6 mit Salmiak wie folgt verfahren: Die Lösung wird auf jeden Fall mit etwas Königswasser[2] auf dem Wasserbade zur Trockne verdampft, der Rückstand mit verdünnter HCl durchfeuchtet, wiederum abgedampft und das noch zweimal wiederholt[3]. Nunmehr wird alles mit möglichst wenig Wasser in einen geeigneten Kochbecher gespült und der Inhalt auf dem Wasserbad bis fast zur Trockne verdampft. Es wird dann so viel einer heißgesättigten Salmiaklösung hinzugefügt, daß ein reichlicher Überschuß an Ammoniumchlorid in der Lösung vorhanden ist. Man läßt unter öfterem Umrühren erkalten und sammelt nach 24 Std. den Niederschlag auf einem Papierfilter. Ausgewaschen wird zunächst mit ein wenig kaltgesättigter Salmiaklösung, sodann mit Alkohol. Durch Zusammenlegen des Filterrandes entsteht ein kleines Päckchen, das man, Spitze nach oben, in einen geräumigen, samt Deckel im Wägeglas gewogenen Porzellantiegel einbringt. Man trocknet bei 100°, treibt bei so

[1] Vgl. Qual. Teil S. 35.
[2] Um sicher zu sein, daß alles Platin in der IVwertigen Form vorliegt.
[3] Zur Zerstörung der Nitrosylverbindungen.

aufgelegtem Deckel, daß nur ein Spalt offenbleibt, sehr vorsichtig den Salmiak aus, verascht das Filter ebenso und glüht bis zur Gewichtskonstanz. Bisweilen findet man auf dem Tiegeldeckel einen leichten metallischen Belag!

Diese Arbeitsvorschrift sieht gleichfalls von der Verwendung von Alkohol bei der Fällung ab.

Rose und Finkener konzentrieren die saure Lösung des Platins, wobei sehr viel freie Säure mit wäßrigem Ammoniak annähernd neutralisiert wird, und setzen von einer heißgesättigten Salmiaklösung so viel zu, daß beim Erkalten auch etwas Salmiak auskristallisiert. Nach einiger Zeit wird die mit Salmiak vermengte Fällung abfiltriert und mit einer gesättigten Lösung von Salmiak ausgewaschen, getrocknet und verglüht. Nach einer *zweiten Beschreibung der beiden Autoren* wird zur Herabsetzung der Löslichkeit des Salzes $(NH_4)_2PtCl_6$ eine Mischung von 5 Teilen Alkohol und 1 Teil Äther der Fällung hinzugesetzt.

Einem Vorschlag von F. P. Treadwell zufolge wird die saure, möglichst konzentrierte Platinlösung mit wäßrigem Ammoniak neutralisiert und nach dem Fällen mit überschüssigem Salmiak mit dem doppelten Volumen absolutem Alkohol versetzt. Nach 12 Std. wird abfiltriert und mit 80%igem Alkohol ausgewaschen. Diese Arbeitsvorschrift enthält somit im wesentlichen die gleichen Fällungsmethoden wie die von Brunck.

Bemerkung. Unverkennbar ist bei allen Arbeitsvorschriften das Bestreben, zur Erzielung einer quantitativen Abscheidung des Platins als Salmiakkomplex die Fällung in möglichst schwach saurer Lösung vorzunehmen.

Graumann schlägt vor, den Platinsalmiak, anstatt ihn zu Schwamm zu verglühen, als solchen zu wägen. Aus den von Gilchrist und Wichers (b) angegebenen Gründen ist diese Methode jedoch nur mit Vorbehalt anwendbar.

2. Fällung als Kaliumchloroplatinat (IV), K_2PtCl_6.

Wägeform: Metall. Die Fällung des Platins aus einer wäßrigen H_2PtCl_6-Lösung mit KCl hat gegenüber der mit NH_4Cl den Vorteil, daß das Kaliumsalz gröber kristallinisch und deshalb leichter auszuwaschen ist als das Ammoniumsalz. Außerdem ist die Bildung von explosivem Chlorstickstoff, die bei der Weiterverarbeitung der Salmiakfällung gelegentlich eintritt, ausgeschlossen. Dem steht der schwerwiegende Nachteil gegenüber, daß das Kaliumchlorid aus der Fällung nicht so einfach zu entfernen ist wie das NH_4Cl. Man bevorzugt deshalb für die Platinbestimmung die Salmiakfällung. Dagegen ist die K_2PtCl_6-Fällung für die Kaliumbestimmung von besonderer Bedeutung. Vgl. hierzu Fresenius-Jander: Handbuch der anal. Chemie, Kalium, S. 141ff.

Benutzt man aber doch KCl zur Platinbestimmung, so verfährt man bei der Fällung genau so wie bei der Bestimmung mit NH_4Cl. Zwecks Überführung in den metallischen Zustand wird der zum Schluß gut mit Alkohol ausgewaschene, trockene, im Schiffchen in nicht zu dicker Schicht ausgebreitete gelbe Niederschlag mit Wasserstoff im Verbrennungsrohr unter ganz allmählicher Temperatursteigerung bei etwa 250 bis 300° reduziert. Der schwarze Glührückstand besteht aus Platinmohr und KCl, welches durch Wasser entfernt wird. Das Filtrat muß vollkommen klar und farblos sein. Gelbgefärbtes Filtrat wird zur Trockne verdampft, nach vorsichtiger Reduktion das KCl mit Wasser ausgelaugt und der Mohr der Hauptmenge hinzugefügt. Nach dem Veraschen des Filters wird der Rückstand von neuem reduzierend verglüht und gewogen.

Bei der Reduktion des Salzes K_2PtCl_6 soll nach Rose-Finkener mit größeren Verstäubungsverlusten zu rechnen sein. Diese entstehen auf rein mechanischem Wege und werden hauptsächlich beim Reduzieren des scharf getrockneten Salzes K_2PtCl_6 im gewöhnlichen flachen Porzellantiegel wohl beobachtet, nicht dagegen beim ordnungsgemäßen Reduzieren im Verbrennungsrohr[1]. Vgl. auch unter Verglühungen.

Nach FRESENIUS-JANDER: Handb. der anal. Chemie, Kalium, S. 30, verknistert das gelbe Salz beim Erhitzen und zersetzt sich bereits teilweise bei etwa 250°. Beim Erhitzen im Wasserstoff erfolgt bei 250° völlige Zersetzung unter Bildung von HCl, KCl und Platin, ebenso beim Erhitzen in Gegenwart von Oxalsäure.

3. Fällung als Platinsulfid.

Die Fällung des Platins mit H_2S ist mit gewissen Schwierigkeiten behaftet, worauf schon CLAUS hingewiesen hat. Oft werden Niederschläge erhalten, die sich schlecht filtrieren lassen, auch mitunter Fe-Verbindungen hartnäckig festhalten und beim Auswaschen zur Bildung von Solen neigen. Für die Fällung als Platinsulfid gibt BRUNCK folgende

Arbeitsvorschrift. In die mäßig saure, stark verdünnte Lösung leitet man, nachdem man sie bis nahe zum Sieden erhitzt hat, H_2S bis zum Erkalten. Hierauf erhitzt man nochmals kurze Zeit und filtriert nach dem Erkalten, wenn der Niederschlag sich völlig abgesetzt hat und die Flüssigkeit farblos geworden ist. Man wäscht, da *der Niederschlag zur Oxydation neigt*, mit H_2S enthaltendem Wasser aus, trocknet rasch und glüht nach Einäscherung des Filters, zuerst an der Luft und dann im Wasserstoffstrom. Man versäume nicht, das Filtrat durch nochmaliges Sättigen mit H_2S auf Vollständigkeit der Fällung zu prüfen.

Nach GILCHRIST und WICHERS (b) erfolgt die Fällung des Platins als PtS_2 durch Einleiten eines lebhaften H_2S-Stromes in die heiße, saure Platinsalzlösung bis zur Abkühlung auf Raumtemperatur. Der Niederschlag wird nach Filtration mit wäßriger Salzsäure (1 + 99) ausgewaschen und nach dem Trocknen verglüht, der Glührückstand wieder mit Salzsäure ausgewaschen[2] und nach dem Abfiltrieren sorgfältig mit heißem Wasser gewaschen und schließlich an der Luft geglüht. Das verglühte Metall enthält noch geringe Mengen Schwefel, die nur durch Auflösen des Metalls in Königswasser und Fällen z. B. mit Ameisensäure entfernt werden können (vgl. S. 26). Nach IWANOFF (a) läßt sich die H_2S-Fällung wesentlich beschleunigen und leicht quantitativ gestalten, wenn die schwach salzsaure Lösung mit 5%iger $MgCl_2$-Lösung versetzt und dann mit H_2S-Gas gesättigt wird. Nach dem Austreiben des überschüssigen Schwefelwasserstoffs durch Kochen kann das Platinsulfid sofort filtriert werden. Die Wägung erfolgt immer als metallisches Platin. Über Fällung des Platins durch organische Monosulfide siehe CURRAH, McBRYDE, CRUIKSHANK und BEAMISH.

Über Verwendung von Thioessigsäure statt H_2S siehe SCHIFF und TARUGI sowie ATTERBERG (a).

4. Fällung durch Reduktion zu Metall.

I. Aus Platinsalzlösungen[3]. Zwei Arten der Reduktion sind zu unterscheiden, nämlich Reduktion durch unedlere Metalle, in der Metallurgie als „Zementation" bekannt, und Reduktion durch geeignete anorganische und organische Reduktionsmittel.

a) Für die Zementation (vgl. bei „Fällungen" S. 13) kommen hauptsächlich Zink und Magnesium, seltener Kupfer, Aluminium und Quecksilber in Betracht. Der Zementationsverlauf beginnt mit der Ausscheidung des reduzierten Metalls in kolloidalem Zustand, das allmählich koaguliert und bei hinreichender Teilchengröße schließlich ausfällt (AOYAMA).

Die Reduktion erfolgt in mit Salzsäure schwach angesäuerter[4], ziemlich verdünnter Lösung in der Wärme. In dem Maße, wie das hinzugesetzte unedle Metall

[1] Die Reduktion von K_2PtCl_6 kann bei vorsichtigem Verglühen auch im Tiegel ausgeführt werden. Am besten geeignet hierfür ist, wegen seiner schlankeren Form, der ROSE-Tiegel.

[2] Zur Trennung des Platinschwamms von größeren Mengen von Alkalichloriden.

[3] Vgl. auch Qual. Teil S. 46ff.

[4] Größere Mengen Säure sind zur Vermeidung unnötiger Salzbildung durch Eindampfen, nicht durch Neutralisieren zu entfernen.

sich auflöst, wird das Platin als Mohr abgeschieden. Die Lösungen werden so lange mit dem zementierenden Unedelmetall behandelt, bis sie vollkommen farblos sind. Auch muß das Ausscheiden basischer Salze rechtzeitig durch Zusatz von Säure verhindert werden. Selbstverständlich ist in allen Fällen nach beendeter Zementation der Platinmohr sorgfältigst mit verdünnter Säure von den Überresten des zementierenden Metalls zu reinigen. Bei besonders hartnäckig anhaftenden Verunreinigungen (Zink!) wird man den Mohr umlösen und von neuem z. B. mit H_2S fällen, in Königswasser lösen und als Metall mit Ameisensäure zur Abscheidung bringen. Über die Wahl eines geeigneten Gefäßmaterials bei der Erzeugung metallischer Fällungen siehe GILCHRIST und WICHERS (b). Vgl. ferner AOYAMA.

Nach SONSTADT (Qual. Teil S. 47) wird Platinlösung von metallischem Quecksilber reduziert.

b) Fällung mit anderen Reduktionsmitteln. Zur Reduktion des Platins mit Wasserstoffgas vgl. IPATIEFF und TRONEFF, ferner L. WÖHLER sowie Qual. Teil S. 47.

Durch ein mit Wasserstoff beladenes Palladiumblech läßt sich aus einer wäßrigen Lösung von H_2PtCl_6 alles Platin als Mohr abscheiden (KRITSCHEWSKY).

Bei den sehr einfachen und glatt verlaufenden Fällungen mit Hydraziniumsalzen[1] geht die Reduktion in fast neutraler Lösung vor sich. Freie Mineralsäure wird durch Zusatz von etwas Natriumacetat neutralisiert. Man erhitzt so lange, bis die Lösung vollkommen farblos und klar geworden ist, was nach etwa 2 Std. der Fall ist. Gute Werte erzielt man vor allen Dingen mit Hydraziniumchlorid, wohingegen Hydraziniumsulfat etwas zu hohe Werte ergibt (RUPP sowie MOSER und HACKHOFER). Bei Reduktion in ammoniakalischer Lösung wird nach Zusatz von Hydraziniumchlorid einige Minuten bis zum Aufhellen der Lösung gekocht und unter lebhaftem Rühren (zur Verhinderung der Bildung von Ansätzen und Metallspiegeln[2]) vorsichtig Ammoniaklösung zugeträufelt, bis die Lösung farblos und klar wird. Meist erfolgt die Reduktion und Abscheidung des Platins spontan unter heftigem Aufschäumen. Nach weiterem Zusatz von etwas NH_3-Lösung wird noch etwa 10 Min. weitergekocht. Es ist ratsam, bei der Filtration dieser metallischen Niederschläge Doppelfilter zu verwenden.

Zur Verhinderung von Solbildung wird der Niederschlag mit einer 1- bis 5%igen chlorfreien, reinen HNO_3-Lösung nur warm, aber nicht heiß ausgewaschen und verglüht. Über die Fällung des Platins mit Hydraziniumchlorid in salzsaurer Lösung siehe auch MYLIUS und MAZZUCCHELLI[3].

Diese Reduktionsvorgänge werden von K, Na, Ca, Ba, Mg, Sr, W nicht gestört. Dagegen müssen bei Anwesenheit von Mn, Zn, Cd, Cu, Ni, Co besondere Arbeitsbedingungen eingehalten werden (JANNASCH und STEPHAN).

Von organischen Reduktionsmitteln bevorzugt man Ameisensäure und Formiate, weil sie keine Verunreinigungen in die Lösungen bringen.

Ameisensäurefällungen.

Bei der Fällung des Platins mit HCOOH muß die Acidität der Lösung zur Erzielung einer vollständigen Fällung stets entsprechend eingestellt werden.

Während früher zu diesem Zweck Zusatz von CH_3COONa vorgeschlagen wurde, hat es sich als zweckmäßiger erwiesen, statt dessen NaOH hinzuzufügen, bis die

[1] Auf 0,1 g Platin gibt man etwa 2 bis 3 g Hydraziniumchlorid hinzu.

[2] Festhaften des Platins an den Wänden kann auch dadurch verhütet werden, daß man diese zuvor mit einem leicht mit Mandel- oder Olivenöl befeuchteten Tuch ausreibt [ATTERBERG (a)].

[3] Gegenüber der Reduktion aus schwach alkalischer Lösung hat die aus schwach saurer Lösung den Vorzug, daß das Platin dabei in gröberen Flocken abgeschieden wird, die sich gut filtrieren und auswaschen lassen. Die Reduktion erfordert aber längere Zeit bis zur vollständigen Abscheidung des Platins (BRUNCK).

Acidität dem Endpunkt von Bromphenolblau ($p_H = 4$) entspricht. Bei dieser Säurekonzentration ist die Reduktion zu Metall vollständig, wobei die Notwendigkeit des Kochens wegfällt. Der Vorgang vollzieht sich bei der Temperatur des Dampfbades. Weiterhin ist die Reduktion auch in Lösungen vollständig, die beträchtliche Mengen von Natriumsalzen enthalten, was bei der Neutralisation mit Natriumacetat nicht der Fall ist (GILCHRIST, S. 322).

Für die Verwendung von Ameisensäure als Reduktionsmittel gibt BRUNCK folgende

Arbeitsvorschrift. Platin wird aus der wäßrigen Lösung von Hexachloroplatin(IV)-säure wesentlich schwieriger reduziert als Gold. Es müssen stärkere Reduktionsmittel angewandt werden. Die Reduktion gelingt in ammoniakalischer Lösung mit Hydrazinsulfat und mit Ameisensäure. Doch ist es schwierig, die letzten Reste des Platins aus seiner Lösung abzuscheiden, weshalb das Ergebnis häufig etwas zu niedrig ausfällt. Sicher gelingt sie, wenn man bei der Reduktion mit Ameisensäure folgendermaßen verfährt:

Die nicht zu verdünnte Platinlösung, Ammoniumhexachloroplatinat(IV) braucht nicht völlig gelöst zu sein, versetzt man mit Ameisensäure und macht ammoniakalisch, worauf man erhitzt, bis die Lösung farblos geworden ist. Man sammelt das Metallpulver auf einem kleinen Filter und wäscht mit möglichst wenig heißem Wasser aus. Das Filtrat verdampft man in einem gewogenen, geräumigen Porzellantiegel zur Trockne und erhitzt, bis die Ammoniumchloriddämpfe wegzugehen beginnen. Hierauf zieht man den Rückstand mit wenig heißem Wasser aus, filtriert, wenn die geringen Mengen Platin nicht fest am Tiegel haften, durch das zuerst gebrauchte Filter und wäscht wieder mit heißem Wasser aus. Nach dem Trocknen bringt man den Niederschlag samt Filterasche in den Tiegel, glüht und wägt.

GILCHRIST und WICHERS (b) empfehlen, aus Lösungen mit größeren Gehalten an fremden Salzen das Platin zuerst als PtS_2 abzuscheiden, das Sulfid in Königswasser zu lösen und nach der in der üblichen Weise stattgefundenen Zerstörung der Salpetersäure das Platin mit gepufferter Ameisensäure auszufällen. Vgl. hierzu GILCHRIST.

Über die Reduktion von Platinsalzlösungen durch Natriumformiat unter Zusatz von Ammoniumacetat bei längerem Kochen siehe NORDENSKJÖLD.

Bildung von Solen beim Auswaschen des mit Ameisensäure gefällten Platins läßt sich weitgehend vermeiden, wenn gleichzeitig mit der Ameisensäure einige Gramm NH_4Cl zugesetzt werden und längere Zeit (bis zu 24 Std.) am Rückflußkühler gekocht wird (F. P. TREADWELL). Das hierbei ausfallende Salz $(NH_4)_2PtCl_6$ ist nicht nur nicht störend, es begünstigt sogar die Abscheidung grobpulveriger Niederschläge.

Über die Fällung des Platins mit $TiCl_3$ siehe GILCHRIST und WICHERS (a), (b).

Über Reduktion des Platins aus seinen Salzen im Beisein von Eisen(II)-chlorid oder -sulfat durch Kochen mit NaOH oder Na_2CO_3, ferner über die Reduktion durch Kochen mit HgCl siehe RÜDISÜLE; vgl. auch Qual. Teil S. 40 und 46, ferner Quant. Teil, unter Trennungen, S. 70.

II. Aus festen Salzen. Von den Platinsalzen kommt besonders K_2PtCl_6 für die Reduktion mit Wasserstoff in Betracht. Nach beendeter Reduktion wird das entstandene Kaliumchlorid von dem Platinmohr durch Auslaugen mit Wasser getrennt.

Alkalicyanidverbindungen des Platins werden am besten mit überschüssigem Ammoniumchlorid innig gemengt und im Porzellantiegel allmählich bis zum Glühen erhitzt. Nach dem Auslaugen mit Wasser bleibt metallisches Platin zurück. Andere Platincyanide werden zur Bestimmung des Platingehaltes mit konzentrierter H_2SO_4 zersetzt (BRUNCK).

5. Weitere Methoden.

I. Fällung mit Natriumrhodanid. Wägeform: Metallisches Platin. Für diese Bestimmungsmethode muß II wertiges Platin vorliegen. Als Ausgangslösung dient eine 0,25%ige Lösung von K_2PtCl_4. Die zum Sieden erhitzte Lösung wird mit einer 0,25%igen NaCNS-Lösung fortlaufend in Mengen von 1 cm^3 versetzt. Nach jedem hinzugefügten Kubikzentimeter läßt man aufkochen. Es sind für 1 g Pt 250 cm^3 NaCNS-Lösung erforderlich. Ist die Zugabe vollendet, so unterbricht man das Erhitzen, setzt 20 g NH_4NO_3 hinzu und kocht nochmals einige Minuten. Nach dem Absetzen wird sofort filtriert, der schwarze, voluminöse Niederschlag getrocknet und verglüht.

Die NaCNS-Fällung soll der Bestimmung des Platins mit Salmiak in nichts nachstehen und nur 2 bis 3 Std. erfordern gegen 2 bis 3 Tage nach der Salmiakmethode (! ?). Bei Anwesenheit größerer Mengen Cu oder Fe werden zu hohe Werte gefunden [Iwanoff (b)].

II. Fällung mit organischen Reagenzien. Über Möglichkeiten zur Bestimmung des Platins mit Dimethylglyoxim siehe Thüringer, ferner im Qual. Teil S. 67 und S. 43.

Über Fällung des Platins mit α-Furildioxim siehe Ogburn, ferner Qual. Teil unter VII (Analysenvorschläge), S. 195.

Gagliardi und Pietsch fällen Platin mit Thioformamid, am besten aus 1 bis 2 n schwefelsaurer Lösung.

6. Mikrobestimmung.

Die mikroanalytische Bestimmung des Platins als K_2PtCl_6 ist nicht hinreichend genau, da das Kaliumchlorid aus dem Salz K_2PtCl_6 nur schwer zu entfernen ist. Auch treten bei Verwendung von Alkohol, der nicht völlig aldehydfrei ist, Verluste beim Auswaschen ein, wahrscheinlich als Folge von Reduktion zu K_2PtCl_4 [Strebinger und Holzer (b)]. Von Strebinger wird festgestellt, daß die Platinbestimmung über K_2PtCl_6 nicht gestört wird durch Metalle, die keine ähnlichen Verbindungen bilden, oder solche, die leicht löslich sind. Zu den ersteren gehören Cu, Ni, Fe, Zn, zu den letzteren Pd, Rh, Ru und Au.

Zur Mikrobestimmung von Platin in verschiedenen Komplexverbindungen (Chloride, Amminchloride) soll das Material mit einem Gemisch von Na_2CO_3 und $NaNO_3$ geschmolzen und das dabei abgeschiedene Platin nach dem Auflösen der Sodaschlacke in Wasser geglüht und gewogen werden (Drew, Tress und Wyatt).

Hierzu ist darauf aufmerksam zu machen:

Falls bei Ausführung der Schmelzen Platingefäße verwendet werden sollen, ist daran zu erinnern, daß Platin von Soda-Salpeter-Gemischen im Schmelzfluß um so stärker angegriffen wird, je höher die Schmelztemperatur und je länger die Schmelzdauer gewählt werden. Wenn hierbei die Schmelztemperatur von 700° überschritten wird, halten wir diese Bestimmungsmethode nicht allein wegen der Ungenauigkeit der Ergebnisse, sondern auch wegen der dabei möglichen Korrosion der Platintiegel und der damit verbundenen Gewichtsabnahme der Tiegel für etwas bedenklich. Die Korrosion der Platingeräte durch Schmelzflüsse hängt nicht allein von deren Zusammensetzung, der Schmelztemperatur und Schmelzdauer ab, sondern auch von dem Zustand der Tiegel (ob alt oder neu, gut gepflegt oder schlecht instand gehalten) (Bauer), vgl. auch Groschuff.

Blackmore, Marks, Barefoot und Beamish haben verschiedene übliche Fällungsmethoden auf ihre Brauchbarkeit für Mikrobestimmungen verglichen. Bei Einwagen von 1 bis 10 mg ergeben die Fällungen mit Ameisensäure und mit Salmiak unregelmäßig streuende Fehler bis zu 3%. Dagegen liefert die allgemein für weniger zuverlässig gehaltene Fällung mit Zink sehr genaue Resultate, wenn die von den Verfassern sorgfältig untersuchten Bedingungen eingehalten werden.

Arbeitsvorschrift. Man dampft die Lösung, die die Hexachloroplatin(IV)-säure mit etwa 10 mg Pt enthält, auf dem Wasserbade ein, fügt 0,5 cm³ konzentrierte Salzsäure zu und verdünnt zu 85 cm³ mit Wasser. Dann bereitet man eine wäßrige Suspension mit 5,5 mg gereinigtem Zinkstaub/cm³. Man fügt nun zur Platinsalzlösung auf dem Wasserbade allmählich 100 mg Zink, und zwar in 0,5 cm³-Anteilen der erwähnten Aufschlämmung je 10 bis 15 Sek. innerhalb 1 Min., zu, indem man sowohl die Suspension als auch die Reaktionsmischung rührt. Danach fügt man wiederum 100 mg Zink in derselben Weise zu. Nach einstündigem vorsichtigem Aufkochen der Mischung filtriert man heiß ab und wäscht den Rückstand einmal durch Dekantieren mit 5 cm³ heißer, 1%iger Salzsäure, dann mit im ganzen 60 bis 70 cm³ heißem Wasser oder vorzugsweise demselben Volumen heißer, 1%iger Ammoniumchloridlösung. Die Becherglaswände wischt man mit einem Stück Filterpapier, das mit 1%iger Salzsäure angefeuchtet ist, ab.

Nach Veraschen des Rückstandes und 1stündigem Erhitzen bis etwa 600° in der Muffel läßt man abkühlen und erhitzt ihn nun 1 Std. im Wasserstoffstrom mit Hilfe eines Mekerbrenners. Man läßt den Glührückstand dann im Stickstoffstrom und schließlich an der Luft abkühlen. Gewogen wird er als metallisches Platin.

Proben mit 1 bis 5 mg Pt werden mit einer Suspension von 50 mg Zn in 20 cm³ Wasser während 1 Std. behandelt. Man kocht noch 15 Min., fügt 0,5 cm³ 3n Salzsäure zu, kocht 45 Min. lang und verfährt dann wie oben zwecks Filtration, Waschens, Glühens und Wägung.

Eine *mikrodokimastische Methode* für geringe Platinmengen von etwa 10^{-6} g wird von LUNDE und JOHNSON angegeben.

B. Maßanalytische Methoden.

Die Bestimmung des Platins dürfte in der Praxis wohl selten oder kaum durch maßanalytische Methoden erfolgen. Es ist deshalb nicht zu verwundern, wenn wenig über die in Betracht kommenden Methoden bekannt ist. Nach F. MÜLLER sollen Schwierigkeiten vor allem dadurch entstehen, daß für die Endpunktbestimmungen der Reaktionen geeignete Indicatoren fehlen. Doch können verschiedene von diesen Reaktionen *potentiometrisch* indiziert werden.

Vorschläge für die Ausführung titrimetrischer Bestimmungen des Platins liegen vor von HINTZ und WEBER, ferner von PETERSON. Doch sollen nach RUPP sowie nach GRÜNBERG und PTIZYN diese Methoden von falschen Voraussetzungen ausgehen, ungenaue Ergebnisse liefern und auch bei Abänderung der verschiedenen Versuchsbedingungen keine befriedigenden Befunde erzielt werden. Mit besseren Ergebnissen soll bei potentiometrischer Indizierung zu rechnen sein. Dagegen läßt sich in gewissen Fällen mit gutem Erfolg die Einwirkung einer entsprechend konzentrierten $TlNO_3$-Lösung, die gegen eine K_2CrO_4-Lösung eingestellt ist, auf Platinsalzlösungen wie $PtCl_4$ oder H_2PtCl_6 anwenden. Weitere Einzelheiten über maßanalytische Bestimmung des Kaliumchloroplatinats(IV) siehe auch FRESENIUS-JANDER: Band Kalium des Handb. der anal. Chemie, S. 161.

Hingewiesen sei noch auf ein Verfahren von POLLARD (a) zur Mikrotitration von $PtCl_4$-Lösungen mit $SnCl_2$ in Gegenwart konzentrierter wäßriger Salzsäure und seine Abänderung, die darin besteht, daß zur Vermeidung von Störungen dieser Titration durch Palladium statt der Chloride Bromide der Metalle benutzt werden. Hierbei erfolgt die Reduktion mit $SnBr_2$ in Gegenwart wäßriger Bromidlösungen, und das zu Metall reduzierte Palladium wird in der gleichen Weise entfernt wie das Gold, das bei der Titration nicht stört. Es stören ferner nicht geringe Mengen der übrigen Platinmetalle, in kleinen Mengen vorhandenes Pb, Cu, Cd, Zn, Fe, Ni, Co, Bi, Sb, Hg und Se nur in geringem Maße, sehr stark dagegen Te und As [POLLARD (b)].

C. Physikalisch-chemische Methoden.

1. Elektroanalytische Methoden.

Nach BRUNCK läßt sich Platin aus schwefelsaurer Lösung unter Anwendung einer Bleisammlerzelle als Stromquelle mit $D^{100} = 0,2$ Amp. in dichter, festhaftender Form sehr gut abscheiden. Die Kathode (WINKLERsche Drahtnetzkathode) muß zur möglichsten Schonung bei der nachträglichen Entfernung des niedergeschlagenen Platins durch Ablösen mit Salpetersäure vor Beginn der Elektrolyse versilbert werden. Über den praktischen Wert der Elektrolyse im Falle der Platinmetalle siehe ebenfalls BRUNCK, S. 117, Ziffer 60, ferner WOGRINZ, S. 105.

Nach CLASSEN und DANNEEL dient als Kathode eine Platinschale, als Elektrolyt meist eine Lösung von H_2PtCl_6 mit etwa 2 Vol.-% H_2SO_4 (1 + 5). Gearbeitet wird bei 60 bis 65° mit 0,01 bis 0,05 Amp./cm² und 1,2 (Anfangsspannung) bis 1,7 Volt; Prüfung auf Beendigung der Elektrolyse mit H_2S. Eingeschlossener Wasserstoff wird durch Glühen des Platinniederschlages entfernt. Reinigung der Schale erfolgt durch Scheuern mit Seesand und Wasser.

Wegen der übermäßig hohen Stromstärke (17 Amp. bei 10 Volt Klemmenspannung) ist die *Schnellbestimmung* des Platins nach LANGNESS nicht zu empfehlen (A. FISCHER und SCHLEICHER). Die Verfasser verwerfen die Anwendung versilberter Kathoden wegen der Gefahr der AgCl-Bildung (fehlerhafte Gewichtszunahme). Über weitere Ausführungsformen der Schnellbestimmung siehe W. D. TREADWELL, ferner GROSSE-WEISCHEDE.

2. Potentiometrische Bestimmung.

Die Bestimmung von IVwertigem Platin durch Titration mit $SnCl_2$-Lösung in einer Stickstoffatmosphäre ergibt nur unter Einhaltung ganz bestimmter Ausführungsbedingungen annähernd richtige Werte (E. MÜLLER und Mitarbeiter). Wesentlich schneller und genauer erfolgt die Titration mit $TiCl_3$-Lösung nach F. MÜLLER sowie W. D. TREADWELL und ZÜRCHER. Sie wird ebenfalls im geschlossenen Gefäß in einer Stickstoffatmosphäre bei etwa 70° durchgeführt. Wichtig dabei ist die Einhaltung geringer H-Ionenkonzentrationen, da nur hierbei die Reduktion in zwei Stufen sich abspielt:

$$\mathrm{Pt(IV)} + 2\,\mathrm{Ti(III)} \longrightarrow \mathrm{Pt(II)} + 2\,\mathrm{Ti(IV)};$$
$$\mathrm{Pt(II)} + 2\,\mathrm{Ti(III)} \longrightarrow \mathrm{Pt} + 2\,\mathrm{Ti(IV)}.$$

Als sehr geeignete Titrierlösung hat sich eine Lösung von beispielsweise 2 g Kupfer(I)-chlorid in 1 l einer wäßrigen 0,85 n HCl-Lösung erwiesen. Der zu titrierenden Platinlösung werden zunächst einige Tropfen Chlorwasser zugefügt. Nun wird die Titration erst bei Zimmertemperatur bis zum 1. Potentialsprung durchgeführt, welcher der Reduktion des Chlors, und darauf bei 70° bis zum zweiten, welcher der Reduktion des Platins(IV) zu Pt(II) entspricht (E. MÜLLER und TÄNZLER).

RYABSCHIKOFF titriert potentiometrisch mit $Ce(SO_4)_2$.

Bestimmung von 2wertigem Platin. Die bei der Reduktion von Pt(IV) mit einer Kupfer(I)-chloridlösung beschriebene Methode wird dahin geändert, daß nach Reduktion der Platinsalzlösung durch Zugabe eines Überschusses von CuCl in Gegenwart von $MnSO_4$ in schwefelsaurer Lösung bei Raumtemperatur in CO_2-Atmosphäre mit $KMnO_4$-Lösung titriert wird. Zwei Potentialsprünge werden beobachtet, nämlich bei der Oxydation des Kupfers(I) zu Cu(II) und des Platins(II) zu Pt(IV) (GRÜNBERG und PTIZYN). Über Titration mit $KMnO_4$ siehe GRÜNBERG und PTIZYN und über Titration von Platin(II)-komplexverbindungen mit mehreren oxydierbaren Komponenten [neben Pt(II) z. B. SCN, C_2O_4, Pyridin] mit $KBrO_3$ siehe GRÜNBERG und RYABSCHIKOFF. Über potentiometrische Titration in salzsaurer Lösung mit $KBrO_3$ bei 70 bis 80° oder mit $KMnO_4$ bei Raumtemperatur siehe STELLING.

3. Polarographische Bestimmung.

Geringe Mengen Platin, besonders in organischem Material, bestimmt F. L. ENGLISH polarographisch, da 4wertiges Platin in neutraler Lösung eine deutliche, reproduzierbare Reduktionsstufe hervorruft. Der Grenzstrom wird bei —0,6 Volt gegen die gesättigte Kalomelelektrode bei (25 ± 0,05°) erreicht, und die Höhe dieser Stufe ist von der Platinkonzentration geradlinig abhängig.

Arbeitsvorschrift. Die Probe, die 2 bis 3,5 mg Pt enthalten soll, wird nach Zugabe von 25 cm^3 Wasser, 25 cm^3 konzentrierter Salzsäure und 5 cm^3 einer 20%igen Titan(III)-chloridlösung in konzentrierter Salzsäure 10 Min. mäßig gekocht, wodurch das gesamte Platin ausfällt. Nach Erhitzen des Rückstandes auf 650° C, wobei mitgerissene organische Substanz völlig verbrennt, wird jener mit mindestens je 1 cm^3 Salpetersäure und Salzsäure auf dem Wasserbad in Lösung gebracht, was 10 Min. beansprucht. Dann nimmt man mit 10 cm^3 Wasser auf, filtriert und wäscht einen gegebenenfalls verbleibenden Rückstand mit höchstens 25 cm^3 Wasser aus. Die vereinigten Filtrate werden mit Natronlauge gegen Methylrot neutralisiert, mit 2 cm^3 konzentrierter Pufferlösung[1] und 0,5 cm^3 frisch bereiteter, 1%iger Gelatinelösung versetzt und nach Auffüllen zu 50 cm^3 polarographiert.

4. Colorimetrische Bestimmungen.

Es sind zunächst die allgemeinen Bedingungen zu erörtern, die für eine erfolgreiche Durchführung colorimetrischer Bestimmungen eingehalten werden müssen. So ist z. B. die Intensität der Färbung umgekehrt proportional der HCl-Konzentration der zu vergleichenden Lösungen. Es muß also vollkommene Übereinstimmung des Säuregehaltes der zu vergleichenden Lösungen herrschen. Auch Abweichungen in der Metallkonzentration der fraglichen Lösungen sind mit größeren mittleren Fehlern, die mehrere Prozente, in manchen Fällen sogar bis zu 32%, betragen können, behaftet.

Über die colorimetrische Bestimmungsmethode nach WÖLBLING siehe auch Qual. Teil S. 189.

Die auf Grund eingehender Untersuchungen zur Ermittlung der günstigsten Bedingungen für die Platinbestimmung nach dieser Methode erreichten Ergebnisse faßt FIGUROWSKY in fünf Punkten zusammen, die im wesentlichen bereits im Qual. Teil S. 221 niedergelegt sind. Danach erfordert die Bestimmung der Platinmetalle nach diesem Ausschüttelverfahren ziemliche Übung und Erfahrung auf diesem Sondergebiet.

Platin läßt sich colorimetrisch auch durch Überführung des Salzes K_2PtCl_6 mit KJ im geringen Überschuß in schwach saurer Lösung in das intensiv rot gefärbte Salz K_2PtJ_6 bestimmen. Die Gegenwart reduzierend wirkender Substanzen muß vermieden werden (STREBINGER und HOLZER). Die Lösungen sollen nicht mehr als 0,5 mg Platin in 50 cm^3 enthalten. Wartezeit für die Entwicklung maximaler Färbung: 1 Std. Mit steigender oder fallender Konzentration erhöhen sich die Ungenauigkeiten der Bestimmung (KARPOFF und SSAWTSCHENKO). Weitere Beispiele vgl. im Qual. Teil S. 118 und 119.

Literatur.

AOYAMA, S.: Z. anorg. Ch. **133**, 230 (1924). — ATTERBERG, A.: (a) Ch. Z. **20**, 131 (1896); (b) **22**, 522, 538 (1898).

BAUER, G.: Ch. Z. **62**, 257 (1938). — BLACKMORE, A. P., M. A. MARKS, R. R. BAREFOOT u. F. E. BEAMISH: Anal. Chem. **24**, 1815 (1952). — BRUNCK, O.: Quant. Analyse (1936).

CLASSEN, A., u. H. DANNEEL: Quant. Anal. durch Elektrolyse, 7. Aufl., S. 343 (1927). — CLAUS, C.: Festschrift Universität Kasan, S. 39. Dorpat 1854. — CURRAH, I. E., W. A. E. MCBRYDE, A. J. CRUIKSHANK u. F. E. BEAMISH: Ind. eng. Chem. Anal. Edit. **18**, 120 (1946); durch C. **118**, **I**, 76 (1947).

[1] Nach MCILVAINE: J. biol. Chem. **49**, 183 (1921).

DREW, H. D. K., H. J. TRESS u. G. H. WYATT: Soc. **1934**, 1787.

ENGLISH, F. L.: Anal. Chem. **22**, 1501 (1950); durch Fr. **135**, 45 (1952).

FIGUROWSKY, N. A.: Ann. Secteur Platine **15**, 129 (1938); durch C. **110**, **I**, 2257 (1939). — FISCHER, A., u. A. SCHLEICHER: Elektroanal. Schnellmethoden, 2. Aufl. 1926, S. 166.

GAGLIARDI, E., u. R. PIETSCH: Mh. Chem. (Wien) **82**, 432 (1951). — GILCHRIST, R.: Bur. Stand. J. Res. **12**, 297 (1934). — GILCHRIST, R., u. E. WICHERS: (a) Trabajos IX. Congreso Intern. Quimica VI (1934); (b) Am. Soc. **57**, 2565 (1935). — GRAUMANN, A.: BERL-LUNGE, 8. Aufl. 1932, II, 2, S. 1526. — GROSHUFF, E.: STÄHLER, Handb. Arbeitsmethoden anorg. Chemie 1913, I, S. 134. — GROSSE-WEISCHEDE, E.: Diss. Darmstadt 1927, S. 10 und 16. — GRÜNBERG, A. A., u. B. W. PTIZYN: Ann. Inst. Platine **11**, 77 (1933); durch C. **106**, **I**, 1743 (1935). — GRÜNBERG, A. A., u. D. J. RYABSCHIKOFF: Acta physiocochim. (russ.) **8**, 773 (1938); durch C. **110**, **I**, 2353 (1939).

HINTZ, E., u. H. WEBER: Fr. **35**, 72 (1896).

IPATIEFF, W. W., u. W. G. TRONEFF: Chem. J. Ser. A **5** (67) 643 (1935); durch C. **107**, **I**, 1790 (1936); C. r. Acad. URSS **1935**, **II**, 29; durch C. **107**, **II**, 2079 (1936). — IWANOFF, W. N.: (a) J. Russ. phys.-chem. Ges. **48**, 527 (1916); (b) Angew. Ch. **31**, **II**, 245 (1918).

JANNASCH, P., u. C. STEPHAN: B. **37**, 1980 (1904).

KARPOFF, B. G., u. G. S. SSAWTSCHENKO: Ann. Secteur Platine **15**, 125 (1938); durch C. **110**, **I**, 2257 (1939). — KRAUSS, F., u. H. DENEKE: Fr. **67**, 95 (1925/26). — KRITSCHEWSKY, L.: Dissertation. Bern 1885, S. 20, 31.

LANGNESS, J.: Am. Soc. **29**, 466 (1907). — LUNDE, G., u. M. JOHNSON: Z. anorg. Ch. **172**, 180 (1928).

MOSER, L., u. H. HACKHOFER: M. **59**, 53 u. 66 (1932). — MÜLLER, E., u. R. BENNEWITZ: Z. anorg. Ch. **179**, 114 (1929). — MÜLLER, E., u. J. GÖRNE: Fr. **73**, 395 (1928). — MÜLLER, E., u. W. STEIN: Z. El. Ch. **36**, 232 (1930). — MÜLLER, E., u. K. H. TÄNZLER: Fr. **89**, 340 (1932). — MÜLLER, F.: Fr. **69**, 167 (1926). — MYLIUS, F., u. A. MAZZUCCHELLI: Z. anorg. Ch. **89**, 1 (1914).

NORDENSKJÖLD, J.: Öst. Z. Berg- u. Hüttenwes. **53**, 473 (1905); durch C. **76**, **II**. 1124 (1905).

OGBURN, S. C.: Am. Soc. **48**, 2508 (1926).

PETERSON, H.: Z. anorg. Ch. **19**, 62 (1899). — POLLARD, W. B.: (a) Inst. Min. Met. Bull. **400**, 3 (1938): (b) **406**, 3 (1938).

ROSE-FINKENER: Handb. anal. Chemie, 6. Aufl., II, S. 223 (1871). — RÜDISÜLE, A.: Nachweis, Bestimmung und Trennung der chem. Elemente **II**, 73. — RYABSCHIKOFF, D. J.: Zhurn. Anal. Khim. (russ.) **1**, 47 (1946); durch C. A. **43**, 2542 (1949).

SCHIFF, R., u. N. TARUGI: B. **27**, 3439 (1894) u. Fr. **34**, 456 (1895). — SONSTADT, E.: Soc. **67**, 985 (1895). — STELLING, O.: Svensk kem. Tidskr. **43**, 132 (1931); durch C. **102**, **II**, 1169 (1931). — STREBINGER, R.: Mikrochem. **10**, 312 (1931/32). — STREBINGER, R., u. H. HOLZER: (a) Mikrochem. **9**, 408 (1931); (b) Fr. **90**, 81 (1932).

THÜRINGER, V., in DUPARC u. TIKONOWITCH: Le platine et les gîtes platinifères de l'Oural et du monde. Genf 1920. — TREADWELL, F. P.: Kurzes Lehrb. anal. Chemie, 11. Aufl., II, S. 223, 224 (1935). — TREADWELL, W. D.: Tabellen zur quant. Analyse, S. 112 (1938). — TREADWELL, W. D., u. M. ZÜRCHER: Helv. **10**, 283 (1927).

WÖHLER, L.: Z. anorg. Ch. **186**, 331 (1930). — WÖLBLING, H.: B. **67**, 775 (1934). — WOGRINZ, A.: Anal. Chemie der Edelmetalle, S. 107 (1936).

§ 3. Palladium.

Pd, Atomgewicht 106,7, Ordnungszahl 46.

Palladium besitzt bekanntlich die Fähigkeit, Wasserstoff in großen Mengen unter Mischkristallbildung, nach Art der Legierungen, zu lösen. Siehe hierzu auch Qual. Teil S. 58 bis 60. Soweit das Palladium bei der Bestimmung als Metall zur Wägung kommt, muß man daher, um beim Abkühlen eine merkliche Aufnahme von Wasserstoff durch das Metall zu vermeiden, mit dem Auslöschen der Brennerflamme gleichzeitig auch den Wasserstoff abstellen (BRUNCK). Statt dessen wird zu diesem Zweck auch das Abkühlen des Palladiums in Gegenwart von N_2 oder CO_2 vorgeschlagen (PAAL und AMBERGER). Bei den nachfolgenden Beispielen ist daher, auch wenn es nicht besonders erwähnt ist, anschließend an die Reduktion mit Wasserstoff die Abkühlung der reduzierten metallischen Proben in der oben angegebenen Weise vorzusehen (vgl. auch GILCHRIST und WICHERS, Fußnote 15 ,,Verglühen unter Ausschalten des Wasserstoffs").

A. Lösungsmittel.

Von sämtlichen Platinmetallen wird das Palladium am leichtesten in Lösung gebracht, und zwar wird es nicht nur in verdünntem Königswasser, sondern bereits von Salpetersäure unter Bildung von Nitrat, namentlich in der Wärme bei geeigneter Oberflächenbeschaffenheit in kurzer Zeit vollkommen aufgelöst. Siehe hierzu auch das Verhalten des Palladiums gegen Säuren und sonstige Lösungsmittel, Qual. Teil S. 60 und 61. Beim Lösen in Königswasser bildet sich zunächst der Chloropalladium(IV)-komplex[1], welcher aber, namentlich in der Wärme, unter Abgabe von Chlor leicht in den beständigeren Chloropalladium(II)-komplex übergeht. In der gleichen Weise entsteht aus dem Nitrat durch Eindampfen mit HCl schließlich die komplexe Säure $H_2(PdCl_4)$, die sich ihrerseits wieder durch Oxydationsmittel, wie z. B. HNO_3, Chlor oder H_2O_2, in Gegenwart von HCl leicht zu H_2PdCl_6 aufoxydieren läßt. Auf Grund seines elektrochemischen Verhaltens läßt sich Palladium, ganz im Gegensatz zu den anderen Platinmetallen, in gesättigter Kochsalz- wie auch in salzsaurer Lösung bei verhältnismäßig niederen Spannungen bereits vollständig anodisch in Lösung bringen. Mit diesem Lösevorgang ist daher eine glatte Trennung z. B. von Platin- und Palladiumschwamm möglich (vgl. Qual. Teil S. 61).

B. Gewichtsanalytische Methoden. Wägeform: Metall.

1. Fällung mit anorganischen Reagenzien.

I. Fällung als Ammonium- oder Kaliumchloropalladat (IV). Die Chlorokomplexe des Palladiums zeigen in chemischer Hinsicht vielfach das gleiche Verhalten wie die entsprechenden isomorphen Platinsalze. Insbesondere werden beide, die Palladiumsalze in der höheren Oxydationsstufe ebenso wie die Platinsalze, abgesehen von der Salzsäurekonzentration[2], unter den gleichen Bedingungen mit NH_4Cl oder KCl gefällt. Während aber die Niederschläge des Platinkomplexes kanariengelbe Farbe besitzen, ist die des Palladiumkomplexes zinnoberrot. Beide Fällungen lassen sich nach dem Trocknen durch vorsichtiges Verglühen — bei den Kaliumsalzen durch Erhitzen im Wasserstoffstrom auf etwa 300° — in Schwamm oder Mohr verwandeln. Diese werden nach dem Auslaugen des Kaliumchlorids mit heißem Wasser zur vollständigen Entfernung des Sauerstoffs nochmals im Wasserstoffstrom reduziert und nach dem Abkühlen in Kohlensäure als Metall gewogen.

Anstatt die Fällungen zu Schwamm zu verglühen, kann man sie auch durch Auflösen in heißem Wasser mit Hydrazinchlorid in schwach saurer ($<$ 2 Vol.-% HCl)[3] oder schwach ammoniakalischer Lösung zu Metall reduzieren, das nach Filtrieren und Trocknen verglüht und nach Reduktion im Wasserstoffstrom gewogen wird.

Liegt das Palladium, wie das meist der Fall ist, in der Lösung in 2wertiger Form vor, so muß es vor der Fällung mit Oxydationsmitteln wie Salpetersäure oder Chlor in die 4wertige übergeführt werden. Die gleichen Fällungen entstehen beim Digerieren und Eindampfen von NH_4Cl bzw. KCl enthaltenden Lösungen 2wertiger Palladiumsalze in Königswasser oder Salpetersäure auf dem Wasserbade. Um hierbei die Bildung von $PdCl_4 \cdot 2NOCl$ zu vermeiden, empfiehlt PUCHE, den Palladiumschwamm zunächst in mit Chlor gesättigter konzentrierter Salzsäure zu lösen. Das dunkelrote Filtrat wird sofort mit wäßriger konzentrierter KCl- oder NH_4Cl-Lösung versetzt und von neuem mit Chlor gesättigt. — Das zinnoberrote Komplexsalz des 4wertigen Palladiums entsteht auch, wenn das in Wasser suspendierte Palladium(II)-

[1] Über Reaktionen des Palladium(IV)-chlorokomplexes siehe Qual. Teil S. 78.

[2] Die Vollständigkeit der Fällungen scheint im Gegensatz zu Pt bei Pd durch die Konzentration der Salzsäure nicht besonders beeinträchtigt zu werden.

[3] Die Fällung aus saurer Lösung geht langsamer vor sich als die aus ammoniakalischer Lösung (BRUNCK).

diamminchlorid mit Chlor oder Chlorwasser in der Kälte oxydiert oder (was dasselbe ist) in die goldgelbe Mutterlauge der Palladium(II)-diamminchloridlösung Chlor eingeleitet wird. Damit können die noch in der Mutterlauge enthaltenen Restmengen von Palladium gefällt werden.

Die bei den Fällungen entstandenen zinnoberroten Komplexverbindungen des 4wertigen Palladiums sind unlöslich in wäßriger NaCl-, KCl- oder NH_4Cl-Lösung und in Äthylalkohol. Zeigt die über dem Niederschlag stehende Lösung eine bräunlichgelbe Farbe, so fehlt es gewöhnlich an Fällungsmitteln, oder die Oxydation war nicht genügend. Nach Zusatz von feingeriebenem Ammonium- oder Kaliumchlorid (bei der Oxydation mit H_2O_2 auch von HCl) und Erhitzen wird die Oxydation bis zur gewünschten Wirkung fortgesetzt. (Vgl. Berzelius; Croft; Topsoe; Rosenhain und Maass.)

a) Fällung durch Oxydation mit Chlorgas. Die nicht zu stark konzentrierte salzsaure Lösung von H_2PdCl_4 wird mit NH_4Cl oder KCl übersättigt und in die Lösung Chlor eingeleitet, bis sie vollkommen farblos ist. Die Fällung kann in der Wärme oder auch bei Raumtemperatur vorgenommen werden. Im ersten Falle fällt ein gröberer zinnoberroter Niederschlag von dunklerer Farbe, der sich leicht filtrieren und auswaschen läßt, im zweiten ein z. T. äußerst feinkörniger Niederschlag von hellerer Farbe, der mitunter durchs Filter geht.

b) Fällung durch Oxydation mit H_2O_2. Die nicht zu stark konzentrierte Lösung wird in einem geräumigen Becher mit NH_4Cl oder KCl übersättigt, mit dem gleichen Volumen Salzsäure (D 1,19) versetzt; in der Wärme wird tropfenweise sehr vorsichtig Perhydrol hinzugefügt, wobei man zur Vermeidung von Sprühverlusten nach jedem Zusatz das Becherglas rasch mit dem Uhrglas bedeckt (Abzug! Chlorgeruch!). Erst nach Einsetzen der Beruhigung der lebhaften Reaktion wird von neuem H_2O_2 zugesetzt. Das Palladium beginnt sofort als zinnoberrotes Salz auszufallen. Der Zusatz von H_2O_2 wird so lange fortgesetzt, bis die Lösung farblos ist.

c) Durch Oxydation mit Salpetersäure. Zu der zu oxydierenden Lösung gibt man ein gleiches Volumen übersättigter Salmiaklösung und etwa ⅓ Volumen HNO_3 (D 1,42) und digeriert auf dem Dampfbad in bedeckter Schale so lange, bis das Palladium als kristallines, rotes Salz sich abscheidet. Die Fällung läßt sich nahezu vollständig gestalten, so daß die Mutterlauge meist farblos ist (Wichers, Gilchrist und Swanger).

Nach der Fällung läßt man die Lösung im bedeckten Becherglas stehen, bis die Gasentwicklung sich beruhigt hat, und beginnt dann sofort zu filtrieren. Die Fällung wird mit wäßriger, 20%iger Salmiaklösung, der man etwas Chlorwasser hinzufügen kann, ausgewaschen. Durch längeres Stehen wird der Niederschlag z. T. wieder löslich, offenbar infolge Chlorabgabe und Übergang in die 2wertige Stufe des Palladiums. Nach beendeter Filtration versäume man daher nicht, einen Teil des Filtrates nach Hinzufügen von etwas festem Salmiak durch Einleiten von Chlor oder durch Hinzufügen von konzentrierter Salzsäure und H_2O_2 in der Wärme auf Vollständigkeit der Fällung zu prüfen[1].

II. Fällung als Palladium(II)-cyanid. Hierfür gibt Brunck (S. 119) folgende ***Arbeitsvorschrift.*** Die nahezu neutralisierte Lösung versetzt man tropfenweise mit Kaliumcyanid, bis der entstehende Niederschlag sich eben wieder gelöst hat. Dann verdünnt man auf etwa 100 cm^3 und säuert mit Salzsäure schwach an, wobei Palladium(II)-cyanid sich als gelblich weißer Niederschlag abscheidet. Man erhitzt

[1] Bei der Prüfung auf Vollständigkeit der Salmiakfällung mit Dimethylglyoxim muß das im Überschuß vorhandene Oxydationsmittel durch Abdampfen mit Salzsäure auf dem Wasserbad zuvor zerstört werden.

bis zum Verschwinden des Blausäuregeruches (Abzug), filtriert und wäscht mit heißem Wasser aus. Den getrockneten Niederschlag glüht man mit einem Bunsenbrenner an der Luft zuerst schwach, dann stark und schließlich im Wasserstoffstrome. Vgl. auch FRENKEL.

An Stelle der KCN-Lösung kann man die Fällung auch mit $Hg(CN)_2$-Lösung vornehmen. Die Palladiumlösung darf nur ganz schwach sauer sein. Nach der Fällung muß der Überschuß der Blausäure durch Kochen vertrieben werden (E. MÜLLER und STEIN). Um ein Dekrepitieren des Niederschlags beim Verglühen zu verhüten, muß er vorher gut getrocknet werden (ROSE-FINKENER).

Über Vorteile der Fällung mit Hg $(CN)_2$ siehe Qual. Teil S. 63. Nachteil: Zur Giftigkeit des Blausäuregases kommt noch die der Quecksilberdämpfe.

Da Cyanide nur mit dem Palladium als dem einzigen Platinmetall Fällungen geben, werden sie mitunter auch zur Trennung des Palladiums von den übrigen Platinmetallen benutzt.

III. Fällung als Palladium(II)-jodid[1]. Die stark verdünnte Lösung wird mit einer wäßrigen Kaliumjodidlösung in möglichst geringen Überschuß versetzt, da jeder Überschuß des Reagenses lösend auf den entstandenen Niederschlag einwirkt. Der filtrierte Niederschlag wird mit heißem Wasser ausgewaschen und nach dem Trocknen bei 80 bis 90° als PdJ_2 gewogen.

Für die Bestimmung des Jods mit einer Palladiumlösung gibt BRUNCK folgende

Arbeitsvorschrift, die umgekehrt auch für die Palladiumbestimmung gilt: Zur Fällung benutzt man eine Lösung von Palladium(II)-chlorid oder besser Palladium(II)-nitrat. Hiervon setzt man zur neutralen oder schwach salpetersauren Lösung Kaliumjodidlösung hinzu, solange noch ein Niederschlag entsteht. Der schwarze Niederschlag setzt sich langsam, aber vollständig ab. Nach 24stündigem Stehen sammelt man ihn auf einem gewogenen Filtriertiegel, wäscht mit heißem Wasser aus und trocknet bei 100°. Man kann auch über ein Papierfilter filtrieren, den Niederschlag nach dem Auswaschen und Trocknen in einem ROSE-Tiegel durch starkes Glühen an der Luft zersetzen und im Wasserstoffstrom verglühen. Bei allen diesen Bestimmungen müssen, soll eine merkliche Aufnahme von Wasserstoff[2] durch das Palladium vermieden werden, die oben erwähnten Vorsichtsmaßregeln beim Abkühlen der Probe beachtet werden. Das nach der Abkühlung schließlich erhaltene Palladium wird als Metall gewogen.

IV. Fällung als Palladium(II)-sulfid. Obwohl das Palladium von allen Platinmetallen am leichtesten, vollständigsten und raschesten von H_2S gefällt wird, soll eine direkte Bestimmung über das Sulfid angeblich nicht möglich sein[3], da z. B. das beim Glühen zurückbleibende Palladium immer noch Schwefel enthält. BRUNCK gibt folgende

Arbeitsvorschrift. Palladium wird aus saurer Lösung durch H_2S wesentlich leichter gefällt als Platin. Man sättigt die Lösung kalt mit dem Gase, erhitzt einige Zeit und filtriert. Sehr kleine Mengen des Niederschlages lassen sich nach Trocknen an der Luft verglühen. Bei größeren Mengen ist dabei durch Versprühen ein mechanischer Verlust zu befürchten. Auch schmilzt das Sulfid sehr leicht zur Kugel, und das Metall hält dann auch beim anhaltenden Glühen in Wasserstoffstrom meist etwas Schwefel zurück. Man befeuchtet daher den trockenen Niederschlag samt der Filterasche zunächst mit einigen Tropfen verdünnter Salpetersäure, gibt höchstens 1 cm^3 rauchende Salpetersäure zu, erwärmt den mit Uhrglas bedeckten Tiegel vorsichtig, verdampft zur Trockne und glüht im Wasserstoffstrom.

---

[1] Vgl. hierzu Qual. Teil S. 63.
[2] Siehe auch GILCHRIST und WICHERS, Fußnote 15.
[3] Siehe auch GILCHRIST und WICHERS, Fußnote 13.

Man kann auch das Sulfid in möglichst wenig verdünntem Königswasser lösen, eindampfen, den Eindampfrückstand mit einigen Tropfen verdünnter Salzsäure und Wasser aufnehmen und das Palladium mit Hydraziniumsulfat metallisch niederschlagen. Nach der üblichen Behandlung mit Wasserstoff wird es als reduziertes Metall zur Wägung gebracht.

V. Fällung mit Acetylen. Gasförmiges oder in Aceton gelöstes *Acetylen* erzeugt in schwach salzsauren Lösungen einen voluminösen roten Niederschlag eines Palladiumacetylids, der durch Verglühen und Reduzieren in metallisches Pd übergeführt wird. Während ERDMANN und MAKOWKA den Niederschlag als gut filtrierbar bezeichnen, verwirft HOLZER (a) diese Fällungsmethode wegen der schlechten Auswaschbarkeit des Niederschlags.

VI. Fällung mit Natriumrhodanid. Eine ähnliche Fällung wie beim Platin (S. 28) ist auch beim Palladium mit Natriumrhodanid durchführbar (IWANOFF).

Die in der qualitativen Analyse beliebte Fällung als Palladium(II)-diamminchlorid ist für quantitative Zwecke nicht geeignet, weil sie unvollständig ist.

2. Fällung mit organischen Reagenzien.

I. Fällung mit Dimethylglyoxim[1]. Das Reagens bildet in einer Palladium(II)-chloridlösung eine dem bekannten Nickelsalz ganz analog zusammengesetzte Verbindung von kanariengelber Farbe mit 31,67% Pd. Der Niederschlag ist in verdünnter Salzsäure unlöslich, dagegen leicht löslich in Ammoniak- oder Alkalihydroxydlösung, verhält sich also in dieser Hinsicht gerade entgegengesetzt wie die ziegelrote Nickelverbindung. Die stark verdünnte, ganz schwach salzsaure[2] Lösung des komplexen Palladium(II)-salzes wird bis nahe zum Sieden erhitzt und das Palladium mit der 3- bis 4fachen Menge einer 1%igen alkoholischen Lösung des Reagenses gefällt. Nach dem Absetzen filtriert man über einen Filtriertiegel und wäscht mit heißem Wasser aus. Man trocknet bei 110° etwa ½ Std. und wägt. Durch vorsichtiges Glühen kann der auf einem Papierfilter gesammelte Niederschlag auch in Metall übergeführt und nach kurzem Erhitzen im Wasserstoffstrom gewogen werden; dieses Verfahren empfiehlt sich nur bei kleinen Palladiummengen (BRUNCK). Vgl. auch ZSCHIEGNER.

Die unmittelbare Wägung des erhaltenen Niederschlages ist nicht zweckmäßig, da das Reagens dem Niederschlag fest anhaftet und beim längeren Auswaschen Anteile der Palladiumverbindung in Lösung gehen [HOLZER (a)]. Die Fällung wird am besten so durchgeführt, daß die schwach salzsaure Palladiumlösung in der Wärme mit einer heißgesättigten wäßrigen Lösung von Dimethylglyoxim im Überschuß versetzt wird. Nach Abkühlen mit kaltem Wasser wird nach halbstündigem Stehen filtriert, der Niederschlag mit kaltem Wasser und 30%igem Alkohol gewaschen, bei 110° getrocknet und nach Überschichten mit Ammoniumformiat verglüht. Nach Reduktion im Wasserstoffstrom läßt man den Glührückstand im Kohlensäurestrom erkalten [HOLZER (a)]. Die Methode kann auch zur mikroanalytischen Bestimmung angewendet werden [HOLZER (b)].

Um zu verhindern, daß Platin oder Gold bei gewöhnlicher Temperatur mitgefällt werden, soll man die Fällung mit Dimethylglyoxim in Gegenwart von 2 bis 3% Königswasser durchführen (Analyse der Metalle).

Am vorteilhaftesten ist es, bei der Fällung die im Qual. Teil S. 68 angegebenen Fällungsbedingungen und bezüglich des Auswaschens und Veraschens des Niederschlages die ebenda S. 69 im letzten Absatz angeführten Vorschriften einzuhalten.

---

[1] Über Einzelheiten bezüglich der Fällungsbedingungen siehe Qual. Teil S. 68 bis 70.

[2] Bei der Fällung einer Palladium(II)-chloridlösung mit Dimethylglyoxim wird Salzsäure in Freiheit gesetzt.

Aus Sulfatlösungen, wie z. B. aus der Pyrosulfatschmelze, wird die Palladiumbestimmung mit Dimethylglyoxim in der gleichen Weise durchgeführt wie aus einer Chloridlösung.

Nach WOGRINZ wird die Fällung durch Salmiak sehr gestört. Näheres über diesen Störungsfall ist unseres Wissens nicht bekanntgeworden.

Weitere Oxime und einige andere organische Verbindungen sind von HOLZER und anderen Autoren auf ihre Verwendbarkeit als Fällungsmittel für Palladium geprüft worden. Siehe hierzu auch Qual. Teil S. 70 und 71. Hierher gehören:

II. Salicylaldoxim. Umrechnungsfaktor 0,2815 (HOLZER).

III. Benzoylmethylglyoxim. Umrechnungsfaktor 0,2063 (HANUŠ, JILEK und LUKAS).

Diese beiden Oxime bevorzugt HOLZER (a) vor dem Dimethylglyoxim für die direkte Wägung der erhaltenen Fällungen, weil sie wegen ihrer leichteren Löslichkeit besser aus den Fällungen ausgewaschen werden können und weil wegen ihres höheren Molekulargewichtes die Umrechnungsfaktoren für Pd niedriger sind, so daß etwaige kleine Fehler nicht so sehr ins Gewicht fallen.

IV. γ-Benzildioxim (DWYER und MELLOR).

V. α-Nitroso-β-Naphthol. Umrechnungsfaktor 0,2366 (W. SCHMIDT). Vgl. auch WUNDER und THÜRINGER; MAYR sowie MAYR und PRODINGER.

Infolge des sehr voluminösen Niederschlages werden bei Verwendung von Lösungen mit fast gleichen Mengen Platin und Palladium nur dann genaue Ergebnisse erhalten, wenn die Palladiummengen nicht erheblich größer als 0,1 g sind (KRAUSS und DENEKE).

VI. o-Oxychinolin (Oxin) [BERG und AMMANN laut W. D. TREADWELL (a)].

VII. 6-Nitrochinolin (OGBURN und RIESMEYER).

VIII. p-Aminoacetophenon [SCHÖNTAL (a)].

IX. Harnstoff (DRECHSEL).

X. Thiophenol (MANN und PURDIE).

Einige dieser Reagenzien, wie z. B. die unter Ziffer I, II, VII und VIII angegebenen, sollen als spezifische Reagenzien auf Palladium zu betrachten sein. Vgl. hierzu auch Qual. Teil S. 181.

XI. Andere organische Sulfoverbindungen (CURRAH und Mitarbeiter).

XII. Neuerdings haben VOTER und Mitarbeiter (b) im 1,2-Cyclohexadion-Dioxim, das sie kurz „Nioxim" nennen, ein weiteres spezifisches Reagens auf Palladium gefunden. Es gibt in salzsaurer Lösung einen gelben, in Wasser und verdünnten Säuren unlöslichen Niederschlag. Man erhitzt ½ Std. auf 60°, filtriert, wäscht mit heißem Wasser, trocknet und wägt. Der Umrechnungsfaktor ist 0,2743. Die Methode soll sehr genau sein. – Ein weiteres brauchbares Reagens ist nach den gleichen Verfassern (a) α-Furildioxim. – Nach GAGLIARDI und PIETSCH fällt Thioformamid Palladium quantitativ aus 0,1 bis 8 n salzsaurer Lösung.

3. Fällung durch Reduktion zu Metall.

So einfach, wie die Überführung des Palladiums in die wasser- oder säurelösliche Form, verläuft auch umgekehrt die Reduktion aus einer Lösung durch anorganische oder organische Reduktionsmittel[1]. So wird es z. B. von Hydraziniumsulfat aus neutraler, schwach saurer oder alkalischer Lösung, vor allem in der Wärme, zu Metall reduziert. Aus saurer Lösung geht die Reduktion jedoch nur langsam vonstatten. Aus nicht zu verdünnter, schwach saurer Lösung wird Palladium durch

[1] Siehe hierzu auch Qual. Teil S. 76 bis 77.

Ameisensäure beim Erwärmen leicht und vollständig zu Metall reduziert. Ebenso wird es von Kohlenoxyd aus schwach saurer Lösung leicht als Metall abgeschieden (BRUNCK). Diese Reaktion kann ebenso zum Nachweis von Kohlenoxyd benutzt werden. Selbst von Wasserstoffgas wird das Palladium aus ganz schwach saurer Lösung vollständig niedergeschlagen, und zwar noch vor dem Platin und dem Rhodium (IPATIEFF und TRONEFF; ferner PHILLIPS).

Fällung mit Hydraziniumsulfat. Die Abscheidung des Palladiums erfolgt aus der siedendheißen Lösung seines Salzes, die man nach dem Zusatz des Hydraziniumsulfats nach 20 Min. auf dem Wasserbad erhitzt, damit der Niederschlag sich gut zusammenballt. Nach dem Trocknen bei 120 bis 130° wird dieser reduzierend verglüht bis zur Entfernung des hierbei gebildeten Wassers (JANNASCH und BETTGES). Um bei der Fällung die Entstehung von Palladiumsol zu verhindern, wird nach der Zugabe des Reduktionsmittels die Lösung noch etwa ½ Std. auf Kochtemperatur gehalten.

Mit Rücksicht auf etwaige Oxydationsvorgänge bei der Trocknung des äußerst fein verteilten Metalls ist es zweckmäßig, den Niederschlag im Wasserstoffstrom zu erhitzen, wobei gleichzeitig das Metall eine kompaktere, gegen Oxydation widerstandsfähigere Form annimmt. Abkühlen des Metalls erfolgt wie üblich in Kohlendioxyd oder Stickstoff. Die Fällung mit Hydraziniumsulfat ist auch in schwach ammoniakalischer Lösung durchführbar [GUTBIER und FALCO (b); PAAL und AMBERGER].

Als weitere Reduktionsmittel werden vorgeschlagen:

Äthylen (OGBURN und BRASTOW).

Äthylalkohol. Die mit Natronlauge bis zum Verschwinden eines Niederschlages versetzte Palladiumsalzlösung wird mit 95%igem Alkohol längere Zeit auf dem siedenden Wasserbad erhitzt (FRENKEL). Reduziert man in saurer Lösung, so muß man, um eine Solbildung zu vermeiden, die wasserhelle Flüssigkeit noch etwa ½ Std. auf dem Asbestteller zum scharfen Sieden erhitzen. Der Niederschlag wird, wie üblich, in Wasserstoff geglüht und in Kohlensäure abgekühlt [GUTBIER und FALCO (a)].

Über weitere Reduktionsmöglichkeiten durch:

Natriumformiat siehe KRAUSS und DENEKE, ferner Qual. Teil S. 51.

Unterphosphorige Säure siehe MOSER und NIESSNER.

Schweflige Säure siehe Qual. Teil S. 77 und 78.

C. Maßanalytische Methoden.

Es sind hierfür zwei Vorschläge bekanntgeworden, und zwar von KERSTING die Titration unter Verwendung einer Jodlösung und von GAHIDE unter Zuhilfenahme von Oximen.

D. Physikalisch-chemische Methoden.

1. Elektroanalytische Bestimmung.

Von BRUNCK wird folgende ***Arbeitsvorschrift*** empfohlen: Die salzsaure Lösung wird mit überschüssigem Ammoniak versetzt und das entstandene Palladiumammoniumchlorid durch Erwärmen gelöst. Man verdünnt auf 100 cm^3 und elektrolysiert bei einer Spannung von 2,1 bis 3,9 Volt mit $D^{100} = 0,3$ bis 0,5 Amp. In saurer Lösung neigt das Palladium zur Schwammbildung an der Kathode und Abscheidung von Peroxyd an der Anode; doch gelingt die quantitative Abscheidung mit ganz schwachem Strom bei einer Spannung unter 0,7 Volt. Siehe auch GRAUMANN.

Als Kathode werden mit Silberüberzug versehene Platinschalen benutzt, da bei der Entfernung des auf Platin niedergeschlagenen Palladiums mit Salpetersäure

Schwierigkeiten entstehen[1]. Silber soll angeblich die Abscheidung des Palladiums beschleunigen.

$Pd(CN)_2$ in KCN-Lösungen ist ungeeignet [E. F. SMITH und KELLER (a bis c)].

Weitere Vorschläge: LEIDIÉ und JOLY; ferner W. D. TREADWELL (b). Eine *Schnellelektrolyse* in ammoniakalischer Lösung wird von LANGNESS empfohlen.

2. Potentiometrische Bestimmung.

Nach F. MÜLLER treten bei der Reduktion von $PdCl_2$-Lösungen mit $TiCl_3$ Potentialsprünge auf, die zur Bestimmung des Palladiums geeignet sein könnten, was durch W. D. TREADWELL und ZÜRCHER bestätigt wird.

Besonders bewährt hat sich die Titration von H_2PdCl_4 in salzsaurer oder schwefelsaurer Lösung bei 60 bis 70° und Verwendung einer Indicatorelektrode aus Feingold (E. MÜLLER und STEIN). Eine weitere Bestimmungsmethode beruht auf der Fällung des Palladiums mit Kaliumjodid im Überschuß, der argentometrisch zurücktitriert wird. Ein besonders großer und scharfer Potentialsprung stellt sich bei Verwendung einer Silberelektrode ein. Das ausgefällte Palladium(II)-jodid wird in Gegenwart von Aluminiumsulfat filtriert. Dadurch wird nicht nur die Filtration verbessert, es werden auch in der sulfathaltigen Lösung deutlichere Potentialsprünge erzielt. Ungeeignet für die Titration sind Lösungen von $SnCl_2$, $TiCl_3$, $Hg(CN)_2$ und KCN (E. MÜLLER und STEIN).

RYABSCHIKOFF titriert mit KJ und $Na_2S_2O_3$.

3. Colorimetrische Bestimmung.

Hierher gehört das Ausschüttelverfahren nach WÖLBLING, ferner die Durchführung mit Hilfe von KJ-Lösungen nach DESGREZ, LABAT und SAVÈS und die KCNS-Methode nach HRADECKY; ferner Vorschläge von YOE und OVERHOLZER sowie MANN und PURDIE.

Über *nephelometrische Bestimmungsmethoden* mit Thionalid siehe R. BERG, FAHRENKAMP und ROEBLING; mit p-Aminoacetophenon siehe SCHOENTAL (b).

Über Bestimmung geringer Mengen Palladium unter Benutzung des Tyndallkegels siehe HERZFELD.

WILLIS bestimmt das Palladium polarographisch.

Literatur.

Analyse der Metalle, herausgeg. vom Chem. Fachausschuß, **1949, I**, S. 137.

BERG, R.: Die analytische Verwendung von o-Oxychinolin (Oxin) und seinen Derivaten, 2. Aufl., S. 83 (1938). — BERG, R., E. S. FAHRENKAMP u. W. ROEBLING: Mikrochem. Festschrift H. MOLISCH **1936**, S. 42. — BERZELIUS, J. J.: Pogg. Ann. **13**, 456 (1828). — BRUNCK, O.: Quant. Analyse (1936).

CROFT, H.: Chem. N. **16**, 53 (1867). — CURRAH, I. E., W. A. E. MCBRYDE, A. J. CRUIKSHANK u. F. E. BEAMISH: Ind. eng. Chem. Anal. Edit. **18**, 122 (1946).

DESGREZ, A., A. LABAT u. A. SAVÈS: Chim. Ind. **5**, 474 (1921). — DRECHSEL, E.: J. pr. [2] **20**, 471 (1879). — DWYER, F. P., u. D. P. MELLOR: Pr. Roy Soc. New South Wales **68**, 107 (1935); durch C. **106, II**, 2797 (1935).

ERDMANN, H., u. O. MAKOWKA: B. **37**, 2695 (1904) und Fr. **46**, 143 (1907).

FRENKEL, M.: Dissertation. Freiburg 1891 u. Z. anorg. Ch. **1**, 225 (1892).

GAGLIARDI, E., und R. PIETSCH: M. **82**, 432 (1951); durch Fr. **136**, 298 (1952). — GAHIDE, M.: Bl. Soc. chim. Belg. **45**, 10, 13 (1936). — GILCHRIST, R., u. E. WICHERS: Am. Soc. **57**, 2565 (1935). — GRAUMANN, A.: BERL-LUNGE II, 2, S. 966 (1932). — GUTBIER, A., u. F. FALCO: (a) Fr. **48**, 557 (1909); (b) **49**, 291 (1910).

HANUŠ, J., A. JILEK u. J. LUKAS: Chem. N. **131**, 402 (1925) u. **132**, 132 (1926). — HERZFELD, E.: Fr. **115**, 131 (1938/39). — HOLZER, H.: (a) Fr. **95**, 396 (1933); (b) Mikrochem. **8**, 274 (1930). — HRADECKY, K.: Öst. Ch. Z. **23**, 153 (1920).

IPATIEFF, W. W., u. W. TRONEFF: Chem. J. Ser. A **5** (67) 643 (1935); durch C. **107, I**, 1790 (1936); C. r. Acad. URSS **1935, II**, 29; durch C. **107, II**, 2079 (1936). — IWANOFF, W. N.: Ch. Z. **47**, 209 (1923).

[1] Versuche zur Entfernung des auf die Platinkathode niedergeschlagenen Palladiums mit schmelzendem Pyrosulfat liegen anscheinend nicht vor. Vgl. Qual. Teil S. 61.

JANNASCH, P., u. W. BETTGES: B. **37**, 2212 (1904).
KERSTING, R.: A. 87, 27 (1853). — KRAUSS, F., u. H. DENEKE: Fr. **67**, 91 (1925/26).
LANGNESS, J.: Am. Soc. **29**, 467 (1907). — LEIDIÉ, E., u. A. JOLY: C. r. **116**, 147 (1893).
MANN, F. G., u. D. PURDIE: Soc. **1935**, 1555. — MAYR, C.: Fr. **98**, 408 (1934). — MAYR, C., u. W. PRODINGER: Fr. **117**, 334 (1939). — MOSER, L., u. M. NIESSNER: Fr. **63**, 247 (1923). — MÜLLER, E., u. W. STEIN: Z. El. Ch. **40**, 133 (1934). — MÜLLER, F.: Fr. **69**, 169 (1926).
OGBURN, S. C., u. W. C. BRASTOW: Am. Soc. **55**, 1308 (1933). — OGBURN, S. C., u. A H. RIESMEYER: Am. Soc. **50**, 3019 (1928).
PAAL, C., u. C. AMBERGER: B. **38**, 1392 (1905). — PHILLIPS, F. C.: Z. anorg. Ch. **6**, 230 (1894). — PUCHE, F.: Ann. Chim. anal. [11] **9**, 249 (1938).
ROSE-FINKENER: Handb. anal. Chemie, 6. Aufl., II, 204 (1871). — ROSENHAIN, A., u. TH. A. MAASS: Z. anorg. Ch. **18**, 332 (1898). — RYABSCHIKOFF, D. J.: Zhurn. Anal. Khim. (russ.) **1**, 47 (1946); durch C. A. **43**, 2542 (1949).
SCHMIDT, W.: Z. anorg. Ch. **80**, 335 (1913). — SCHÖNTAL, R.: (a) Soc. **1938**, 1099; (b) Mikrochem. **24**, 20 (1938). — SMITH, E. F., u. H. F. KELLER: (a) Am. Chem. J. **12**, 212, 213 (1890); (b) **14**, 427 (1892); (c) Chem. N. **63**, 253 (1891).
TOPSOE, H.: Overs. Danske Selsl. Forh. **1869**, 247. — TREADWELL, W. D.: (a) Tabellen zur quant. Analyse, S. 63 (1938); (b) Helv. **4**, 369 (1921).
VOTER, R. C., und CH. V. BANKS: (a) Anal. Chem. **21**, 1320 (1949); durch Fr. **134**, 56 (1951). — VOTER, R. C., CH. V. BANKS u. H. DOEHL: (b) Anal. Chem. **20**, 652 (1948); durch C. A. **42**, 6698 (1948).
WICHERS, E., R. GILCHRIST u. W. H. SWANGER: Trans. Am. Inst. Min. Eng. **76**, 618 (1928). — WILLIS, J. B.: Am. Soc. **67**, 547 (1945). — WÖLBLING, H.: B. **67**, 774 (1934). — WOGRINZ, A.: Anal. Chemie der Edelmetalle, S. 123 (1936). — WUNDER, M., u. V. THÜRINGER: Fr. **52**, 737 (1913).
YOE, J. H., u. L. G. OVERHOLZER: Am. Soc. **61**, 2058 (1939).
ZSCHIEGNER, H. E.: Ind. eng. Chem. **17**, 294 (1925).

§ 4. Iridium.

Ir, Atomgewicht 193,1, Ordnungszahl 77.

A. Das Aufschlußverfahren des Metalls[1].

Metallisches Iridium besitzt von allen Platinmetallen die verhältnismäßig größte Widerstandsfähigkeit gegen Säuren. Geschmolzenes oder kompaktes Iridium ist praktisch unlöslich in Säuren, auch in Königswasser; es muß daher, um es in wasser- oder säurelösliche Form zu bringen, zunächst entsprechend weit mechanisch zerkleinert werden[2].

Geeignete Aufschlußmittel für das so vorbehandelte und nachher gründlich gereinigte Material sind die Zinkschmelze und nach Entfernung des Zinküberschusses mit verdünnter Schwefelsäure die Behandlung des unlöslichen Rückstandes mit Königswasser, in dem feinverteiltes Ir sich löst, und nötigenfalls der Aufschluß des Restes mit Kochsalz im Chlorstrom bei höherer Temperatur. Von hochprozentigen Iridiumlegierungen gilt das gleiche. Dagegen lassen sich niedrigprozentige Legierungen z. B. auf Basis Platin mit bis zu etwa 5% Ir noch bequem in heißem konzentriertem Königswasser lösen, wenn sie als Pulver oder dünne Bohrspänchen vorliegen. Platin-Iridium-Legierungen bis zu 30% Ir können auch sehr vorteilhaft mit der Bleischmelze aufgeschlossen werden. Vgl. hierzu Qual. Teil S. 207.

Über weitere Aufschlußmethoden durch Legieren des feinverteilten Iridiums mit Metallen, wie z. B. Wismut, Gold, Silber, ferner durch Schmelzen mit Ätzalkalien oder Natriumperoxyd, siehe Qual. Teil S. 109, ferner unter Rhodium S. 86 und unter Kritische Betrachtung der Aufschlußverfahren S. 211.

B. Gewichtsanalytische Methoden.

Wägeform: Metall. Bei der gewichtsanalytischen Bestimmung des Iridiums wird dieses in der Regel zunächst als Oxyd oder als mit mehr oder weniger Oxyd vermengtes Glühprodukt erhalten, das nach Reduktion im Wasserstoff und Ab-

[1] Über das Verhalten des Metalls gegen Säuren siehe Qual. Teil S. 107.
[2] Siehe Aufschlußmethoden im Qual. Teil S. 207ff. und S. 241 bis 242.

kühlen im Kohlensäurestrom als Metall gewogen wird. Das gilt sowohl von der Fällung des Iridiums als Oxydhydrat wie auch als Sulfid und als komplexes Ammonium- oder Kaliumchlorid.

Palmaer zersetzt Iridium-Ammoniak-Verbindungen durch Verglühen, erhitzt das feinverteilte Metall, um eine weitgehende Oxydation zu vermeiden, zum Austreiben geringer Reste von Sauerstoff und Halogen nicht an der Luft, sondern in Kohlensäure und reduziert es zum Schluß mit Wasserstoff. Mit Rücksicht auf die pyrophoren Eigenschaften des Glühprodukts und um Wasserstoffaufnahme durch das feinzerteilte Metall bei niederer Temperatur zu vermeiden, läßt er das Iridium schließlich im Kohlensäurestrom erkalten. Vgl. auch Gilchrist und Wichers (b), Fußnote 15.

Nach Werner und de Vries soll das Verfahren nach Palmaer meist um 0,5 bis 1% zu niedrige Werte liefern. Sie erklären es, ebenso wie J. Meyer und Hoehne, für unnötig, das reduzierte Metall vor und nach dem Glühen in Wasserstoff mit Kohlensäure zu behandeln; wir halten es dagegen für richtig, dies auf alle Fälle zu tun.

1. Fällung als Ammonium- oder Kaliumchloroiridat(IV)[1].

Die Fällungsbedingungen sind im wesentlichen die gleichen, wie beim Platin angegeben. Zur Sicherheit, daß alles Iridium in der 4wertigen Form vorliegt, die allein für die Fällung in Betracht kommt, wird die Lösung vor oder während der Fällung mit Chlor oxydiert. Das kann im letzteren Fall dadurch geschehen, daß man die mit dem Fällungsmittel übersättigte Lösung samt Niederschlag mit Chlorwasser mehrfach auf dem Wasserbad vorsichtig zur Trockne dampft, den Rückstand zur Lösung der überschüssigen Salze mit einigen Tropfen Wasser und dann mit einer konzentrierten Lösung des Fällungsmittels aufnimmt und nach etwa 1 Std. filtriert. Ausgewaschen wird die Fällung zunächst mit einer gesättigten Lösung des Fällungsmittels, zum Schluß mit Alkohol. Soll das verhältnismäßig schwer lösliche komplexe Iridiumsalz umgefällt werden, so wird es in Wasser suspendiert und SO_2 eingeleitet. Hierdurch wird das leichtlösliche 3wertige Salz gebildet. Vor der weiteren Fällung muß die Lösung wieder mit Chlor oxydiert werden.

Nach W. D. Treadwell wird die Fällung mit KCl folgendermaßen durchgeführt: Die schwach salzsaure Lösung, die das Iridium in 4wertiger Form enthält, wird mit einer gesättigten Lösung von KCl versetzt. Um sicherzugehen, daß das gesamte Iridium in der 4wertigen Stufe vorliegt, wird die zu fällende Lösung vorher noch mit einer 10%igen H_2O_2-Lösung behandelt und zur Vervollständigung der Fällung schließlich noch das gleiche Volumen Alkohol hinzugefügt und 12 Std. stehengelassen (wegen übermäßig langen Stehenlassens siehe Platin, S. 23). Der Niederschlag wird filtriert, mit einer 0,1 n KCl-Lösung[2] in 50%igem Alkohol ausgewaschen und nach dem Trocknen allmählich auf 500° im Wasserstoffstrom erhitzt. Nach Abkühlen wird der Glührückstand mit heißer 0,1 n Salzsäure von Alkalisalz befreit und das Iridium erneut in Wasserstoff und schließlich in vollkommen sauerstofffreiem Stickstoff bei 700° geglüht.

Kritische Betrachtung zur Fällungsmethode.

Bekanntlich ist die quantitative Abscheidung des Iridiums aus Lösungen seiner Komplexsalze mit KCl oder NH_4Cl schwieriger als beim Platin. Auch in Gegenwart von Chlor wird nach Wada und Nagazono keine vollständige Fällung erreicht [vgl. auch Gilchrist und Wichers (a)].

Bei den Fällungen des Iridiums mit KCl oder NH_4Cl wurde öfter beobachtet, daß sie, ähnlich wie beim Platin[3], bezüglich ihrer Vollständigkeit am günstigsten

[1] Siehe auch Qual. Teil S. 112.
[2] 0,1 n KCl-Lösung = 0,7455 g KCl in 100 cm³ Lösung.
[3] Vgl. Qual. Teil S. 35.

verliefen, wenn hierfür Material verwendet wurde, welches mit Kochsalz im trockenen Chlorstrom aufgeschlossen war. Es müssen in diesem Fall also offenbar besonders günstige Fällungsbedingungen vorgelegen haben. Diese wären demnach:

I. Vorliegen des Iridiums ausschließlich in der für die Fällung allein in Frage kommenden Form des (IV)-Chlorids oder des entsprechenden Komplexes. Das läßt sich erreichen, wenn bei dem Kochsalzaufschluß die obere Temperaturgrenze des Existenzbereichs für Na_2IrCl_6 eingehalten wird (bis 600°). Bei höherer Temperatur beginnt das Salz zu dem komplexen (III)-Chlorid zu dissoziieren, das bei mehr als 750° allein beständig ist (WÖHLER und METZ). Beim Aufschluß ist das günstigste Verhältnis von Iridium zu Kochsalz 1:1 bis 1:3 (WÖHLER und BALZ).

II. Hohe Iridiumkonzentration, d. h. also Lösen des Aufschlusses in möglichst wenig Wasser. Verdünnte Lösungen müssen zuvor durch Eindampfen konzentriert werden. Ist die erforderliche Konzentration erreicht, so setzt man einige Tropfen Salzsäure hinzu und oxydiert durch tropfenweisen Zusatz von Perhydrol. Die Gefäße sind hierbei möglichst bedeckt zu halten.

III. Es sind weder störende Mengen freier Salzsäure vorhanden, noch entsteht bei der Fällung solche, sondern nur neutrales Kochsalz.

IV. Das Fällungsmittel wird in konzentrierter Lösung zugesetzt[1].

2. Fällung als Sulfid.

Mit Schwefelwasserstoff läßt sich Iridium nur durch Kochen unter Druck quantitativ fällen. Auch mit Natriumsulfid ist es fällbar (F. P. TREADWELL[2]). Das in der einen oder anderen Weise erhaltene Sulfid wird getrocknet, möglichst vollständig vom Filter getrennt, dieses über dem tarierten Tiegel verascht und das Sulfid hinzugefügt. Es wird zunächst durch vorsichtiges Erwärmen an der Luft langsam abgeröstet. Entsteht kein Geruch nach SO_2 mehr, so wird die Temperatur allmählich auf Rotglut gesteigert und der Glührückstand schließlich in Wasserstoff reduziert. Zwecks Abkühlung wird der Wasserstoff durch Kohlensäure ersetzt. Das Sulfid läßt sich auch unmittelbar durch Erhitzen im Wasserstoff zu Metall verglühen.

Über die *Bestimmung kleiner Iridiummengen* z. B. in Salzen mit Hilfe dokimastischer Verfahren siehe Qual. Teil S. 123. Über die Prüfung des im Laufe der Analyse erhaltenen Iridiums auf seine Reinheit: ebenda, ferner unter „Indirekte Analyse".

3. Fällung als Oxyd oder Oxydhydrat[3].

Wird Iridiumchloridlösung mit einem Überschuß von Natrium- oder Kaliumcarbonat zur Trockne verdampft, schwach geglüht und zur Entfernung der Alkalisalze mit Wasser und Königswasser behandelt, so bleibt Iridiumoxyd zurück, das im Wasserstoffstrom zu Metall reduziert wird (ROSE-FINKENER). Angaben über die Reinheit des hierbei erhaltenen Iridiums liegen nicht vor. Diese Methode erscheint insofern nicht ganz unbedenklich, als bekanntlich bei 850° Iridium von den Carbonaten z. T. wieder gelöst wird, und zwar durch das letztere mehr als durch das erstere. Außerdem macht sich bei dieser Temperatur schon eine Korrosion der Platingeräte deutlich bemerkbar, namentlich wenn der Tiegel nicht bedeckt gehalten wird (BAUER). Einfacher ist es, die Iridiumlösung im gewogenen Tiegel vorsichtig zur Trockne zu verdampfen und nach Hinzufügen von etwas Salmiak und Abdecken des Tiegelinhaltes mit einem kleinen aschearmen Filter, das man mit Salmiaklösung angefeuchtet hat, zunächst vorsichtig in der bereits mehrfach geschilderten Weise zu verkohlen. Ist aller Salmiak ausgetrieben, so wird noch 10

[1] Man kann auch statt des Aufschlusses mit NaCl den mit KCl wählen und erhält so K_2IrCl_6 in konzentrierter Form.

[2] Siehe Qual. Teil S. 113.

[3] Vgl. Reaktionen im Qual. Teil S. 110ff.

bis 15 Min. bei Dunkelrotglut erhitzt und im Wasserstoffstrom reduziert, der zum Abkühlen durch Kohlensäure ersetzt wird.

Aus einer mit Alkalihydroxyd entfärbten Lösung des Salzes Na_2IrCl_6 wird durch Alkohol das Iridium als schwarzer Niederschlag ausgefällt (CLAUS). Zur vollständigen hydrolytischen Abscheidung des Iridiums muß die möglichst neutrale[1] Lösung in Gegenwart von Alkohol längere Zeit kräftig gekocht werden[2]. Der infolgedessen mit SiO_2 stark verunreinigte blauschwarze Niederschlag wird nach dem Verglühen zwecks Reinigung mit Säuren behandelt. Man verabsäume nicht, eine Probe des Filtrates nach LECOQ[3] zu prüfen.

Bei der Weiterbehandlung der gefällten und getrockneten Oxyde des Iridiums muß der Analytiker besonders beim Glühen berücksichtigen, daß hierbei mitunter recht unangenehme Verpuffungen mit ganz erheblichen Materialverlusten auftreten können. Bisweilen kann auch das Ausbleiben solcher Verpuffungen durch Vorhandensein von Verunreinigungen in den Oxyden bedingt sein. Auf alle Fälle muß das Verglühen des Oxydhydrats sehr vorsichtig ausgeführt werden. Zu diesem Zwecke wird der Niederschlag nach dem Auswaschen und Trocknen möglichst weitgehend vom Filterpapier getrennt, da dieses häufig der Ausgangspunkt von Verpuffungen ist. Das Filter wird dann für sich über dem gewogenen Tiegel verascht und erst danach das Oxydhydrat zur *kalten* Filterasche gegeben und vorsichtig abgeröstet usw.

4. Neuere Verfahren mit Hydrolyse.

I. Nach W. D. TREADWELL wird die schwach saure Iridiumlösung mit $NaHCO_3$ bis zu einem p_H-Wert von 6 neutralisiert und der filtrierte Niederschlag mit heißem Wasser gewaschen.

II. Nach MOSER und HACKHOFER geht die Fällung am besten in der Weise vor sich, daß eine schwach saure Lösung von Na_2IrCl_6 mit etwa 0,1 g Iridium in 200 bis 400 cm³ Lösung mit 1,5 bis 2 g $NaBrO_3$ versetzt und auf 60° erwärmt wird. Hat sich das Bromat gelöst, so wird eine NaBr-Lösung (1 + 10) mit der Pipette bis zum Aufhören des Bromgeruchs hinzugefügt und die Lösung zum Sieden erhitzt. Bei bedecktem Becher wird so lange mäßig gekocht (etwa ¾ Std.), bis der Geruch nach Brom vollständig verschwunden ist. Findet auf erneuten Zusatz eines Bromid-Bromatgemisches[4] keine Trübung der Flüssigkeit mehr statt und ist kein Bromgeruch mehr festzustellen, so ist die Fällung beendet. Zur Prüfung auf ihre Vollständigkeit wird das Filtrat samt dem Waschwasser eingeengt. Eine etwa sich bildende Haut wird auf ein kleines Filter abfiltriert. Ausgewaschen werden die Niederschläge mit Wasser, dem man etwas Ammoniumnitrat hinzugefügt hat[5]. — Die bei 110° getrockneten Filter werden samt Inhalt noch etwa ½ Std. im Wasserstoffstrom auf 160 bis 180° erhitzt und nach dem Abkühlen beide verascht. Anschließend an diese Vorbehandlung wird die Fällung etwa ¼ Std. im Wasserstoffstrom geglüht, worauf man sie im Kohlensäurestrom erkalten läßt. Der Glührückstand wird ausgiebig mit heißem, salpetersäurehaltigem Wasser gewaschen, bei 110° getrocknet und wie üblich verascht und geglüht.

Bei dieser Methode vollzieht sich die Einstellung der Alkalinität durch die Reaktion zwischen Bromid- und Bromat-Ion nach der Gleichung:

$$5\,Br^- + BrO_3^- + 6\,H^+ = 3\,Br_2 + 3\,H_2O$$

[1] WICHERS, GILCHRIST und SWANGER.
[2] SAINTE-CLAIRE-DEVILLE und STAS.
[3] Vgl. Qual. Teil S. 113.
[4] Siehe auch RICHARDSON: Kinetik der Bromid-Bromatreaktion.
[5] Es erscheint immerhin eigenartig, daß ein Niederschlag, der außerordentlich dazu neigt, beim Veraschen eine explosionsartige Reduktion des Oxyds hervorzurufen, vor dem Trocknen noch mit ammoniumnitrathaltigem Wasser ausgewaschen wird.

(Richardson). Hierzu bemerken Gilchrist und Wichers (b), daß die Gleichgewichtseinstellung dabei so langsam erfolgt, daß längeres Kochen und Digerieren zur Vervollständigung der Fällung in Kauf genommen werden müssen.

III. Am besten arbeitet man nach der von Gilchrist und Wichers angegebenen, auf S. 89 bis 97 abgedruckten Arbeitsvorschrift. Besonders hervorzuheben ist, daß zwecks Vermeidung von Verlusten durch Verpuffung des Oxydhydrates beim Glühen im Wasserstoffstrom der Niederschlag nach dem Auswaschen zunächst mit Salmiaklösung durchtränkt wird. Hierauf wird das Filter vorsichtig verkohlt und schließlich das Oxydhydrat verglüht und im Wasserstoff reduziert.

IV. Eine Methode zur Mikrobestimmung von Ir, die noch etwas besser sein soll als die von Wichers, geben Allen und Beamish an: Man behandelt 2 bis 5 mg Ir, die man mit der 10fachen Kochsalzmenge gemischt hat, 8 Std. bei 700° mit Chlor, löst in 0,1 n HCl, setzt 10 cm^3 10%ige Lösung von $NaBrO_3$ zu, stellt mit 10%iger Bicarbonatlösung auf p_H 6 ein, wäscht die Fällung mit 1% Salmiaklösung aus, erhitzt sie dann auf nicht über 650° und wägt.

5. Fällung durch Reduktion zu Metall.

I. In Lösungen. Die Ausfällung von Iridium aus seinen Lösungen mit z. B. Zink oder Magnesium geht verhältnismäßig langsam vor sich[1]. Nordenskjöld empfiehlt, das Iridium mit Magnesium zu fällen, den Niederschlag zuerst an der Luft zu glühen, dann im Wasserstoffstrom zu reduzieren und im Kohlensäurestrom erkalten zu lassen. — Durch Ameisensäure in Gegenwart von Ammoniumacetat wird in schwach saurer Lösung Iridium metallisch abgeschieden (Graumann).

II. In festen Salzen. Hierzu vgl. Qual. Teil S. 117.

C. Maßanalytische Methoden.

Von Delépine ist eine Bestimmungsmethode angegeben worden, nämlich Zusatz von Kaliumjodid zur Lösung der Salze 4wertigen Iridiums und Titration des frei werdenden Jods mit $Na_2S_2O_3$, die aber nach Woo und Yost wegen Schwierigkeiten bei der Endpunktsbestimmung nicht genau ist. Das ändert sich jedoch, wenn Benzol zugegen ist. In diesem Falle wird die Titration in Gegenwart von 0,1 bis 0,2 n HCl in einem langhalsigen Meßkolben so durchgeführt, daß bei Zugabe der letzten Mengen Thiosulfatlösung (0,00623 n) die Benzolschicht sich in dem engen Hals des Kolbens befindet. Hierdurch wird die Endpunktsbestimmung bei Beobachtung gegen einen weißen Hintergrund sehr erleichtert.

Wegen Schwierigkeiten in der Endpunktsbestimmung werden auch Titrationen mit Kaliumpermanganat oder Mohrschem Salz zweckmäßig potentiometrisch durchgeführt (Grünberg und Ptizyn).

D. Physikalisch-chemische Methoden.

1. Elektroanalytische Bestimmung.

Iridium wird aus schwach schwefelsaurer Lösung von $Na_3IrCl_6 \cdot 12\,H_2O$ bei 60° an einer versilberten Platinnetzkathode abgeschieden; Spannung 1,6 Volt, Stromdichte 2 bis $5 \cdot 10^{-4}$ Amp./cm^2, ruhender Elektrolyt. Bei höheren Stromdichten wird Iridium als nicht festhaftender Mohr schwammig abgeschieden. Selbst bei lebhaftem Umrühren treten noch starke Hemmungen auf. An einer Quecksilberkathode ist keine Abscheidung des Iridiums in schwefelsaurer Lösung zu erreichen (Grosse-Weischede).

2. Potentiometrische Bestimmung.

Hierfür werden fünf Methoden angegeben:

I. Lösungen des 4wertigen Iridiums können mit Mohrschem Salz in schwefelsaurer Lösung bis zum Potentialsprung auch in Gegenwart von Ir(III), Pt(IV),

[1] Vgl. Qual. Teil S. 117.

Rh(III) und Fe(III) titriert werden. Die Titration wird auch durch Co(II), Ni(II), Cr(III) und Bi(III) nicht gestört.

II. Auch mit Kaliumhexacyanoferrat(II) kann Ir(IV) in schwefelsaurer Lösung bestimmt werden.

III. Zunächst wird die Lösung des 4wertigen Iridiums mit Mohrschem Salz oder Kupfer(I)-chlorid im Überschuß zu Ir(III) reduziert und darauf mit Kaliumpermanganat titriert. Potentialsprünge finden statt beim Übergang von Fe(II) zu Fe(III) oder Cu(I) zu Cu(II) und dann ein größerer von Ir(III) zu Ir(IV). Die Reduktion mit Kupfer(I)-chlorid wird in Gegenwart von Kohlensäure ausgeführt.

IV. Etwas komplizierter, und zwar bezüglich der Endpunktsbestimmung, verläuft die Titration von Lösungen des 4wertigen Iridiums mit einer $TiCl_3$-Lösung. Eine genauere Endpunktsbestimmung ist bei Abwesenheit anderer Fremdsalze durch Zugabe von 2 bis 3 g Kochsalz möglich (Woo und Yost).

Die Bestimmung von *3wertigem Iridium* kann nach obigem durch Titration mit Kaliumpermanganat erfolgen, selbst im Beisein von Rh(III), Ir(IV), Pt(IV), Fe(III) und Fe(II). Im letzteren Falle entspricht der erste Potentialsprung der Oxydation von Fe(II) zu Fe(III). Auch Co(II), Ni(II), Cr(III) und Bi(III) stören nicht (Grünberg und Mitarbeiter).

V. Ryabschikoff titriert mit Hydrochinon.

3. Colorimetrische Bestimmung.

Zur Bestimmung geringer Iridiummengen in Platinsalzen [es kommen nur Salze des (IV)wertigen Platins und Iridiums in Betracht] wird die Farbe der mit KCl unter Alkoholzusatz erhaltenen Niederschläge mit der Farbe von K_2PtCl_6-Niederschlägen mit bekannten Iridiumgehalten verglichen. Die KCl-Fällung der zu prüfenden Lösungen und die der Vergleichslösungen müssen unter vollauf gleichen Bedingungen bezüglich Konzentration der Lösungen, Temperatur der zur Fällung benutzten KCl-Lösung vorgenommen werden. Es lassen sich damit noch 0,1% Ir im Platin bestimmen (Bergsöe).

Von Chlopin wird eine Methode als Kontrollmethode vorgeschlagen, die für Betriebszwecke dienen soll und die nach Gmelin System Nr. 68, Pt (A) 479 (1940) folgendermaßen wiedergegeben ist: „Eine Standardlösung von $(NH_4)_2(PtCl_6)$ mit 1 g/l wird mit gleich hohen Schichten der gleichen Platinlösung, die aber bestimmte steigende Mengen einer $(NH_4)_2(IrCl_6)$ (0,01 g Ir-Salz in 100 cm^3 wäßriger Lösung) enthält, im Colorimeter verglichen. Die Höhe der Flüssigkeitssäule der dunkler gefärbten, iridiumhaltigen Lösung wird so lange vermindert, bis ihre Färbung mit der Färbung der Standardlösung im Colorimeter gleich erscheint. Aus den hierdurch ermittelten Höhen der Flüssigkeitssäule der Platinsalzlösung bei verschiedenem Iridiumgehalt im Vergleich zu der stets auf gleicher Höhe gehaltenen Flüssigkeitssäule der Standardlösung kann beim Vergleich der Standardlösung mit Platinsalzlösungen, die unbekannte Mengen Iridium enthalten, der Ir-Gehalt derselben direkt ermittelt werden. Bei Verwendung der obigen Standardlösung lassen sich noch höchstens etwa 0,5% $(NH_4)_2(IrCl_6)$ in $(NH_4)_2(PtCl_6)$ bestimmen. Wird die Höhe der Standardlösung im Colorimeter mit 100 bezeichnet, so entspricht ihr eine Höhe von 65,5 $\pm$1,5 der 0,5% Ir-Salz enthaltenden Platinlösung bei gleichem Aussehen im Colorimeter. Bei höheren Ir-Gehalten muß die zu untersuchende Lösung mit der Standardlösung entsprechend verdünnt werden, wobei dann auch Gehalte von 2 bis 3% ohne Verminderung der Genauigkeit bestimmt werden können. Die zur Aufstellung der Vergleichswerte verwendete Ir-Salzlösung muß frisch bereitet sein, da sie bei längerem Stehen Hydrolyse erleidet. Betriebsuntersuchungen werden so durchgeführt, daß eine 0,1%ige Lösung des Platinsalzes mit Cl_2 behandelt wird, damit mit Bestimmtheit das gesamte Iridium in 4wertiger Form vorliegt, dann wird diese Lösung mit der Standardlösung verglichen. Sollte die Färbung der zu untersuchenden Lösung zu stark sein, dann wird sie mit der Standardlösung entsprechend verdünnt."

Über weitere colorimetrische Bestimmungen vgl. Qual. Teil S. 118 und 119. Siehe auch MYLIUS und MAZZUCCHELLI.

Vgl. hierzu auch das Ausschüttelverfahren nach WÖLBLING, siehe Qual. Teil S. 189.

Literatur.

BAUER, G.: Ch. Z. **62**, 257 (1938). — BERGSÖE, P.: Z. anorg. Ch. **19**, 322 (1899).

CHLOPIN, W.: Iswestija Inst. Isutscheniju Platiny **4**, 324 (1926). — CLAUS, C.: Festschrift Universität Kasan, S. 25 (1854).

DELÉPINE, M.: Ann. Chim. anal. [9] **7**, 282 (1917).

GILCHRIST, R.: Bur. Stand. J. Res. **12**, 300 (1934). — GILCHRIST, R., u. E. WICHERS: (a) Trabajos IX. Congreso Intern. Quimica VI, S. 4 (1934); (b) Am. Soc. **57**, 2565 (1935). — GRAUMANN, A.: BERL-LUNGE II, 2, S. 1549 (1932). — GROSSE-WEISCHEDE, E.: Dissertation. Darmstadt 1927. — GRÜNBERG, A. A., u. N. N. KATZ: Bl. Acad. URSS., Sér. chim **1938**, 941; durch C. **110**, **II**, 2260 (1939). — GRÜNBERG, A. A., u. J. L. MICHELIS: C. r. Acad. URSS. **1936**, **II**, 179; durch C. **108**, **I**, 1210 (1937). — GRÜNBERG, A. A., u. B. W. PTIZYN: (a) Ann. Inst. Platine **11**, 77 (1933); durch C. **106**, **I**, 1743 (1935); (b) Ann. Inst. Platine **12**, 133 (1935); durch C. **107**, **II**, 1768 (1936); C. r. Acad. URSS. **1936**, **II**, 17; durch C. **107**, **II**, 2950 (1936).

LECOQ DE BOISBAUDRAN: C. r. **96**, 1338 (1883).

MEYER, J., u. K. HOEHNE: Mikrochem. **19**, 68 (1935/36). — MOSER, L., u. H. HACKHOFER: M. **59**, 49 (1932). — MYLIUS, F., u. A. MAZZUCCHELLI: Z. anorg. Ch. **89**, 1 (1914).

NORDENSKJÖLD, I.: Öst. Z. Berg- u. Hüttenwes. **53**, 474 (1905); durch C. **76**, **II**, 1124 (1905).

PALMAER, W.: Z. anorg. Ch. **10**, 332 (1895).

RICHARDSON, R. W.: School Sci. Rev. **25**, 360 (1944); durch C. **116**, **I**, 2 (1945). — ROSE-FINKENER: Handb. anal. Chemie, 6. Aufl., S. 212 (1871).

SAINTE-CLAIRE-DEVILLE, H., u. I. STAS: Comité intern. poids et mesures. Annexe **II**, 195 (1877).

TREADWELL, F. P.: Anal. Chem. **I**, 556 (1930). — TREADWELL. W. D.: Tabellen zur quant. Analyse, S. 96 (1938).

WADA, J., u. T. NAGAZONO: Sci. Pap. Inst. Tôkyô **1**, 150 (1922/24); durch C. **97**, **II**, 1553 (1926). — WERNER, A., u. O. DE VRIES: A. **364**, 125 (1909). — WICHERS, E., R. GILCHRIST u. W. H. SWANGER: Trans. Am. Inst. Min. Eng. **76**, 605 (1928). — WÖHLER, L., u. PH. BALZ: Z. anorg. Ch. **149**, 356 (1925). — WÖHLER, L., u. L. METZ: Z. anorg. Ch. **149**, 305 (1925). — WÖLBLING, H.: B. **67**, 774 (1934). — WOO, C. C., u. D. M. YOST: Am. Soc. **53**, 885 (1931).

§ 5. Rhodium.

Rh, Atomgewicht 102,91, Ordnungszahl 45.

Das Rhodium begegnet dem Analytiker als einziges Element in der Gruppe der Platinmetalle fast ausschließlich in der (III) wertigen Oxydationsstufe[1], die außerdem ganz im Gegensatz zu den höheren Oxydationsstufen dieses Metalls durch große Beständigkeit ausgezeichnet ist.

In seinem chemischen und physikalischen Verhalten nimmt das Rhodium eine Mittelstellung ein zwischen dem Platin und Palladium einerseits und dem Iridium, Ruthenium und Osmium andererseits. Beachtlich ist die relative Widerstandsfähigkeit des geschmolzenen Rhodiums gegenüber Ätznatron im Schmelzfluß (bei 800°). Sie beträgt im Vergleich zu derjenigen des geschmolzenen Iridiums etwa das Sechsfache.

A. Lösungsmittel[2].

Feinverteiltes, vollkommen oxydfreies, reines Rhodium wird durch Schmelzen mit Natrium-Pyrosulfat in wasserlösliches Sulfat übergeführt. Bei Wiederholung des Schmelzaufschlusses muß der feinverteilte metallische Rückstand vorher in Wasserstoff bei möglichst niedriger Temperatur gut reduziert werden. Ist Palladium

[1] Ausnahme: Fällung durch hydrolysierende und oxydierende Mittel.
[2] Vgl. Qual. Teil S. 85 bis 90.

vorhanden, so wird dieses mit dem Rhodium zusammen vom schmelzenden Pyrosulfat ebenfalls aufgeschlossen.

Ebenso läßt sich Rhodium durch Schmelzen mit Wismut oder Blei in säurelösliche Form bringen. Dem Aufschluß mit Kochsalz im Chlorstrom setzt Rhodium von allen Platinmetallen den verhältnismäßig größten Widerstand entgegen, so daß der Aufschluß öfter wiederholt werden muß.

Gröberes Ausgangsmaterial wird zuvor mit der Zinkschmelze[1] oder durch mehrmaliges abwechselndes Chlorieren und Reduzieren (in diesem Falle ebenfalls bei möglichst niedriger Temperatur) zerlegt. Die Überführung in die wasserlösliche Form erfolgt im Falle der Zinkschmelze durch Behandeln des aufgelockerten Rückstandes mit Königswasser in der Wärme, im Falle der Chlorbehandlung mit dem Kochsalz-Chlor-Aufschluß. Falls das nach der Zinkschmelze von dem Analysenmaterial zurückgehaltene Zink bei der Weiterbehandlung stören sollte, wird der mit Zink verunreinigte Rückstand mit Chlor bei höherer Temperatur (höchstens 800°) behandelt und schließlich nach Zugabe von Kochsalz mit Chlor aufgeschlossen.

B. Gewichtsanalytische Methoden.

1. Fällung als Sulfid.

Wägeform: Metall. Die Fällung geschieht in der Siedehitze durch einen flotten H_2S-Strom. Die Lösung soll 3 bis 5 Vol.-% wäßrige Salzsäure (D 1,19) enthalten. Das H_2S-Gas wird bis zur Abkühlung der Lösung auf Raumtemperatur eingeleitet. Der filtrierte Niederschlag wird zunächst mit verdünnter Schwefelsäure (2,5 + 97,5), dann mit verdünnter Salzsäure (1 + 99) ausgewaschen. Nach dem Trocknen wird er vorsichtig an der Luft verglüht, schließlich im Wasserstoffstrom reduziert und abgekühlt (Wichers sowie Gilchrist und Wichers). Zu beachten ist noch, daß aus Lösungen von Rhodiumsulfat in verdünnter Schwefelsäure Rhodium als Sulfid nicht vollständig gefällt werden kann. Wird jedoch die Sulfatlösung mit verdünnter wäßriger Salzsäure gekocht, so geht die gelbe Farbe des Sulfats in die rosarote des Chlorids über, und das Rhodium wird quantitativ als Sulfid abgeschieden (Gilchrist).

2. Fällung als Oxyd oder Oxydhydrat.

Wägeform: Metall.

I. Rose-Finkener empfehlen, lösliche Rhodiumsalze, wie Chloride oder Sulfate, mit Soda versetzt, zur Trockne zu dampfen, den Eindampfrückstand im Platintiegel zu erhitzen und nachher mit Wasser auszuziehen. Der auf einem Filter gesammelte metallische Rückstand wird verglüht und im Wasserstoffstrom reduziert. Hierzu vgl. auch Iridium, S. 40. Beim Rhodium liegen die Verhältnisse in dieser Hinsicht günstiger als beim Iridium. Vgl. Qual. Teil S. 83.

II. Reine Rhodiumlösungen werden im gewogenen Tiegel zur Trockne verdampft. Der Rückstand wird im Sauerstoffstrom zu Rh_2O_3 verglüht (Graumann). Besser ist es, die Bestimmung in folgender Weise durchzuführen: Der vorsichtig eingedampfte Rückstand wird nach Zugabe von festem Salmiak vorsichtig verglüht, der Rückstand zur Entfernung löslicher Chloride mit heißem Wasser behandelt und im Wasserstoffstrom zu Metall reduziert.

III. Schwer lösliche und schwer zersetzliche komplexe Dipyridylsalze des Rhodiums werden nach Jaeger und van Dijk bei möglichst niedriger Temperatur (350 bis 450°) vorsichtig mit Ätznatron geschmolzen[2]. Nach dem Abkühlen löst man die Schmelze in warmem Wasser, filtriert den Rückstand ab, verascht, glüht ihn im Wasserstoffstrom und läßt das Metall im Kohlensäurestrom erkalten.

---

[1] Vgl. Qual. Teil S. 207 bis 213.

[2] Das Schmelzen geschieht am besten im bedeckten Platintiegel, wobei die Schmelztemperatur 500° nicht übersteigen darf (Bauer).

IV. Über die Fällung von Rhodium aus einer alkalischen Lösung mit Alkohol siehe Qual. Teil S. 91.

V. Durch Hydrolyse. Gegenüber den meisten anderen Bestimmungsmethoden besitzt die Hydrolyse den Vorzug, daß sie mehr oder weniger unabhängig von dem Mengenverhältnis der voneinander zu trennenden Bestandteile ist. Wird Rh durch ein hydrolysierendes, aber nicht oxydierendes Mittel gefällt, so entsteht orangefarbenes $Rh(OH)_3$. Bei Gegenwart von Cl_2, Br_2 oder NaClO, NaBrO entsteht dagegen grünschwarzes hydratisiertes Rhodium(IV)-oxyd, $Rh(OH)_4$, das leicht kolloidal gelöst bleibt, aber *bei längerem Kochen gut filtrierbar* ausfällt. Nach W. D. Treadwell wird zur Abscheidung des Rhodiums als Oxydhydrat die saure Lösung in der gleichen Weise behandelt wie unter Iridium, S. 43, angegeben. Vgl. auch Wichers. Um Verluste durch Verpuffungen zu vermeiden, die insbesondere bei der Verwandlung des Oxydhydrats in Oxyd eintreten können, werden nach dem Auswaschen Filter und Niederschlag mit Salmiak getränkt (Gilchrist). Da vom reduzierten Rhodium nur unbedeutende Wasserstoffmengen aufgenommen werden, ist nachträgliches Abkühlen im Kohlensäurestrom nicht nötig (Wichers).

3. Fällung als komplexes Nitrit $K_3Rh(NO_2)_6$.

Wägeform: Metall. Von Ogburn[1] wird die Fällung des Rhodiums als komplexes Nitrit für qualitative und halbquantitative Bestimmungen in Gegenwart von Ir, Ru und Os benutzt. Die Fällung geschieht aus kochender, 50% Alkohol enthaltender Lösung unter allmählichem Zusatz einer gesättigten Lösung von KNO_2 bis zur alkalischen Reaktion und Ausscheiden eines weißflockigen Niederschlags, wobei sich die Farbe der Lösung merklich aufhellt. Es wird noch 15 bis 20 Min. gekocht und die Lösung über Nacht stehengelassen. Nach Abfiltrieren des gelbweißen kristallinen Niederschlages wird mit 50%igem Alkohol gewaschen, bis der Ablauf farblos ist. Das Salz wird in kochendem Königswasser (3 + 1) aufgelöst, durch Eindampfen in Salzsäure die Salpetersäure zerstört und in der verdünnten Lösung das Rhodium mit Magnesiumdrehspänen oder Zinkstaub gefällt. Das feinverteilte schwarze Rhodium wird nach dem Abfiltrieren mit sehr verdünnter Salzsäure, dann mit Wasser gewaschen, getrocknet, unter Luftzutritt verascht, im Wasserstoffstrom erhitzt und nach Abkühlen gewogen. Vgl. hierzu Qual. Teil S. 92. Mit Rücksicht auf das durch Zementation mit Magnesium oder Zink ausgeschiedene, fein verteilte Rhodium, das hierbei als Mohr vorliegt, halten wir dessen Auswaschen mit verdünnter Salzsäure für etwas bedenklich. Vgl. hierzu Qual. Teil S. 85. Trotzdem gelang es Ogburn, das Rhodium bei einer Einwaage von 0,3538 g mit einem Fehler von + 1,67% zu bestimmen.

Nach W. D. Treadwell erfolgt das Auswaschen der Fällung des Rhodiums mit 0,1 n KNO_2-Lösung. Der Niederschlag wird bei 500° im Wasserstoffstrom erhitzt und nach Entfernung des Kaliumsalzes mit heißer 0,1 n HCl-Lösung im Stickstoffstrom bei 700° geglüht.

4. Fällung durch Reduktion zu Metall.

I. Durch Zementieren. Zur Fällung des Rhodiums aus schwach saurer Chlorid- oder Sulfatlösung benutzt man in der Regel reinstes Zink oder Magnesium, und zwar Zink in Form von Zinkstaub oder breitgelaufener, dünnwandiger Tropfen[2], Magnesium als dünnes Band oder Kupfer als Feilspäne. Über die Reduktion mit Magnesium in essigsaurer Lösung siehe L. Wöhler und W. Müller; vgl. auch Qual. Teil S. 96 bis 98. Vorteilhaft ist es, wenn man dabei so verfährt, daß man das Magnesium

[1] Siehe Qual. Teil S. 195/196.

[2] Herstellung der Zinktropfen aus Zinkstäbchen, die man mit dem Bunsenbrenner an einem Ende zum Schmelzen erhitzt, wobei man die geschmolzenen Tropfen aus etwa 50 cm Höhe auf eine saubere Eisenplatte fallen läßt. Hierbei entstehen breitgelaufene dünne Bleche.

oder Zink immer nur in kleinen Anteilen und im Falle des Verbrauchs der Säure auch diese in der gleichen Weise den Lösungen hinzufügt, bis sie vollkommen farblos sind und das Magnesium oder Zink restlos verbraucht ist. Dabei ist aber zu beachten, daß die Farblosigkeit der Lösungen nicht immer ein Kriterium für die Vollständigkeit der Fällungen zu sein braucht. Das auszementierte Rhodium wird in allen Fällen mit verdünnten Säuren wie z. B. 5%iger H_2SO_4 und mit Wasser ausgewaschen, getrocknet und im Wasserstoffstrom verglüht (GRAUMANN). LECOQ DE BOISBAUDRAN empfiehlt die Reduktion mit Kupfer oder Zink. Ein Nachteil der Zementation ist, daß die Edelmetallfällungen meist mit dem zementierenden Metall mehr oder weniger verunreinigt sind[1]. So hält das mit Zink gefällte Rhodium geringe Mengen Zink hartnäckig zurück (GRAULICH). Diese und andere Verunreinigungen lassen sich mit Hilfe der Chlorbehandlung bei höherer Temperatur und anschließendes Auskochen mit Säure ohne jeden Rhodiumverlust restlos beseitigen.

II. Mit Hydraziniumhydroxyd oder -sulfat. Rhodium wird durch Hydraziniumhydroxyd in mit Natronlauge alkalisch gemachter Lösung vollständig ausgefällt (JANNASCH und v. MAYER), während bei Verwendung von Hydraziniumsulfat stets ein Überschuß an Natronlauge erforderlich ist. Hinsichtlich der Beschaffenheit des ausgefällten Rhodiums spielt auch dessen Konzentration in der Lösung eine Rolle. Bei z. B. 0,1 bis 0,2 g Rhodiumchlorid in 150 bis 200 cm^3 Wasser scheidet sich das Rhodium in Form glänzender Metallflitterchen ab (GUTBIER und v. MÜLLER). Das Metall läßt sich hierbei durch mehrfaches Dekantieren mit kochendem Wasser so gründlich von Alkali befreien, daß die Waschflüssigkeit auch in der Siedehitze mit Phenolphthalein keine Reaktion auf Alkali mehr zeigt. Der nach Filtration und Auswaschen bei 105° getrocknete Niederschlag wird zunächst an der Luft, dann im Wasserstoffstrom geglüht und schließlich im Kohlensäurestrom erkalten lassen (GUTBIER und RIES).

III. Mit Ameisensäure oder Formiat. Man kocht die Rhodiumlösung mit Natriumformiat in Gegenwart von Ammoniumacetat (NORDENSKJÖLD; vgl. auch BRUNCK).

5. Weitere gewichtsanalytische Methoden.

Solche sind vorgeschlagen von IWANOFF (a) durch Fällen mit NaCNS, von LEBEDINSKI durch Fällung mit einer siedenden Lösung von Kaliumjodid, von CURRAH und Mitarbeitern mit organischen Sulfoverbindungen, von ALLEN und BEAMISH mit Thiobarbitursäure (auch bei Gegenwart von Pd, Zn und Ni), von GAGLIARDI und PIETSCH mit Thioformamid. J. MEYER und HOEHNE bestimmen Rhodium mikroanalytisch in verschiedenen Verbindungen durch Verglühen in der PREGLschen Mikromuffel.

C. Maßanalytische Methoden.

Mikrobestimmung mit Thionalid. Eine chlorfreie Rhodiumsalzlösung wird mit einem Überschuß einer 1- bis 2%igen Lösung von thioglykolsaurem β-Aminonaphthalid (Thionalid) in Eisessig versetzt. Nach Filtration des beim Auskochen ausfallenden Rhodiumsalzes wird im Filtrat der Thionalidüberschuß durch Zusatz eines Überschusses von 0,01 n Jodlösung durch Rücktitration mit Thiosulfat bestimmt. In gleicher Weise wird der Gehalt der verwendeten Thionalidlösung mit Jod und Thiosulfat festgestellt. Relativer Fehler: unter 1% (KIENITZ und ROMBOCK).

D. Physikalisch-chemische Methoden.

1. Elektroanalytische Bestimmung.

Hierzu sind eine Anzahl Vorschläge gemacht worden, so z. B. von E. F. SMITH, ferner von JOLY und LEIDIÉ, mit denen gute Ergebnisse erzielt wurden, die aber einen erheblichen Zeitaufwand erforderten (GRUBE und KESTING). Die Schnell-

[1] Vgl. FOERSTER.

elektrolyse nach LANGNESS lieferte nur schwarzes, offenbar schwammiges Rhodium. Nach einem von GRUBE und KESTING entwickelten Verfahren wird Rhodium bei 60° unter starker Rührung mit etwa 4 Volt und 7 Amp. an einer stark verkupferten Drahtnetzelektrode innerhalb 10 Min. niedergeschlagen. Der Elektrolyt soll 50 bis 100 mg Rhodium als Chlorid oder Sulfat in 200 cm^3 Wasser enthalten und wird mit 1 cm^3 konzentrierter Schwefelsäure angesäuert. Der Niederschlag wird mit Wasser, Alkohol und Äther gewaschen und lufttrocken gewogen. Falls Überchlorsäure oder wäßrige Salzsäure zugegen sind, wird der Schwefelsäurezusatz vergrößert und die Stromstärke auf 1,5 bis 2 Amp. verringert (GRUBE und GU).

W. D. TREADWELL benutzt als Elektrolyt eine Na_3RhCl_6-Lösung mit 2,5 cm^3 H_2SO_4 (1 + 10) und elektrolysiert mit 1 bis 0,3 Amp. und 2 bis 2,5 Volt bei 600 bis 800 Touren der rotierenden Anode in einer verkupferten Platinschale. Der Elektrolyt soll möglichst keinen Überschuß von Chloriden enthalten. Die Reinigung der Platinschale erfolgt mit der Pyrosulfatschmelze und nachträglichem Polieren mit Seesand.

Bei Badspannung unterhalb 2 Volt wird das Rhodium von dem als Überzug dienenden Kupfer der Kathode ausgefällt und dieses dabei aufgelöst. Zweckmäßiger ist daher die Verwendung versilberter Platinnetzkathoden und einer rotierenden Platin-Iridiumspirale als Anode (300 Umdrehungen). Elektrolyt: 0,4 g $Na_3RhCl_6 \cdot 2\,H_2O$ in 120 cm^3 Wasser, mit 2 cm^3 2 n H_2SO_4 angesäuert. Bei 50° wird mit 2 Volt und 0,26 bis 0,28 Amp. elektrolysiert. Man erhält das Rhodium als festhaftenden und silberglänzenden Niederschlag (KRATZ).

2. Colorimetrische Bestimmung.

In Frage kommen die beim Versetzen einer Rhodiumchloridlösung mit einer 40%igen Zinn(II)-chloridlösung in 30%iger Salzsäure nach Kochen beim Abkühlen allmählich erscheinende himbeerrote Färbung der Lösung [IWANOFF (b) und (c)]; ferner die Rotfärbungen, die dadurch entstehen, daß man zu den Rhodiumsalzlösungen entweder KJ (WÖLBLING) oder KBr bzw. NH_4Br (ZSCHIEGNER) hinzugibt. Vgl. auch Qual. Teil S. 93.

Literatur.

BAUER, G.: Ch. Z. **62**, 257 (1938). — BRUNCK, O.: Ch. Z. **61**, 434 (1937).

FOERSTER, F.: Elektrochemie wäßriger Lösungen, S. 185 (1922).

GAGLIARDI, E., u. R. PIETSCH: M. **83**, 487 (1952); durch Fr. **137**, 263 (1952). — GILCHRIST, R.: Bur. Stand. J. Res. **12**, 300 (1934). — GILCHRIST, R., u. E. WICHERS: Am. Soc. **57**, 2571 (1935). — GRAULICH, W.: Öst. Ch. Z. **33**, 4 (1930). — GRAUMANN, A.: BERL-LUNGE II, 2, S. 1564. — GRUBE, G., u. B. GU: Z. El. Ch. **43**, 398 (1937). — GRUBE, G., u. E. KESTING: Z. El. Ch. **39**, 949 (1933). — GUTBIER, A., u. L. v. MÜLLER: B. **42**, 2205 (1909). — GUTBIER, A., u. M. RIES: B. **42**, 1439 (1909).

IWANOFF, W. N.: (a) Ch. Z. **47**, 210 (1923); (b) J. Russ. phys.-chem. Ges. **49**, 603 (1917); durch C. **94**, **II**, 352 (1923); (c) J. Russ. phys.-chem. Ges. **50**, 462 (1918); durch C. **94**, **II**, 135 (1923).

JAEGER, F. M., u. I. A. VAN DIJK: Z. anorg. Ch. **227**, 320 (1936). — JANNASCH, P., u. O. v. MAYER: B. **38**, 2131 (1905). — JOLY, A., u. E. LEIDIÉ: C. r. **112**, 793 (1891).

KIENITZ, H., u. L. ROMBOCK: Fr. **117**, 241 (1939). — KRATZ, E.: Dissertation. Darmstadt 1929, S. 44.

LANGNESS, J.: Am. Soc. **29**, 469 (1907). — LECOQ DE BOISBAUDRAN: C. r. **96**, 152 (1883). — LEBEDINSKI, W. W.: Iswestija Inst. Isutscheniju Platiny **5**, 364 (1927).

MEYER, J., u. K. HOEHNE: Mikrochem. **19**, 65 (1935/36).

NORDENSKJÖLD, J.: Öst. Z. Berg- u. Hüttenwes. **53**, 474 (1905); durch C. **76**, **II**, 1142 (1905).

OGBURN, S. C.: Am. Soc. **48**, 2424 (1926).

ROSE-FINKENER: Handb. anal. Chemie, 6. Aufl, II, S. 208 (1871).

SMITH, E. F.: C. **62**, **I**, 811 (1891).

TREADWELL, W. D.: Tabellen zur quant. Analyse, S. 96 (1938).

WICHERS, E.: Am. Soc. **46**, 1823 (1924). — WÖHLER, L., u. W. MÜLLER: Z. anorg. Ch. **149**, 128 (1925). — WÖLBLING, H.: B. **67**, 774 (1934).

ZSCHIEGNER, H. E.: Am. Pat. 2085177 (1936).

§ 6. Osmium.

Os, Atomgewicht 190,2, Ordnungszahl 76.

A. Gewichtsanalytische Methoden.

Wägeform: Metall. Der beste Weg, das Osmium für seine analytische Bestimmung zu isolieren, ist, es als Tetroxyd (OsO_4) abzudestillieren. Diese Verbindung ist wegen ihrer leichten Flüchtigkeit die wichtigste für die analytische Chemie des Osmiums.

Aus osmiumreichen Materialien kann man das Osmium(VIII)-oxyd leicht auf trockenem Wege durch Erhitzen im Sauerstoff- oder Stickstoffdioxydstrom abdestillieren. Für den nassen Weg wird das Material zunächst mit oxydierend-alkalischem Schmelzaufschluß behandelt und dann aus der alkalischen Lösung dieses Aufschlusses OsO_4 mit Salpetersäure abdestilliert. Bei besonders schwer oxydierbarem Material wird nach Fritzmann aus schwefelsaurer Lösung unter Zusatz von CrO_3 destilliert.

Schwierig aufzuschließende Teile von Legierungen des Osmiums mit Ruthenium, Iridium und Rhodium sollen nach einem beachtlichen Vorschlag von Wichers, Gilchrist und Swanger nach dem oxydierend-alkalischen Schmelzaufschluß mit Kochsalz im Chlorstrom aufgeschlossen werden. Diese abwechselnde Behandlung soll fortgesetzt werden, bis das gesamte Material in wasser- und säurelöslicher Form vorliegt.

Außerdem ist noch das Erhitzen des metallischen Osmiums im Chlorstrom zu erwähnen, wobei man statt des Tetroxyds flüchtige Osmiumchloride erhält (Ruff und Bornemann).

Legierungen, die weder von heißem Königswasser noch nach einem der oben genannten Verfahren aufgeschlossen werden können, müssen, unter Umständen nach mechanischer Zerkleinerung, zuvor mit der Zink- oder Bleischmelze zerlegt werden.

In allen Fällen wird das Oxyd OsO_4 in Vorlagen aufgefangen, aus den erhaltenen Lösungen als Sulfid oder Oxydhydrat gefällt und schließlich als Metall gewogen.

1. Destillation auf trockenem Wege.

Die Destillationsapparatur besteht aus einem Verbrennungsrohr — besonders geeignet ist ein solches aus durchsichtigem Quarzglas — und den dazugehörigen Schiffchen nebst Vorlagen. Sie ist im Qual. Teil unter „Zusätzliche Geräte", S. 23 bis 24, beschrieben. Für die quantitative Osmiumbestimmung ist es zweckmäßig, hinter dem U-förmig gebogenen Teil des Verbrennungsrohres, in dem die Hauptmenge von OsO_4 abgeschieden wird, zur Sicherheit noch einige Absorptionsgefäße vorzusehen. Diese müssen untereinander und mit dem U-Rohr ebenfalls durch Schliffe verbunden sein (Edelshäuser; Gutbier; Wichers, Gilchrist und Swanger).

Die Destillation erfolgt in der Weise, daß das osmiumhaltige Material, das um so feiner sein soll, je unreiner es ist, in flachen, nicht zu tiefen Schiffchen ausgebreitet, in das Verbrennungsrohr eingeführt und dort ganz allmählich bei Benutzung von Sauerstoff auf höchstens 600°, bei Benutzung von NO_2 auf etwa 300°, erhitzt wird. Im Sauerstoffstrom beginnt die Oxydation des Osmiums bereits bei 150°, im NO_2-Strom ist sie schon bei 275° quantitativ. Bei zu heftig einsetzender Reaktion können leicht Verstopfungen durch die in den kälteren und namentlich den verengten und abgekrümmten Teilen der Apparatur sich kondensierenden OsO_4-Dämpfe entstehen. Um diese unter Umständen zur Gefährdung der Analyse und der Glasapparatur führenden Störungen zu vermeiden, wird man zunächst, statt mit Sauerstoff, mit gereinigter Luft arbeiten und den Sauerstoff erst benutzen, wenn der größte Teil des Osmiums überdestilliert ist. Das ist besonders bei Benutzung von elektrisch geheizten Rohröfen zu beachten, die im allgemeinen eine ziemliche Wärmekapazität aufweisen, während man bei gasbeheizten Öfen durch Abstellen des Gases Übertemperaturen verhältnismäßig rasch herabsetzen kann. Bei Benutzung eines Verbrennungsrohres aus durchsichtigem Quarzglas lassen sich Verstopfungen nicht nur leicht feststellen, sondern die erstarrten OsO_4-Kristalle mit der fächelnden Flamme eines Bunsenbrenners wieder verflüchtigen und teils in flüssiger, teils in Dampfform weitertreiben.

Geht der Oxydationsvorgang zu Ende, was man leicht am Ausbleiben der gelben Kondenstropfen von OsO_4 erkennen kann, so läßt man abkühlen und bringt das erkaltete Schiffchen in ein zweites Rohr, in welchem der oxydierte Rückstand bei Temperaturen bis 400° im Wasserstoffstrom gründlich reduziert und dann abermals wie oben oxydiert wird. Die abwechselnde Oxydation und Reduktion wird so lange fortgesetzt, bis in der ersten, mit frischer Waschflüssigkeit beschickten Vorlage mit Thioharnstoff kein Osmium mehr nachweisbar ist. Bei Benutzung einer alkalischen Vorlage genügt meist die Gelbfärbung der Lauge zu der Feststellung, daß noch OsO_4 übergeht.

Eine wesentliche Vereinfachung bei der Bestimmung von Osmium durch Verbrennung empfehlen neuerdings MUSIL und PIETSCH: anstatt das Osmium in den Vorlagen nach einer der im folgenden beschriebenen Methoden zu bestimmen, verwenden sie als Vorlage einen tarierten, möglichst kleinen Kaliapparat und berechnen aus seiner Gewichtszunahme den Gehalt des Untersuchungsmaterials an Osmium. Die Genauigkeit beträgt nach ihren Zahlen $-^1/_2$ bis -1%. Voraussetzung für dieses elegante Verfahren ist natürlich, daß das Untersuchungsmaterial keine anderen im Sauerstoffstrom flüchtigen Bestandteile enthält.

2. Die Destillation auf nassem Wege.

I. Die Destillationsapparatur nach LEDEBUR-KARPOFF (Abb. 1) besteht aus einem WÜRTZ-Kolben B (100 bis 150 cm³) mit eingeschliffenem Tropftrichter A (75 cm³), dessen Rohr fast bis zum Boden des Kolbens reicht. Das Seitenrohr des Kolbens besitzt einen angeschmolzenen Kühler, dessen Rohrende bis zur Mitte eines als Vorlage dienenden, durch einen Schliff dicht ansetzbaren Kolbens (150 bis 250 cm³) reicht. Ein am Halse dieses Kolbens sitzendes Seitenrohr ist durch Schliff mit einer Gaswaschflasche F verbunden. Zweckmäßig ist es, den Rundkolben D durch Wasser aus der Leitung zu kühlen. Dadurch werden die OsO_4-Dämpfe zurückgehalten, so daß sie überhaupt nicht in die Gaswaschflasche gelangen.

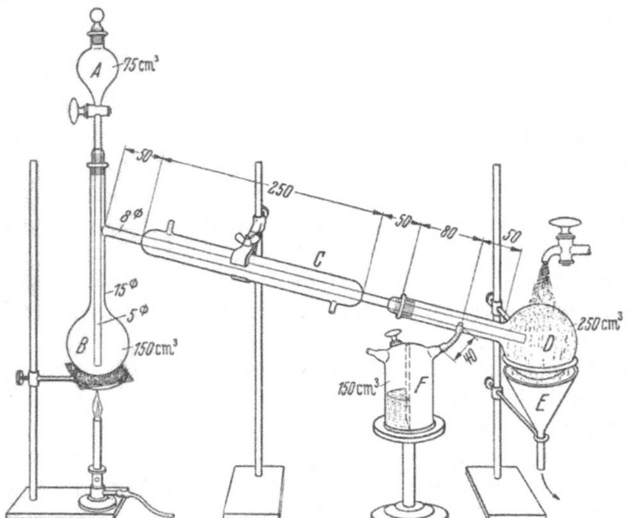

Abb. 1. Destillation nach LEDEBUR-KARPOFF.

Diese Apparatur benutzt FRITZMANN zu der von ihm ausgearbeiteten Methode zur Destillation besonders schwer oxydierbarer Stoffe, z.B. gewisser schwefelhaltiger Verbindungen[1], mit Chromschwefelsäure, durch welche die für die Destillation benötigte Zeit ganz erheblich herabgesetzt wird. Übrigens kann man auch

[1] Siehe Qual. Teil S. 153.

Kaliumpermanganat mit dem gleichen Erfolge verwenden. Fritzmann gibt folgende ***Arbeitsvorschrift.*** Die einem Gehalt von etwa 0,1 g Osmium entsprechende Substanzmenge wird in den Kolben gebracht, so daß nichts an den Wänden des Halses und des Kolbens haftenbleibt, sondern alles auf die Mitte des Bodens gelangt. Die Vorlage wird mit drei Tropfen ganz konzentrierter Natronlauge und die Gaswaschflasche mit 1%iger Lauge beschickt. Ist die Apparatur luftdicht verschlossen, so werden durch den Tropftrichter ein Gemisch von 10 cm^3 Wasser und 5 cm^3 H_2SO_4 (D 1,84) und dann noch 5 cm^3 einer 10%igen CrO_3-Lösung hinzugegeben. Erhitzt wird nur so stark, daß langsame Destillation einsetzt, wobei 50 bis 60% der Osmiummenge überdestillieren. Um ein Stocken im Auflösen der OsO_4-Kristalle im Kühlrohr zu vermeiden, ist es zweckmäßig, den Kühler mit Wasser zu füllen und den Hahn der Wasserleitung zu schließen. Während der Destillation wird das Wasser heiß, die Kristalle lösen sich auf, und die Schicht verschwindet vollständig. Danach leitet man vorsichtig fließendes Wasser in den Kühler ein. Nach Verlauf von 10 Min., während welcher etwa 5 cm^3 Flüssigkeit abdestilliert sind, werden wiederum 5 cm^3 der 10%igen Chrom(VI)-oxydlösung hinzugesetzt und nach weiteren 10 Min. die letzten 5 cm^3 der Lösung. In Abständen von 10 Min. gibt man immer je 5 cm^3 Wasser hinzu, bis das Destillat mit Thioharnstoff[1] keine Rotfärbung mehr zeigt. Dauer der Destillation etwa 1 Std.

II. Besonders eingehend sind von Gilchrist sowie Gilchrist und Wichers (b) die Bedingungen untersucht worden, unter denen die Osmiumdestillation in einwandfreier Weise durchgeführt werden kann. Die Beschreibung der von ihnen benutzten Apparatur und des Destillationsvorganges findet sich in der Übersetzung der zweiten Arbeit (vgl. S. 89).

Bemerkenswert ist, daß die Destillation mit Salpetersäure beim Osmium am ungünstigsten abschneidet, wenn dieses als Chloroosmiat vorliegt. Daß zur Abstellung dieses erheblichen Nachteils unseres Wissens nichts oder wenig geschehen ist, mag vielleicht damit zusammenhängen, daß in der Praxis das Osmium seither ausnahmslos mit der HNO_3-Destillation aus der wäßrigen Lösung des alkalisch-oxydierenden Schmelzaufschlusses ausgetrieben oder auf trockenem Wege bestimmt worden ist.

III. Für die Beschickung der Vorlagen, in denen das Oxyd OsO_4 aufgefangen wird, kommen in Betracht: Alkalilauge (1 + 2) oder mit SO_2 gesättigte 6 n HCl, ferner konzentrierte Salzsäure (D 1,19) oder HCl (1 + 1) oder (1 + 2), gegebenenfalls alkoholhaltig.

Die äußerst wichtige Frage, ob das bei der Destillation mit HNO_3 oder H_2SO_4 entstehende Oxyd OsO_4 in alkalischer oder saurer Lösung aufgefangen werden soll, wird von Gilchrist und Wichers dahin beantwortet, daß eine mit SO_2 gesättigte 6 n HCl der gewöhnlich benutzten alkalischen Lösung weit überlegen ist. Der verhältnismäßig geringe Anteil an HNO_3, der mit OsO_4 überdestilliert, wird von dem Schwefeldioxyd unschädlich gemacht und gleichzeitig das Osmium in die 4wertige Form überführt. Die Absorptionslösung kann zur Entfernung des HCl-Überschusses ohne Gefahr von Osmiumverlusten abgedampft werden. Durch Digestion mit konzentrierter Salzsäure werden die Sulfitverbindungen des Osmiums vollständig in Chloroosmiate verwandelt, so daß das Osmium durch Fällen als Hydroxyd bestimmt werden kann. (Vgl. S. 56.)

Die oben aufgeworfene Frage bezüglich der Waschflüssigkeit ist auch im Hinblick auf die Weiterbehandlung der Destillate von Wichtigkeit, wie aus den nachstehenden Feststellungen hervorgeht. So ist die hydrolytische Fällung des Osmiums z. B. durch Neutralisation einer Lösung, die ursprünglich sauer war, viel zweckmäßiger als durch Neutralisation einer alkalischen Lösung. Ruff und Bornemann

[1] Siehe Qual. Teil S. 162 und 164.

haben festgestellt, daß aus einer alkalischen Lösung in dieser Weise gefälltes Osmiumhydroxyd[1] hartnäckig Alkali zurückhält und beim Auswaschen leicht zu Kolloidbildung neigt.

Ein besonderer Vorzug der beschriebenen Arbeitsweise ist noch die Verhinderung der Einschleppung störender Mengen SiO_2, wie sie das Arbeiten mit stark alkalischen Lösungen leicht mit sich bringt.

Bei der Chlordestillation wird, abgesehen von dem von LATHE angegebenen Fall, HCl in den angegebenen Konzentrationen verwendet, mit oder ohne Alkoholzusatz, aber natürlich ohne SO_2. Vorsichtshalber wird die erste Vorlage hinter dem Destillierkolben nur mit HCl ohne Alkoholzusatz beschickt.

Von LEIDIÉ wird für diesen Zweck wäßriger Alkohol (Vorsicht! Vgl. im Qual. Teil S. 173) und von dem Leningrader Platin-Institut HCl (1 + 2) vorgeschlagen.

Bei der Oxydation mit NO_2 nach WÖHLER und METZ werden zur Aufnahme von OsO_4 drei Vorlagen hintereinandergeschaltet, von denen die erste Wasser, die zweite verdünnten Alkohol und die dritte alkoholische Kalilauge enthält.

Bei den Absorptionsvorgängen in den Vorlagen ist noch besonders zu beachten, daß bei längerer Destillation aus siedenden Lösungen durch die übergehenden Wasserdämpfe unter Umständen mit größerer, sogar bedenklicher Verdünnung der Waschflüssigkeit zu rechnen ist. Auf alle Fälle wird man sich auch in dieser Richtung sichern und rechtzeitig für die Erneuerung der Waschflüssigkeit in den Vorlagen sorgen.

3. Fällung als Sulfid.

Fällt man Osmium aus seinen Lösungen mit H_2S und reduziert das Sulfid zu Metall, so kann man es nicht ganz schwefelfrei erhalten. Das haben FRITSCHE und STRUVE schon vor über hundert Jahren festgestellt, und PAAL und AMBERGER haben es bestätigt. Deshalb muß man das Metall nach der Wägung mit Königswasser behandeln, aus der Lösung den Schwefel als $BaSO_4$ fällen und dessen Schwefelgehalt vom Rohgewicht des Metalls abziehen. (Vgl. auch Qual. Teil S. 160/161.)

Um diese Schwierigkeit zu vermeiden, hat FRITZMANN ein Verfahren zur Fällung des Sulfids mit Na_2S ausgearbeitet, für das er folgende ***Arbeitsvorschrift*** gibt:

„Das Destillat wird aus dem Rundkolben in einen weithalsigen, mit 3 bis 5 cm^3 einer 10%igen Natriumsulfidlösung[2] beschickten ERLENMEYER-Kolben (500 cm^3) übergeführt, der Rundkolben mehrmals mit Wasser ausgespült und die Flüssigkeit in dem Kolben bis auf 250 bis 300 cm^3 gebracht. Man erhitzt 15 Min. lang auf der elektrischen Heizplatte auf 85 bis 90° und gibt danach vorsichtig HCl (1 + 1) zu, bis der Geruch von H_2S auftritt oder die Reaktion schwach sauer wird. Zuletzt fügt man noch 1 g NH_4Cl hinzu, wodurch das kolloidale Osmiumsulfid fast augenblicklich koaguliert. Die Flüssigkeit wird mit dem Niederschlag weitere 15 Min. lang auf der Heizplatte erhitzt, damit dieser besser koaguliert und vollständiger ausfällt. Falls am Ende der Destillation etwas Chromsäure übergegangen war, was sehr oft bei einem Überschuß von Chrom(VI)-oxyd geschieht und was aus der schwach gelben Färbung der aus dem Kühlrohr in den Rundkolben fallenden Destillattropfen zu ersehen ist, so ist es sehr zweckmäßig, zugleich mit dem Na_2S der Flüssigkeit etwa 5 bis 10 Tropfen einer 30%igen Formalinlösung hinzuzufügen, anderenfalls scheidet sich bei dem Ansäuern mit HCl etwas OsS_2 und höchstwahr-

---

[1] Wahrscheinlich infolge eines SiO_2-Gehaltes.

[2] Natriumsulfid zur Analyse wird leicht hergestellt, indem man H_2S in eine Lösung von reinem Ätznatron bis zur berechneten Gewichtszunahme leitet. Die Berechnung der Gewichtsverhältnisse wird so ausgeführt, daß unmittelbar eine 10%ige Na_2S-Lösung erzielt wird, die sich monatelang aufbewahren läßt. — Aus Natriumalkoholat (8%) ist leicht reines Na_2S in festem Zustand herzustellen.

scheinlich auch OsO_4 [1] aus, wodurch das Ergebnis der Analyse um 0,3 bis 0,5% niedriger ausfällt.

Die Flüssigkeit wird heiß durch einen NEUBAUER-Tiegel[2] abgegossen, während 10 Min. mit heißem Wasser (85°) gewaschen, wobei der Niederschlag stets mit Flüssigkeit überdeckt sein soll, da sonst das Sulfid leicht in den kolloidalen Zustand übergehen kann und das Filtrieren ins Stocken gerät. Danach wird der Niederschlag 2- bis 3mal mit Alkohol gewaschen und während einiger Minuten Luft durchgesaugt. Zuletzt wird in den mit einem ROSE-Deckel bedeckten Tiegel Wasserstoff eingeleitet und der Tiegel mit einer kleinen Flamme 15 Min. lang auf 70° erhitzt, bis aller Alkohol und Spuren von Wasser verflüchtigt sind. Hierbei wird eine reichliche Ausscheidung von übelriechenden, von Wasserstoff, Alkohol und Formalin stammenden Sulfidverbindungen beobachtet. Danach wird der Niederschlag im Wasserstoffstrom während 30 bis 60 Min. geglüht, bis die blaue Färbung der Wasserstoffflamme verschwindet. Nach dem Abkühlen im Wasserstoffstrom wird der Tiegel gewogen. Die ganze Operation dauert nur 5 Std., angefangen von der Einwaage bis zur Wägung des metallischen Osmiums."

Am Schlusse seiner Ausführungen werden vom Verfasser noch einige Bemerkungen über die Konzentration des Chromsäuregemisches, die Fällung des Osmiums[3], die Genauigkeit des Verfahrens, die Bestimmung des Osmiums in Gegenwart von Ruthenium[4] und das Verhalten des Chromsäuregemisches gemacht.

Wir bevorzugen vor diesem immerhin recht umständlichen Verfahren die beiden folgenden Fällungsmethoden.

4. Fällung als Kaliumosmiat(VI).

Eine verhältnismäßig noch wenig beachtete Fällung, bei der die Hauptmenge des Osmiums schwefelfrei erhalten wird, ist die folgende: Das abdestillierte Osmium(VIII)-oxyd wird in mit KOH (1 + 2) beschickten Vorlagen aufgefangen. Die Lösung wird in einer Porzellanschale langsam und tropfenweise mit Alkohol in geringem Überschuß unter lebhaftem Umrühren versetzt, bis die braunrote Lösung der Anlagerungsverbindungen zu violettem Kaliumosmiat reduziert ist, das sich als kristalliner Niederschlag leicht abscheidet:

$$K_2(OsO_4)(OH)_2 + C_2H_5OH = K_2OsO_4 \cdot 2\,H_2O + C_2H_4O\,.$$

Nach längerem Stehen, am besten über Nacht, ist die Mutterlauge über dem Niederschlag farblos bis ganz schwach violett. Sie wird über einen gewogenen NEUBAUER-Tiegel abgegossen und der Rückstand unter Benutzung der Mutterlauge auf den Tiegel gebracht. Die oft an den Gefäßwänden sich abscheidenden Kriställchen werden mechanisch losgelöst und mit der gleichen Mutterlauge ebenfalls auf den Tiegel gespült. Der kristalline Niederschlag wird nunmehr mit etwas KOH-Lösung (1 + 2) nachgewaschen und möglichst trocken gesaugt. Dann wird er ohne zu saugen mit Alkohol überschichtet und nach einiger Zeit abgesaugt. Das wird noch 2mal wiederholt, wobei die alkoholische Waschflüssigkeit von der Mutterlauge und deren Waschlaugen getrennt gehalten und als nicht osmiumhaltig weggeschüttet wird.

Die Fällung im NEUBAUER-Tiegel wird bei bedecktem Tiegel vollkommen trockengesaugt, bis aller Alkohol entfernt ist, im Trockenschrank bis zur Gewichtskonstanz vorsichtig getrocknet und schließlich gewogen. Sie enthält ziemlich genau 51,5% Os. Die Ermittlung des tatsächlichen Osmiumgewichts erfolgt nach „Verglühen".

Die Mutterlauge der K_2OsO_4-Fällung und deren Waschlaugen werden vereinigt und zur Entfernung letzter Reste Alkohol an einen warmen Platz gestellt, schließ-

[1] Aus dem sog. Osmiumsulfid, das in Wirklichkeit aus verschiedenen Oxy- und Hydroxysulfiden besteht, die leicht oxydierbar sind.
[2] Im Originaltext steht: „Entsprechend ausgerüsteten Goochtiegel."
[3] Alkohol soll die Sulfidfällung verzögern.
[4] Hierzu vgl. Trennungen, S. 80.

lich mit Na_2S oder H_2S gesättigt, um etwa noch vorhandenes Osmium als Sulfid zu fällen, und vorsichtig mit Essigsäure oder Ameisensäure versetzt bis zur schwach sauren Reaktion. Nach Zusatz von etwas NH_4Cl (zur Koagulation) läßt man die Lösung samt Niederschlag längere Zeit stehen. Die klare Lösung über der H_2S-Fällung wird ebenfalls über einen Filtriertiegel abgegossen, schließlich die Sulfidfällung in den Tiegel übergeführt und mit HCl (1 + 99) ausgewaschen und in der unter „Verglühen", S. 15, angegebenen Weise verglüht, gewogen und zur Hauptmenge des Osmiums hinzugeschlagen. Da die Sulfidfällung jedoch SiO_2 enthalten kann, wird sie für genauere Bestimmungen im Sauerstoffstrom zu OsO_4 oxydiert und dieses ausgetrieben. Ein etwa verbleibender Rückstand wird reduziert, verglüht und gewogen und der Osmiumwert aus der Differenz bestimmt.

5. Fällung als Oxydhydrat $OsO_2 \cdot 2H_2O$.

I. Nach PAAL und AMBERGER entstehen bei der Abscheidung des Oxydhydrates durch schwaches Ansäuern einer durch Erwärmen mit Alkohol auf 40 bis 50° zu K_2OsO_4 reduzierten Lösung von OsO_4 in KOH schwer filtrierbare Niederschläge. Die Fällung wird erst nach 10- bis 12stündigem Stehen filtriert, mit alkoholhaltigem Wasser säurefrei gewaschen, möglichst trocken gesaugt und im evakuierten Exsiccator über Ätznatron in Gegenwart von Alkoholdämpfen getrocknet. Nach Verdrängung der Luft aus dem Filterrohr durch CO_2 wird der Niederschlag im Wasserstoffstrom zunächst vorsichtig erwärmt und dann geglüht.

Das nach dieser Methode erhaltene Osmium kann mit einer 1%igen NH_4Cl-Lösung leicht alkalifrei gewaschen werden. Fügt man dem Niederschlag vor dem Trocknen und Glühen einige Tropfen konzentrierte NH_4Cl-Lösung hinzu, so wird hierdurch jede, sonst leicht hierbei vorkommende Verpuffung vermieden.

Mit dieser Methode lassen sich gute Ergebnisse erzielen, deren Genauigkeit noch erhöht werden kann, wenn man nach dem Vorschlag von MORATH und WISCHIN (vgl. bei „Verglühen", S. 15) hinter dem Filterrohr eine zum Glühen erhitzte Kupferspirale einschaltet. Die Fällung des Oxydhydrats kann auch mit verdünnter wäßriger Formaldehydlösung erfolgen.

II. RUFF und BORNEMANN vermeiden die Entstehung von kolloidem, schwer filtrierbarem Oxydhydrat durch folgende ***Arbeitsvorschrift:*** Das Chlorid (oder Fluorid) wird in wenig überschüssige, völlig reine, etwas Alkohol enthaltende Lauge eingetragen und in einer Platinschale oder einem sehr widerstandsfähigen Becherglas[1] auf dem Wasserbade erhitzt; das überschüssige Alkali wird nach Zugabe von Phenolphthaleinlösung in der Hitze mit etwa 2n Schwefelsäure bzw. Salzsäure derart neutralisiert, daß die Lösung auch bei längerem Erhitzen farblos bleibt. Das Osmium(IV)-oxydhydrat scheidet sich dann in Flocken, offenbar als Gel, rasch ab, die überstehende Lösung ist farblos. Da das Oxydhydrat nach dem Abfiltrieren in dieser Form ein Trocknen bei höherer Temperatur nicht ertragen würde, ohne sich zwischen 100 und 150° explosionsartig zu zersetzen, wird es noch etwa 6 Std. auf dem Wasserbade erhitzt und erst dann auf einem Asbestfilterröhrchen[2] abfiltriert; auf dieses gibt man erst die klare Lösung und dann den Niederschlag auf und kann so in kurzer Zeit das Abfiltrieren und Auswaschen beenden. Der Niederschlag wird in einem mit Alkoholdämpfen beladenen Kohlensäurestrom im Luftbad allmählich auf 150° und dann im reinen Kohlensäurestrom auf 250° erhitzt und schließlich als Osmium(IV)-oxyd gewogen. Das Dioxyd ist frei von Chlor und Alkali. Eine ergänzende Bestimmung läßt sich durch Reduktion dieses Oxyds zum Metall bei Rotglut im Wasserstoffstrom erreichen.

---

[1] Etwa in die Lösung gelangende Kieselsäure würde mit dem Dioxyd ausgeschieden.

[2] Zur Vermeidung von Verlusten bei etwaigen Verpuffungen wird dieses mit einer etwa 30 cm^3 fassenden Erweiterung versehen, in denen sich plötzlich entwickelnde Wasserdämpfe sich verteilen und abkühlen können.

III. Die beste, auf modernen Erkenntnissen beruhende ***Arbeitsvorschrift*** gibt GILCHRIST: Er nimmt die Fällung aus einer sauren Ausgangslösung mit einem p_H-Wert von 1,5 bis 6,3, am günstigsten von 4 (Umschlag von Bromphenolblau von Gelb nach Blau) vor. Näheres über die praktische Durchführung der Fällung s. S. 90.

6. Fällung als Metall durch Zementation.

Zu diesem Zweck wird einer OsO_4-Lösung Zink z. B. in Form von Granalien hinzugesetzt und anschließend die Lösung mit wäßriger Salzsäure schwach angesäuert. Zu große Säurekonzentration ist zu vermeiden, da bei sehr lebhafter Gasentwicklung OsO_4 durch die entweichenden Gase leicht mitgerissen werden kann. Zur Unterhaltung des ruhigen Zementationsvorganges, der eine geraume Zeit beansprucht, wird nach und nach immer etwas Säure hinzugefügt. Andererseits können bei Mangel an Säure basische Salze ausfallen, die sich nur schwer zu metallischem Osmium reduzieren lassen. Schließlich wird die Lösung fast bis zum Sieden erhitzt und so viel Säure portionsweise hinzugesetzt, bis alles Zink aufgelöst und die Lösung vollkommen farblos ist. Der abfiltrierte Niederschlag wird nach gründlichem Auswaschen im H_2-Strom erhitzt und im CO_2-Strom abgekühlt. Die Ergebnisse sollen bis auf 0,2 bis 0,3% genau sein. [CROWELL und KIRSCHMAN (a); vgl. auch Qual. Teil S. 168.]

Nach PAAL und AMBERGER ist die von LEIDIÉ und QUENNESSEN empfohlene Fällung mit Aluminium in alkoholischer Lösung unbrauchbar, da Osmium hierbei nicht quantitativ gefällt wird.

Über Verwendung von Aluminiumspänen und DEVARDAscher Legierung zur Fällung alkalischer Osmiatlösungen nach WÖHLER und METZ siehe Qual. Teil S. 168 bis 169.

Verhältnismäßig am einwandfreisten in jeder Hinsicht scheint die Zementation mit Magnesium zu sein (vgl. Qual. Teil S. 195).

7. Weitere Methoden.

I. Für die Fällung von Osmium mit Salmiak sind einige Vorschläge gemacht worden, die sich wohl für präparative Zwecke eignen, für die Analyse aber nicht zu gebrauchen sind, weil sie zu ungenaue Werte ergeben:

a) MAKOWKA (a) fällt alkalische Osmiat(VI)-lösungen mit konzentrierter Salmiaklösung und führt den Niederschlag durch Glühen im Wasserstoffstrom in Metall über.

b) PAAL und AMBERGER fällen eine Lösung von OsO_4 in wäßrigem Alkali mit Salmiak, verdampfen nach Zugabe von verdünntem Ammoniakwasser zur Trockne, verflüchtigen den Salmiak durch vorsichtiges Erhitzen im Wasserstoffstrom und wägen das zurückbleibende Osmium.

Der Osmiumverlust beträgt etwa 1,5%.

c) Dieselben Autoren stellen fest, daß man die Fällung aus alkalischer Osmiat(VI)-lösung mit Salmiak unter Zugabe verdünnter Salzsäure nicht zur Osmiumbestimmung verwenden kann, ebensowenig die mit Hydraziniumhydroxyd.

II. Nach MAKOWKA (b) ist die Fällung des Osmiums mit gasförmigem Acetylen nicht vollständig; dagegen läßt es sich mit einer Lösung von Acetylen in Aceton abscheiden, wenn das zuerst gebildete Sol ½ bis 1 Std. bei 100 bis 110° im geschlossenen Rohr erhitzt wird.

III. Die von OGBURN und MILLER empfohlene Strychninsulfatlösung wird von GILCHRIST für genaue Bestimmungen als ungeeignet erklärt.

B. Maßanalytische Methoden.

Die von KLOBBIE erstmalig beschriebene einzige maßanalytische Methode zur Bestimmung von Osmium in OsO_4-Lösungen ist von RUFF und BORNEMANN einer

Nachprüfung unterzogen worden. Dabei wurde gefunden, daß sie bei geeigneter Versuchsabänderung sich auch für die Bestimmung der anderen Oxyde des Osmiums benutzen läßt. Außerdem wurden die Bedingungen ermittelt, unter denen sich durch Titration mit Permanganat die Oxydationsstufe der Osmiumverbindungen feststellen läßt. (Vgl. auch RUFF und TSCHIRCH.)

Lösungen von OsO_4 werden nach KLOBBIE durch Zusatz von Kaliumjodid und Schwefelsäure zersetzt, wobei sich außer einer braungrün gefärbten Lösung freies Jod und grünes Salz OsJ_2 bilden. Auf 1 Mol OsO_4 werden 4 Äquivalente Jod frei gemacht. Das Jod wird mit Thiosulfat titriert und der Endpunkt durch Tüpfeln auf Stärkepapier bestimmt. Nach RUFF und BORNEMANN wird besser auf einer Porzellanplatte mit Stärkelösung getüpfelt. Die Methode erfordert *reine* OsO_4-Lösung. Um auch niedere Oxyde nach dieser Methode bestimmen zu können, wird das Analysenmaterial mit etwa 20 cm³ 10%iger H_2SO_4 und 3 g CrO_3 in einem kleinen Destillierapparat im sehr langsamen Sauerstoffstrom aus einem Schwefelsäurebad auf etwa 120° erhitzt. Das überdestillierende Oxyd OsO_4 wird in 20%iger Kalilauge aufgefangen. Die alkalische Tetroxydlösung wird unter Eiskühlung vorsichtig mit verdünnter Schwefelsäure neutralisiert, Kaliumjodid zugesetzt, die Lösung mit wenig 5%iger H_2SO_4 angesäuert und das frei gemachte Jod titriert.

Weitere Abänderungs- und Verbesserungsvorschläge zu der Titriermethode nach KLOBBIE sind von PAAL und AMBERGER, von KRAUSS und WILKEN sowie von CROWELL und KIRSCHMAN gemacht worden.

Nach RYABSCHIKOFF arbeitet man besser potentiometrisch als visuell. SYROKOMSKIJ reduziert das Os(VIII) zu Os(IV), oxydiert dann mit Ammoniumvanadat zu Os(VI) und titriert das überschüssige Reagens mit Eisen(II)-sulfat zurück.

C. Physikochemische Methoden.

1. Elektrolytische Bestimmung.

Als Elektrolyt dient eine mit H_2SO_4 $(1 + 10)$ schwach angesäuerte Lösung von K_2OsCl_6. Gearbeitet wird mit stationärem Elektrolyten und bei gewöhnlicher Temperatur. Die kathodische Abscheidung auf einer versilberten Platinelektrode erfolgt erst bei 1,7 Volt. Die Stromdichte beträgt $4 \cdot 10^{-4}$ Amp./cm². Der mattglänzende, hellgraue, fest haftende Niederschlag wird mit Alkohol gewaschen und vorsichtig über einer Bunsenflamme getrocknet. Analysendauer für 16 mg Os: 9 Std. An einer Quecksilberkathode ist eine quantitative Abscheidung von Os ebensowenig wie bei Pt und Ir möglich (GROSSE-WEISCHEDE).

2. Potentiometrische Bestimmung.

Methoden zur potentiometrischen Bestimmung von 8-, 4- und 3 wertigem Osmium sind von CROWELL und Mitarbeitern angegeben worden. Sie beruhen darauf, daß Os(VIII) in starker (1,5 bis 8 n) Bromwasserstofflösung unter Bromausscheidung zur 4 wertigen Stufe reduziert wird. Das ausgeschiedene Brom wird mit Hydraziniumsulfat titriert. Andererseits oxydiert Brom Os(IV) in schwach (0,1 n) bromwasserstoffsaurer Lösung zur Os(VIII). Das überschüssig zugegebene Brom wird mit Hydrazinsulfat zurücktitriert. Auch Os(III) kann mit Brom in konzentrierter wäßriger Bromwasserstofflösung zu Os(IV) oxydiert und das überschüssige Brom zurücktitriert werden. Os(VIII) kann auch mit $TiCl_3$-Lösung in salzsaurer oder schwefelsaurer Lösung zur 4 wertigen Stufe reduziert und titriert werden, ebenso mit $CrSO_4$-Lösung.

3. Colorimetrische Bestimmung.

Über die Möglichkeit der colorimetrischen Bestimmung von Osmium durch Zusatz einer sehr verdünnten OsO_4-Lösung zu einer konzentrierten Salzsäure oder H_3PO_4 (D 1,7) enthaltenden Lösung von KJ siehe Qual. Teil S. 162, ferner PINERUA ALVAREZ.

Literatur.

Crowell, W. R.: Am. Soc. **54**, 1324 (1932). — Crowell, W. R., u. H. L. Baumbach: Am. Soc. **57**, 2607 (1935). — Crowell, W. R., R. K. Brinton u. R. F. Evenson: Am. Soc. **60**, 1105 (1938). — Crowell, W. R., u. H. D. Kirschman: (a) Am. Soc. **51**, 176 (1929); (b) **51**, 1696 (1929).

Edelshäuser, O.: Dissertation. Erlangen 1914.

Fritzmann, E.: Z. anorg. Ch. **169**, 356 (1928).

Gilchrist, R.: Bur. Stand. J. Res. **6**, 421 (1931). — Gilchrist, R., u. E. Wichers: (a) Trabajos IX. Congreso Intern. Quimica VI (1934); (b) Am. Soc. **57**, 2565 (1935). — Gutbier, A.: Ch. Z. **37**, 857 (1913).

Klobbie, E. A.: Akad. Amsterdam Versl. **6**, 551 (1897/98); durch C. **69**, **II**, 66 (1898). — Krauss, F., u. D. Wilken: Z. anorg. Ch. **145**, 158 (1925).

Lathe, F. E.: Canadian J. Res. **18 B**, 334 (1940). — Leidié, E.: C. r. **131**, 888 (1900). — Leidié, E., u. M. Quennessen: C. r. **136**, 1399 (1903).

Makowka, O.: (a) Dissertation. Halle 1905; Fr. **46**, 147 (1907); (b) B. **41**, 944 (1908). — Morath, H., u. C. Wischin: Z. anorg. Ch. **3**, 159 (1893). — Musil, A., u. R. Pietsch: Fr. **137**, 321 (1953).

Paal, C., u. C. Amberger: B. **40**, 1382 (1907). — Pineruạ Alvarez, E.: G. **35**, **II**, 426 (1905); C. r. **140**, 1256 (1905).

Ruff, O., u. F. Bornemann: Z. anorg. Ch. **65**, 429 (1910). — Ruff, O., u. F. W. Tschirch: B. **46**, 935 (1913). — Ryabschikoff, D. J.: Zhurn. Anal. Khim. **1**, 47 (1946); durch C. A. **43**, 2542 (1949).

Syrokomskij, V. S.: C. r. Acad. URSS. **46**, 280 (1945); durch C. A. **39**, 5199 (1945).

Treadwell, W. D., u. M. Zürcher: Helv. **10**, 285 (1927).

Wichers, E., R. Gilchrist u. W. Swanger: Trans. Am. Inst. Min. Eng. **76**, 629 (1928). — Wöhler, L., u. L. Metz: Z. anorg. Ch. **149**, 297 (1925).

§ 7. Ruthenium.

Ru, Atomgewicht 101,7 [1], Ordnungszahl 44.

A. Aufschlußverfahren.

Wie beim Osmium, so ist auch beim Ruthenium die hervorstechendste Eigenschaft die Flüchtigkeit seines Tetroxyds. Während aber beim Osmium die merkbare Oxydation des Metalls im Sauerstoffstrom und die Verflüchtigung des dabei entstehenden Oxyds OsO_4 bereits oberhalb 150° einsetzt, beginnt selbst beim feinverteilten Ruthenium die Bildung und Verflüchtigung von RuO_4 erst ganz allmählich bei Temperaturen über 600° [2] und erreicht bei 1000° erst 1,23%. Hieraus geht hervor, daß eine analytisch verwertbare Verflüchtigung des Rutheniums über das Tetroxyd, im Gegensatz zum Osmium, sich im allgemeinen auf trockenem Wege nicht durchführen läßt, daß hierfür vielmehr nur der nasse Weg in Frage kommt.

Die Überführung des feinverteilten Metalls in die wasser- oder säurelösliche Form läßt sich sowohl mit dem Kochsalzaufschluß im Chlorstrom bei höherer Temperatur als auch mit Hilfe einer alkalischen, besser noch oxydierend-alkalischen Schmelze bewerkstelligen. Ist das rutheniumhaltige Material äußerst fein verteilt, wie z. B. nach mehrmaligem Chlorieren und Reduzieren (dieses nicht über 400°), so sind bei Benutzung der Chlordestillation, falls es sich um reines Ruthenium, also nicht um eine Legierung handelt, die Schmelzaufschlüsse sogar entbehrlich. Das Tetroxyd läßt sich unmittelbar mit alkalischem Chlor quantitativ verflüchtigen (Wöhler und Metz). Dagegen muß grobes Analysenmaterial auf alle Fälle zunächst mit der Zinkschmelze zerlegt oder, wenn es in geschmolzener Form vorliegt, vorher sogar noch mechanisch zerkleinert werden. Über die Reinigung des in dieser Weise vorbehandelten Analysenmaterials siehe Qual. Teil S. 241.

---

[1] Vgl. hierzu Gleu und Rehm.

[2] Siehe Qual. Teil S. 125.

B. Gewichtsanalytische Methoden.

1. Destillation.

Wägeform: Metall. Sie ist der wichtigste Vorgang in der analytischen Behandlung des Rutheniums und gestattet nicht nur eine einfache und saubere Bestimmung des Metalls (SAINTE CLAIRE-DEVILLE und STAS), sondern sie dient auch zur Trennung des Rutheniums von den übrigen Platinmetallen außer Osmium. Die Ausführung der Destillation geschieht in der gleichen Apparatur wie die Osmiumdestillation. Die Vorlagen werden mit konzentrierter Salzsäure oder einer Mischung von Salzsäure (1 + 1), Wasser und Alkohol zu etwa gleichen Teilen beschickt.

I. Die Destillation mit Chlor[1]. Hat man das feinverteilte Analysenmaterial z. B. mit Ätzkali und Salpeter[2] geschmolzen, so wird die leichtflüssige Schmelze auf ein kaltes, blankes Silber- oder Nickelblech in dünner Schicht ausgegossen. Nach dem Erstarren und Abkühlen wird die grünlichschwarze Scheibe vorsichtig mit einem Spatel in kleinere Stücke zerdrückt, die man in das Destilliergefäß einfüllt und mit möglichst wenig Wasser löst. Zu der Lösung wird noch ein Überschuß von Ätznatron gegeben und in die Mischung unter Kühlung mit Eiswasser ein nicht zu flotter Chlorstrom (2 bis 3 Blasen je Sek.) bis zur Sättigung[3] eingeleitet. Dann wird die Kühlung des Destilliergefäßes entfernt, dieses allmählich auf etwa 80° erhitzt und der Chlorstrom mit reiner Luft verdünnt. Das entweichende Oxyd RuO_4 bildet gelbe Dämpfe, die sich zu orangefarbigen Tropfen kondensieren und in den Vorlagen in inniger Berührung mit der konzentrierten Salzsäure zu $RuCl_4$, $RuCl_3(OH)$ oder $RuCl_3$ (diese namentlich im Beisein von Alkohol) (REMY) umgesetzt werden. Die salzsaure Lösung der Vorlagen färbt sich dabei zunächst rötlichbraun und bei größeren Rutheniummengen schließlich tiefdunkelrotbraun. Ist die Hauptmenge des Rutheniums verflüchtigt, so wird die Lösung im Destilliergefäß zwecks Austreibens des letzten RuO_4-Restes zum Sieden erhitzt, bis das Verbindungsrohr vom Destilliergefäß zur ersten Vorlage von den übergehenden Wasserdämpfen heiß wird. Nun unterbricht man die Destillation, entfernt die Wärmequelle und läßt abkühlen. Nach Entleerung der ersten Vorlage, die man sofort wieder mit HCl (D 1,19) beschickt und anhängt, macht man den Inhalt des Destilliergefäßes abermals mit Natronlauge alkalisch, leitet wieder Chlor durch die Lösung im zunächst gekühlten Destilliergefäß und sieht zu, ob die erste Vorlage sich wiederum färbt, ob also noch RuO_4 übergeht. Ist das der Fall, so wird die Destillation in der gleichen Weise fortgesetzt, wie oben angegeben, bis die Farbreaktion in der Vorlage ausbleibt. Bei der Schärfe dieses Nachweises (Erfassungsgrenze: $1\,\gamma/cm^2$) ist diese Farbreaktion vollkommen hinreichend für die Beurteilung des Standes der Austreibung des Rutheniums. Das in der Vorlage vorhandene Rutheniumchlorid ist von ziemlich hoher Reinheit und kann ohne weiteres zur Bestimmung des Rutheniums als Metall benutzt werden. Zu diesem Zwecke wird die Lösung der Vorlagen auf dem Dampfbad weitgehend eingeengt, in einen tarierten Tiegel überführt und vorsichtig zur Trockne verdampft. Man setzt etwas festen Salmiak hinzu, bedeckt den Tiegel mit einem aschearmen Filter, das man mit einigen Tropfen Ammoniumchlorid durchtränkt hat, reduziert und verglüht vorsichtig. Der Glührückstand wird zur Entfernung von Alkalisalzen gut mit heißem Wasser gewaschen und abermals reduziert. Man läßt im Wasserstoffstrom erkalten, den man zum Schluß durch Kohlensäure ersetzt, und wägt den metallischen Rückstand.

Nach GILCHRIST und WICHERS (b) fallen die Rutheniumwerte bei der Destillation mit Chlor aus alkalischer Lösung häufig zu niedrig aus, weil bei der im Laufe

---

[1] Siehe auch Qual. Teil S. 126.
[2] Über die Durchführung der Ätzkalisalpeterschmelze siehe Qual. Teil S. 209.
[3] Der Zustand der Sättigung mit Chlor wird daran erkannt, daß freies Chlor im Raum des Destillierkolbens erscheint.

der Destillation sich einstellenden Neutralisation der Lösung im Destilliergefäß geringe Mengen Oxydhydrate von Ir, Rh und Pd sich abscheiden, die Ruthenium zurückhalten. Durch mehrfaches Zugeben von Ätznatronlösung, welche die Oxydhydrate wieder löst, und weiteres Einleiten von Chlor soll sich der Übelstand beseitigen lassen[1].

Weitere Mitteilungen über die Ausführung der Rutheniumdestillation mit Chlor stammen von SAINTE-CLAIRE-DEVILLE und STAS, ferner von WÖHLER und METZ und von der Analytischen Kommission des Platininstitutes Leningrad (vgl. Trennungen, S. 112).

II. Die Destillation mit Bromat. Bequemer und genauer ist es, nach GILCHRIST und WICHERS (a) und (b), die Destillation nicht aus alkalischer Lösung mit Chlor, sondern aus siedender schwefelsaurer Lösung mit Natriumbromat durchzuführen (s. S. 91).

Eine Methode zur Bestimmung kleiner Mengen von Ruthenium in Höhe von etwa 10 mg geben ROGERS, BEAMISH und RUSSELL an.

Hierzu wird das Ruthenium aus schwach schwefelsaurer Lösung, die Natriumbromat enthält, abdestilliert und in 3%iger Wasserstoffperoxydlösung als Tetroxyd aufgefangen. Nach durch Sieden erfolgter Zerstörung des Peroxyds wird das Ruthenium mit 0,2 bis 0,5 n essigsaurer Thionalidlösung (Thioglykol-β-aminonaphthalid) gefällt. Nach dem Auswaschen mit heißem Wasser wird der Niederschlag bei Luftzutritt verascht, im Wasserstoffstrom reduziert und das entstandene Rutheniummetall gewonnen.

2. Fällung als Hydroxyd.

W ä g e f o r m: Metall. Ruthenium kann durch Alkalilauge vollständig gefällt werden, doch stößt das Auswaschen der zum Teil gelatinösen Niederschläge mitunter auf erhebliche Schwierigkeiten. Ebenso gelingt es zwar, aus den alkalisch gemachten Waschflüssigkeiten der Rutheniumdestillation in Gegenwart genügender Mengen Alkohol das Ruthenium vollständig als Hydroxyd abzuscheiden[2], doch geht der Niederschlag beim Auswaschen leicht kolloidal in Lösung. Außerdem wird die Fällung durch SiO_2 verunreinigt (HOWE und MERCER sowie HOWE). Die unter 1, I auf S. 60 angeführte Bestimmung durch Eindampfen von Chloridlösungen zur Trockne, Verglühen und Reduzieren ist zwar durchführbar, wenn es sich, wie nach vorausgegangener Destillation, um verhältnismäßig reine Lösungen handelt, ist aber im Beisein größerer Mengen von Alkalihalogeniden völlig ungeeignet (GILCHRIST).

Viel besser ist die kontrollierte Fällung des Rutheniums als Hydroxyd mit einer 10%igen Lösung von $NaHCO_3$ nach GILCHRIST und WICHERS (b), vgl. S. 92. Die Bestimmung läßt sich ohne Schwierigkeiten durchführen, wenn das Ruthenium als Chlorid vorliegt, die Fällung ist jedoch beim Vorliegen von Amminverbindungen von Ru sowie von $RuCl_3 \cdot NO$ nicht quantitativ (GILCHRIST).

3. Fällung als Sulfid.

W ä g e f o r m: Metall. Die Rutheniumchloridlösung soll 7 bis 8 cm^3 konzentrierte Salzsäure in 100 cm^3 enthalten, damit sich der Niederschlag rasch absetzt und gut filtrieren läßt. Die zum Sieden erhitzte Lösung wird mit H_2S gesättigt. Hierbei bleibt ein kleiner Teil des Rutheniums als Dichlorid mit dunkelblauer Färbung in Lösung. Nach kurzem Aufkochen wird jedoch alles Ruthenium gefällt, und die über dem rasch sich absetzenden schwarzen Niederschlag stehende Lösung ist farblos. Nach Filtration wird zunächst mit verdünnter Salzsäure, schließlich mit heißem

---

[1] Sollte an diesen Vorgängen nicht etwa auch SiO_2 beteiligt sein, namentlich deshalb, weil bei der Destillation mit Chlor heiße alkalische Lösungen mit Glasgefäßen längere Zeit in Berührung sind? Vgl. auch BRUNCK.

[2] Nach OGBURN JR. gelingt die Rutheniumbestimmung nach seiner Methode mit einem Fehler von $+1,96\%$.

Wasser ausgewaschen und der getrocknete Niederschlag soweit wie möglich vom Filter getrennt, das in einem Porzellantiegel verascht wird. Nun wird das Rutheniumsulfid hinzugegeben und zur Vermeidung von Substanzverlusten *sehr vorsichtig* abgeröstet. Der Röstrückstand wird kurze Zeit an der Luft stark geglüht und schließlich nach dem Reduzieren und Erkalten im Wasserstoffstrom gewogen [RUFF und VIDIČ (b)].

Werden Rutheniumlösungen mit Ammoniumsulfid versetzt und angesäuert, so kann Ruthenium ebenfalls als Sulfid gefällt werden. Zur Vermeidung von Verpuffungen beim Erhitzen dieser Fällungen werden diese mit rauchender Salpetersäure behandelt. Die gebildete Schwefelsäure wird durch Glühen entfernt und der Rückstand im Wasserstoffstrom reduziert[1]. Durch längeres vorsichtiges Rösten läßt sich selbst in Fällen, in denen der Schwefel sich schwer durch Glühen der Rutheniumsulfide entfernen läßt, ebenfalls reines Ruthenium erhalten (ROSE-FINKENER).

4. Mikromethode.

Über Wasserstoffaufnahme beim Glühen von Ruthenium in der PREGL-Muffel siehe J. MEYER und HOEHNE.

Bemerkung. *Prüfung des Rutheniums auf Reinheit.* Das nach allen Analysenmethoden erhaltene Ruthenium kann sehr einfach dadurch auf Reinheit geprüft werden, daß es in Natriumhypochlorit löslich sein muß.

C. Maßanalytische Methoden.

Versuche mit Methoden zur maßanalytischen Bestimmung von Ruthenium führten zu vollkommen unbrauchbaren Ergebnissen (GALL und LEHMANN). Bei anderen Versuchen wurden nur angenäherte Werte erhalten, weil der Endpunkt unscharf war (HOWE).

Über jodometrische Methoden zur Wertigkeitsbestimmung von RuO_4 siehe RUFF und VIDIČ (a) sowie KRAUSS und KÜKENTHAL.

D. Physikalisch-chemische Methoden.

1. Elektroanalytische Bestimmung.

Zu erwähnen sind Versuche zur Abscheidung von Ruthenium aus Lösungen von Kaliumchlororuthenat(VI) in Gegenwart von Phosphorsäure und Na_2HPO_4 von E. F. SMITH und HARRIE. Von KRATZ wird die elektrochemische Bestimmung des Rutheniums unter folgenden Bedingungen empfohlen: Elektrolyt 110 cm³ einer etwa 35 mg Ruthenium als $RuCl_3$ enthaltenden, salzsauren Lösung, mit 2 cm³ konzentrierter Salzsäure angesäuert; Temperatur 50°, 1,8 Volt, Kathode: WINKLERsches Platinnetz, Anode: Platiniridiumspirale, die gleichzeitig als Rührer dient; 300 bis 400 Umdrehungen je Minute. Der mit Alkohol und Äther getrocknete Niederschlag ist hellsilberglänzend und festhaftend.

2. Colorimetrisches Verfahren.

Ein *colorimetrisches Verfahren* empfehlen BRECKENRIDGE und SINGER: 5-Hydroxychinolin-8-carboxylsäure gibt mit Rutheniumverbindungen nach dem Kochen eine tiefdunkelblauschwarze Färbung, mit der noch 1 γ Ru in 50 cm³ Wasser bestimmt werden kann.

MUSIL und PIETSCH verwenden die im Qual. Teil des Handbuchs S. 143 beschriebene Blaufärbung mit Thioharnstoff zur colorimetrischen Bestimmung sehr kleiner Mengen von Ruthenium mit einer Genauigkeit von $\pm 2\%$.

---

[1] Vgl. hierzu auch Palladium, S. 35, Ziff. IV.

Literatur.

BRECKENRIDGE, J. G., u. S. A. G. SINGER: Canadian J. Res. **26B**, 49 (1947); durch C. A. **41**, 3393 (1947). — BRUNCK, O.: Quant. Analyse (1936).

GALL, H., u. G. LEHMANN: B. **59**, 2859 (1926). — GILCHRIST, R.: Bur. Stand. J. Res. **3**, 994, 1003 (1929). — GILCHRIST, R., u. E. WICHERS: (a) Trabajos IX. Congreso Intern. Quimica, S. 13, Fußnote 18 (1934); (b) Am. Soc. **57**, 2567 (1935). — GLEU, K., u. K. REHM: Z. anorg. Ch. **235**, 352 (1938).

HOWE, I. L., u. F. N. MERCER: Am. Soc. **47**, 2931 (1925).

JOLY, A.: C. r. **114**, **I**, 291 (1892).

KRATZ, E.: Dissertation. Darmstadt 1929, S. 50. — KRAUSS, F., u. H. KÜKENTHAL: Z. anorg. Ch. **136**, 62 (1924).

LEIDIÉ, E., u. M. QUENNESSEN: C. r. **136**, 1399 (1903).

MEYER, J., u. K. HOEHNE: Mikrochem. **19**, 68 (1935/36). — MUSIL, A., u. R. PIETSCH: Fr. **137**, 259 (1952).

OGBURN, S. C.: Am. Soc. **48**, 2496 (1926).

REMY, H.: B. **61**, 2109 (1928). — ROGERS, W. J., F. E. BEAMISH u. D. S. RUSSELL: Ind. eng. Chem. Anal. Edit. **12**, 561 (1940). — ROSE-FINKENER: Handb. anal. Chemie, 6. Aufl., II, S. 219 (1871). — RUFF, O., u. E. VIDIČ: (a) Z. anorg. Ch. **136**, 49 (1924); (b) **143**, 169 (1925).

SAINTE-CLAIRE-DEVILLE, H., u. I. STAS: Comité intern. poids et mesures. Annexe **II**, 195 (1877). — SMITH, E. F., u. H. B. HARRIE: Am. Soc. **17**, 653 (1895); Z. El. Ch. **2**, 349 (1895/96).

WICHERS, E., R. GILCHRIST u. W. H. SWANGER: Trans. Am. Inst. Min. Eng. **76**, 626 (1928). — WÖHLER, L., u. L. METZ: Z. anorg. Ch. **149**, 317 (1925).

Trennungen.

§ 8. Allgemeines.

Die Trennung der Platinmetalle voneinander zählt mit zu den schwierigeren Aufgaben des Analytikers. Ihr Gelingen ist von verschiedenen Voraussetzungen abhängig.

Bei der Behandlung dieser Trennungsvorgänge soll hier vor allen Dingen nicht, wie es vielfach in den chemischen Lehr- und Handbüchern üblich ist, ausschließlich von fertigen Lösungen ausgegangen werden; denn das würde nur einen Teil der dem Analytiker obliegenden Aufgaben umfassen. Vielmehr soll der Leser auch mit den öfters recht mühsamen Vorarbeiten vertraut gemacht werden, die häufig in der Praxis bis zum Vorliegen fertiger Lösungen aufgewendet werden müssen. (Vgl. hierzu auch Qual. Teil S. 241ff.)

Zunächst müssen die Analysenproben nach ihrer qualitativen Zusammensetzung bekannt und in möglichst feinverteilter Form vorhanden sein, damit sie sich glatt und vollständig aufschließen lassen.

Es muß hierbei auch scharf unterschieden werden, ob es sich bei feinpulverigen Analysenproben um ein loses Gemenge einzelner Platinmetalle handelt oder um Legierungen, was festzustellen zum Aufgabengebiet der qualitativen Analyse gehört (siehe Qual. Teil S. 214ff.). In beiden Fällen können Vorgang und Erfolg der Trennungen ganz verschieden sein. Am einfachsten verläuft die Trennung der Platinmetalle, wenn diese als Gemenge metallischer Pulver vorliegen. Sie sind in dieser Form unabhängig vom gegenseitigen Mengenverhältnis. Aus einem feinen Gemenge, das z. B. Palladium, Platin und Iridium enthält, werden sich Palladium und Platin in jedem Mengenverhältnis der Reihe nach immer mit Salpetersäure und Königswasser mühelos ausziehen und so in einfacher Weise voneinander trennen lassen, während das Iridium als unlöslicher Rückstand übrigbleibt. Bezüglich der Löslichkeit in Königswasser spielen allerdings die Oberflächenbeschaffenheit des Iridiums sowie Konzentration und Temperatur der Säure eine beachtliche Rolle. — Dieser einfache Fall wird aber verhältnismäßig selten vorliegen, weil z. B. schon bei reduzierendem Glühen pulverförmiger Gemenge im Wasserstoffstrom teilweise eine Legierungsbildung eintritt. Bei anschließender Säurebehandlung, vornehmlich aber bei der Behandlung mit Königswasser, wird dann die Löslichkeit der metallischen

Bestandteile von ihrer Oberflächenbeschaffenheit und von ihrem mengenmäßigen Anteil in der Legierung sowie von der Konzentration, Temperatur und Einwirkungsdauer der Säuren abhängen. Eine scharfe Trennung der einzelnen Bestandteile ist dann nicht mehr möglich. Das ist das allgemeine Bild, wie wir es immer beim Säureaufschluß verunreinigter, stark geglühter und daher oberflächlich legierter metallischer Schwämme und Pulver antreffen werden.

Liegen die Bestandteile hingegen als einheitliche Legierung vor, z. B. auf Basis Platin, so kann diese unter Umständen in konzentriertem Königswasser in der Wärme glatt ohne Rückstand gelöst werden. Trennungen können dann in der üblichen Weise durch Fällungsreaktionen durchgeführt werden. Übersteigt jedoch der Iridiumgehalt 10%, so wird die Legierung kaum von konzentriertem Königswasser, selbst in der Wärme, angegriffen. Man muß sie dann mit der Bleischmelze aufschließen; bei der Säurebehandlung des Regulus geht Palladium mit dem Blei in die salpetersaure Lösung, die Platin-Blei-Legierung löst sich in Königswasser, und Iridium bleibt als feines Pulver zurück. Mit dem Aufschluß durch die Bleischmelze läßt sich sonach ohne weiteres die Trennung der Legierungsbestandteile verbinden.

Bei Iridiumgehalten über 25% dagegen wird es zweckmäßiger sein, den Aufschluß mit der Zinkschmelze zu führen und auf Trennungen beim Aufschluß zu verzichten. Über die verschiedenen Aufschlußverfahren siehe Qual. Teil S. 205ff.

Für die Trennung metallischen Osmiums z. B. von den übrigen Platinmetallen auf trocknem Wege durch Erhitzen im Sauerstoff- oder NO_2-Strom genügt es, das spröde Metall zu einem groben Pulver zu zerkleinern. Das gleiche gilt von hochprozentigen Osmiumlegierungen; sie müssen um so weitgehender vorher zerkleinert bzw. aufgeschlossen werden, je geringer der Osmiumgehalt ist, und es gilt wie auch für die übrigen Platinmetalle der Grundsatz, daß die Trennung um so vollständiger gelingt, je durchgreifender der Aufschluß war. Um das zu erreichen, wird in vielen Fällen die Zinkschmelze nicht zu umgehen sein.

Eine äußerst feine Zerteilung läßt sich, wie schon mehrfach erwähnt, auch durch abwechselndes Chlorieren und Reduzieren[1] erreichen. Das kann sogar so weit gehen, daß, wie z. B. bei der Rutheniumdestillation mit Chlor, besondere Schmelzaufschlüsse entbehrlich werden (Wöhler und Metz). Das gilt indessen nur für Ruthenium allein oder in losem Gemenge mit den anderen Platinmetallen, nicht aber für Legierungen des Rutheniums, die in bekannter Weise aufgeschlossen werden müssen. Die Oxyde der Platinmetalle, wie z. B. IrO_2, Rh_2O_3, RuO_2 und PdO, können, wenn ihre Entstehungstemperatur entsprechend hoch liegt, gegen Säuren, besonders gegen oxydierende Säuren, verhältnismäßig widerstandsfähig sein, so daß man daran denken könnte, diese Eigenschaft für Zwecke der Trennung durch entsprechende Säurebehandlung zu verwenden, z. B. IrO_2 von Pt, oder Rh_2O_3 von CuO. Das scheint aber daran zu scheitern, daß beim Glühen der betreffenden Metalle, selbst in feinster Verteilung und in Sauerstoff, einerseits bei niederen Temperaturen die Oxydation zu träge verläuft, andererseits bei höheren infolge Sinterung immer nur unvollständige Oxydationsprodukte entstehen (vgl. Qual. Teil S. 104, Ziffer III). Eine Ausnahme bilden die oben angeführten Oxyde des Iridiums, Rhodiums und Rutheniums nur dann, wenn sie auf dem Umweg über die unlöslichen Chloride durch Erhitzen im Sauerstoffstrom auf 700 bis 800° entstanden sind. Es ist deshalb zweckmäßiger, z. B. die oft vorkommende Trennung des Kupfers von den Platinmetallen noch vor deren Bestimmung durch Abscheidung als CuCNS vorzunehmen (Swanger und Wichers).

Zu beachten bleibt schließlich noch, daß vor jedem Aufschluß die Analysenproben grundsätzlich im Wasserstoffstrom reduziert werden müssen. Nur für den

[1] Namentlich das Reduzieren muß mit besonderer Vorsicht erfolgen, um Sinterung und damit verbundene Oberflächenschrumpfung des Materials zu verhüten. Die Temperatur soll dabei 400° nicht überschreiten.

Aufschluß mit Kochsalz im Chlorstrom kommen auch die schwer löslichen Trichloride in Betracht, von denen sich $RhCl_3$ übrigens auch mit Pyrosulfat aufschließen läßt.

Für die Auswahl der Analysenmethode ist der Zweck entscheidend, den man mit der Analyse verfolgt. Will man z. B. im technischen Betrieb den Iridiumgehalt einer Pt–Ir-Legierung bestimmen, so wird dafür die altbewährte Bleischmelze genügen. Handelt es sich aber um eine wissenschaftliche Untersuchung, für die größte Genauigkeit verlangt wird, so muß man die Einwendungen von Gilchrist u. a. gegen diese Methode beachten und lieber das neuere Verfahren der Trennung durch Hydrolyse anwenden.

Im folgenden sollen zunächst die Trennungen je zweier Metalle voneinander besprochen werden. Danach wird der Trennungsgang für Analysenmaterial mit mehreren Bestandteilen behandelt.

§ 9. Trennung binärer Systeme.

A. Trennung des Platins von anderen Platinmetallen.

Die fünf Legierungspaare mit den übrigen Platinmetallen zeigen folgende Eigenschaften: Pt–Pd-Legierungen werden in allen Mengenverhältnissen von heißem Königswasser gelöst, die übrigen vier Paare nur bis zu Gehalten von etwa 5 bis 10% der Beimetalle. Bei höheren Gehalten muß der Aufschluß mit der Blei- oder Zinkschmelze erfolgen.

1. Platin–Palladium.

Liegen die beiden Metalle als nicht miteinander legierte Pulver vor, so löst man das Palladium in Salpetersäure, das zurückbleibende Pt in Königswasser, dampft die Lösungen mit Salzsäure ab und fällt die beiden Metalle mit Reduktionsmitteln.

Ein interessantes Verfahren, die beiden Metallpulver auf elektrochemischem Wege zu trennen, besteht darin, sie in gesättigter Kochsalzlösung als Anode zu schalten. Dabei geht das Palladium allein quantitativ in Lösung (vgl. Qual. Teil S. 60f.).

Legierungen werden in heißem Königswasser gelöst und die Lösungen mehrmals mit konzentrierter Salzsäure abgedampft. Für die Trennung der beiden Metalle stehen zahlreiche Methoden zur Verfügung; die drei üblichsten sind die Fällung des Platins mit Salmiak, die des Palladiums mit Dimethylglyoxim und die Hydrolyse.

Krauss und Deneke, die verschiedene Methoden nachgeprüft haben, empfehlen folgende als die beste:

I. Fällung des Platins mit Salmiak. Zur restlosen Entfernung der Salpetersäure wird die Lösung mehrmals mit konzentrierter Salzsäure abgeraucht, der Rückstand in Salzsäure gelöst und mit etwas überschüssigem Salmiak zur Trockne verdampft. Der Rückstand wird mit wenig Wasser aufgenommen und kaltgesättigte Salmiaklösung hinzugefügt.

Nach kurzem Stehen wird der Platinsalmiak abfiltriert, mit gesättigter Salmiaklösung gewaschen, bis diese wasserklar abläuft, und zum Schluß noch mit 96% Alkohol nachgewaschen. Der gelbe Niederschlag wird in heißem Wasser gelöst und die siedende Lösung mit Natriumformiat versetzt. Der ausgefällte Platinmohr wird gründlich mit heißer verdünnter Salzsäure gewaschen und im Wasserstoffstrom bis zur Gewichtskonstanz geglüht.

Das Filtrat der Platinfällung wird mit Sodalösung neutralisiert, das Palladium mit Natriumformiat gefällt und nach gründlichem Auswaschen im Wasserstoff verglüht. Um Wasserstoffaufnahme beim Abkühlen des Palladiums zu verhindern, wird mit dem Brenner gleichzeitig auch der Wasserstoff abgestellt und die Probe der Abkühlung überlassen. Das Abkühlen kann auch im Kohlensäure- oder Stickstoffstrom durchgeführt werden [Gilchrist und Wichers (b)].

Die Ausführung der Platinbestimmung in der hier beschriebenen Weise gestattet eine für viele Zwecke hinreichende Vollständigkeit der Fällung und der Trennung vom Palladium, das ohnehin von allen Platinmetallen die geringste Neigung zeigt, mit dem Platinsalmiak sich niederreißen zu lassen [GILCHRIST und WICHERS (a)].

II. Fällung des Palladiums mit Dimethylglyoxim. Bei der Fällung des Palladiums mit Dimethylglyoxim in Gegenwart von Platin ist es wichtig, daß jede Reduktion des Platinsalzes vermieden wird. Man fällt deshalb in ziemlich stark verdünnter und möglichst kalter Lösung. Zeigt trotzdem der an sich kanariengelbe Niederschlag des Palladiumdioxims einen Stich ins Grünliche, so wird dadurch die Anwesenheit von Spuren Platin angezeigt, das in der 2wertigen Stufe als blaues bis braunes Oximsalz abgeschieden wird und im Gegensatz zum leichtlöslichen Oxim des 4wertigen Platins ziemlich schwer löslich ist (BRUNCK). Erstrebt man besondere Genauigkeit, so ist eine doppelte Fällung nötig. — Nach TSCHUGAJEFF ist das Platin(II)-dioxim in Wasser praktisch unlöslich, in organischen Lösungsmitteln jedoch löslich.

Im Filtrat vertreibt man nach mehrmaligem Eindampfen mit Salpetersäure zur Zerstörung des Oximüberschusses die Salpetersäure durch Salzsäure in üblicher Weise und fällt das Platin in der Siedehitze mit Natriumformiat. Die Mutterlauge prüft man in heißer Lösung mit etwas festem Oxim auf Palladium und durch Ausschütteln mit Zinn(II)-chlorid auf Platin.

D. W. TREADWELL oxydiert vor der Fällung des Palladiums mit Dioxim das Platin durch Zufügen von etwas Wasserstoffperoxyd.

III. Andere Methoden. a) Fällung des Palladiums durch Hydrolyse siehe unter 2, Trennung Pt–Ir, II, c, S. 71.

b) Fällung des Palladiums mit $Hg(CN)_2$ siehe KRAUSS und DENEKE, vgl. auch im Qual. Teil S. 63.

c) Fällung des Palladiums mit α-Nitroso-β-Naphthol, vgl. W. SCHMIDT. Wegen des sehr voluminösen Niederschlages sollen bei gleichen Metallanteilen nur dann genaue Ergebnisse erzielt werden, wenn die Palladiummenge nicht erheblich größer als 100 mg ist (KRAUSS und DENEKE).

d) Fällung des Palladiums mit Schwefelwasserstoff. Nach MYLIUS und MAZZUCCHELLI wird in schwach saurer Lösung in der Kälte Palladium sofort als Sulfid vollständig gefällt, das Platin erst nach einiger Zeit. Vgl. im Qual. Teil S. 63.

Das *Schmelzen mit Blei oder mit Pyrosulfat* ermöglicht zwar eine glatte Trennung von Palladium und Platin; man wird es aber nur dann anwenden, wenn gleichzeitig noch andere Platinmetalle vorhanden sind.

Durch *Hydrazin* und *Ameisensäure* sowie durch *Kohlenoxydgas* kann Palladium von Platin nicht getrennt werden, obwohl dieses allein für sich von den genannten Reagenzien unter den gleichen Bedingungen nicht abgeschieden wird. Es fällt stets eine beträchtliche Menge, meist das ganze Platin mit (BRUNCK).

Auch mit *Acetylen*, mit *unterphosphoriger Säure* und mit *Quecksilber(I)-chlorid* läßt sich keine vollständige Trennung der beiden Metalle erreichen.

2. Platin–Iridium.

I. In Legierungen.
- a) Bleischmelze,
- b) Chlorierung.

II. In salzsaurer Lösung.
- a) Umfällen der Ammoniumchloride,
- b) Zementations- und Reduktionsverfahren.
  - α) Nach AOYAMA,
  - β) mit Quecksilber,

γ) mit Quecksilber(I)-chlorid,
δ) mit Titan(III)-salzen.

c) Hydrolyse.
α) Nach MOSER und HACKHOFER,
β) nach GILCHRIST und WICHERS.

d) Physikalisch-chemische Methoden.
α) Maßanalytische Methoden,
β) elektroanalytische Trennung,
γ) colorimetrische Bestimmung.

Ia. Die Bleischmelze (vgl. Qual. Teil S. 52 und 109) ist eine der ältesten Trennungsmethoden und wird auch heute noch für technische Analysen von Legierungen mit bis zu 30% Ir-Gehalt viel benutzt. Von GILCHRIST (a), der sie einer kritischen Prüfung unterzogen hat, wird folgende ***Arbeitsvorschrift*** angegeben: Man schmelzt die sorgfältig genommene Probe der Platinlegierung mit der 10fachen Menge Probierblei 1 Std. lang bei etwa 1000°, am besten im elektrischen Ofen. Ein bedeckter, aus ACHESON-Graphit hergestellter Tiegel, dessen äußere Maße 4 cm Durchmesser und 7 cm Höhe sind, ist für das Schmelzen mit 20 bis 40 g Blei geeignet. Der Tiegel soll innen eine leicht konische Form besitzen, um die Entfernung des erkalteten Metalls zu erleichtern. Ausgießen der Schmelze ist zu vermeiden, weil sich das Iridium zum großen Teil am Boden des Tiegels absetzt.

Man reinigt den Bleiregulus durch Abbürsten und übergießt ihn in einem Becherglas mit verdünnter Salpetersäure [1 Vol. HNO_3 (D 1,42) + 4 Vol. H_2O [1]], indem man 1 cm^3 Säure für je 1 g Blei verwendet. Das Becherglas stellt man auf ein Dampfbad oder eine heiße Platte und hält die Temperatur der Lösung auf etwa 85° C. Nach 2 Std. ist der Regulus gewöhnlich vollständig zersetzt und hinterläßt eine voluminöse grauschwarze Masse. Man verdünnt die Lösung auf das 2fache ihres Volumens, dekantiert durch ein doppeltes Filter, das aus einem dichten 9 cm-Filter mit eingelegtem 7 cm-Filter von lockerer Beschaffenheit besteht, und wäscht vollständig mit heißem Wasser aus, ohne jedoch den Rückstand auf das Filter zu bringen. Filtrat und Waschwasser werden zweckmäßig in einem ERLENMEYER-Kolben aufgefangen, da sich in diesem beim Umschwenken etwa durch das Filter gegangene Teilchen des Rückstandes am besten erkennen lassen.

Das Filter bringt man, ohne es zu veraschen, in das Becherglas zurück und gibt 15 cm^3 Wasser, 5 cm^3 HCl (D 1,18) und 0,8 cm^3 HNO_3 (D 1,42) für jedes Gramm der angewandten Platinlegierung hinzu, erhitzt auf 85°, wobei die Blei-Platin-Legierung in 1½ Std. vollständig gelöst wird, verdünnt sodann mit dem doppelten Volumen Wasser und filtriert wieder durch ein Doppelfilter. Das in Königswasser unlösliche Iridium bleibt in Form feiner Kristalle zurück und besitzt einen hellen Metallglanz und eine hohe Dichte. Es ist besonders darauf zu achten, daß kein Iridium in dem Becherglas zurückbleibt. Man wischt dieses daher mit einem Stück Filtrierpapier aus, schwenkt dann eine kleine Menge Wasser in dem Glase um und entfernt etwa hierbei sich noch ansammelndes Iridium gleichfalls mit Filtrierpapier.

Das Iridium wäscht man zunächst mit heißem Wasser, dann mit heißer verdünnter Salzsäure (1 + 100) und schließlich wieder mit heißem Wasser vollständig aus, bis sich kein Blei mehr nachweisen läßt. Filtrat und Waschwasser sind wie oben auf etwa durch das Filter gegangenes Iridium zu prüfen. Man bringt das Filter samt Iridium in einen Porzellantiegel, trocknet und glüht stark über der vollen

[1] In der Praxis werden vielfach Salpetersäure und Königswasser beim Ausziehen der Bleireguli in der Verdünnung 1:7 bis 1:10 angewendet, also erheblich verdünnter als von GILCHRIST vorgesehen. Dafür erfolgt die Behandlung mit den Säuren statt bei 85° bei Kochtemperatur und dauert insgesamt etwa 4 bis 5 Stunden.

Flamme eines TIRRIL-Brenners. Hierauf bedeckt man den Tiegel mit einem ROSE-Deckel, am besten aus Quarz, und leitet mittels einer ROSEschen Entwicklungsröhre (eine Quarzröhre ist vorzuziehen) einen Strom von Wasserstoff in den Tiegel. Nach 5 Min. entfernt man den Brenner, löscht einige Minuten später die Wasserstoffflamme, läßt in der Wasserstoffatmosphäre erkalten und wägt das Iridium. Etwa vorhandenes Eisen kann in folgender Weise bestimmt werden: Man schmelzt das Iridium mit Zink, entfernt dessen Überschuß mit Salzsäure und schmelzt die Zink-Iridium-Legierung mit Kaliumpyrosulfat. Der bei der Digestion der Schmelze mit verdünnter Schwefelsäure verbleibende Rückstand enthält das gesamte Iridium, frei von Eisen, jedoch durch etwas Kieselsäure verunreinigt.

Nach GILCHRIST sind die nach seiner Methode gefundenen Iridiumwerte gewöhnlich um einen geringen Betrag zu niedrig, da sich Iridium etwas in Königswasser löst. In der Mehrzahl der Fälle handelt es sich dabei um weniger als 0,05% und nur in einzelnen seltenen Fällen um 0,10 bis 0,30% der Legierung.

SCHOELLER gibt an, daß selbst nach mehrfachem Schmelzen das Eisen nicht entfernt werden kann.

Eine besondere Ausführungsform des Aufschlusses mit der Bleischmelze wird noch von SAINTE-CLAIRE-DEVILLE und STAS wie folgt beschrieben:

„Der Schmelzaufschluß wird in bedecktem Porzellantiegel, der von einem zweiten, größeren Tiegel als Schutztiegel umgeben wird und ebenfalls bedeckt ist, in der Muffel durchgeführt. Als Flußmittel dient reines geschmolzenes Kaliumcyanid. Geschmolzen wird bei kräftiger Rotglut, bis das Blei eine glänzende, konvexe Oberfläche zeigt. Nach dem Abkühlen wird die weiße Kaliumcyanidschlacke in heißem Wasser gelöst, wobei nur Spuren von Blei entfernt werden, während die anderen Metalle unberührt bleiben." Die Ausführung der Bleischmelze in der geschilderten Form hat, abgesehen von der Wasserlöslichkeit der Schlacke, den Vorteil größerer Sauberkeit und der Kontrolle über den Verlauf des Schmelzens.

Die Iridiumbestimmung mit der Bleischmelze beansprucht in der Regel einen Tag.

Nach WÖHLER und METZ kann man mit dem gleichen Erfolg auch die Wismutschmelze verwenden; die Leningrader Analytische Kommission bevorzugt die Silberschmelze (vgl. S. 113).

Ib. Die Chlorierung. Handelt es sich um Platinlegierungen mit mehr als 30% Ir oder um Legierungen mit vorwiegendem Iridiumgehalt, so bringt man sie zunächst mit der Zinkschmelze[1] in feine Verteilung und glüht sie dann im Chlorstrom, dem man zur Vermeidung von Oxydbildung durch etwa beigemischte geringe Sauerstoffmengen etwas Kohlenoxyd zusetzt. Bleibt man mit der Temperatur unter 600°, so geht das Iridium in nichtflüchtiges, in Säure unlösliches Iridium(III)-chlorid über, während die flüchtigen Platinchloride abdestillieren. Man erreicht so schon eine ungefähre Trennung der beiden Metalle. Allerdings kann das Iridium noch etwas Pt enthalten, das durch vorzeitige Dissoziation seiner Chloride entstehen kann und das man mit heißem Königswasser ausziehen muß; andererseits können sich mit den Platinchloriden geringe Mengen von niederen Iridiumchloriden verflüchtigen. Man muß also aus dem Destillat die Edelmetalle wieder ausfällen und das Erhitzen im Chlorstrom wiederholen. Besser trennt man das mitgerissene Iridium von dem Platin durch Hydrolyse nach IIc.

Das unlösliche Iridium(III)-chlorid kann man nach Behandlung mit verdünntem Königswasser (1:4) im Wasserstoffstrom reduzieren und das erhaltene Iridium wägen; besser führt man es durch Mischen mit Kochsalz und nochmaliges Erhitzen im Chlorstrom in lösliche Natriumkomplexsalze über, aus deren Lösung man das Iridium mit Reduktionsmitteln fällt.

---

[1] Über diese siehe Qual. Teil S. 207, c.

Die Chlorierung ist eine brauchbare, allerdings etwas umständliche Trennungsmethode. — Mischt man das mit der Zinkschmelze zerkleinerte Edelmetall vor der Chlorierung von vornherein mit Kochsalz, so erhält man einen guten Aufschluß, aber keine Trennung von Pt und Ir, die man nach einer anderen Methode, am besten mit der Hydrolyse (siehe IIc), durchführen muß.

IIa. Gemeinsame Fällung mit Salmiak und Umlösen des beim Glühen der komplexen Ammoniumchloride erhaltenen Metallschwamms. Die älteste und zugleich einfachste Methode, Pt und Ir in gemeinsamer Lösung voneinander zu trennen, ist die Überführung der mit Salmiak gefällten Komplexsalze in Schwamm und das Umlösen des nicht zu stark geglühten Schwammes in verdünntem Königswasser. Wird zu kräftig geglüht, so findet leicht oberflächliche Legierungsbildung statt, die den Angriff durch verdünntes Königswasser hemmt. Auch Filme von SiO_2, Oxyden (PdO) und Chloriden (AgCl) können sich hierbei störend bemerkbar machen. Gewöhnlich wird aber beim Umlösen des Schwamms neben dem Platin auch etwas Iridium mitgelöst, insbesondere, wenn bezüglich Temperatur und Säurekonzentration die vorgeschriebenen Grenzen nicht eingehalten werden.

Man verwendet Königswasser (1:5) und digeriert im bedeckten Becher (zur Vermeidung größerer Konzentrationsänderungen) bei etwa 50° auf dem Wasserbade. Dieser Vorgang wird so oft wiederholt, bis ein frischer Aufguß von Königswasser innerhalb 12 Std. keine wesentliche Färbung der Säure mehr erkennen läßt. Nach dem Filtrieren und Auswaschen mit 1%iger Salzsäure wird der getrocknete Schwammrückstand verglüht und im Wasserstoffstrom reduziert.

Nach Zerstörung der Salpetersäure fällt man die Platinlösung wieder mit Salmiak, wäscht den Niederschlag auf dem Filter gründlich mit verdünnter Salmiaklösung aus und verglüht ihn zu Schwamm. Zur Prüfung auf Vollständigkeit der Trennung wird der Schwamm ein zweites Mal umgelöst. Die Farbe der Lösung kann übrigens in dieser Hinsicht bereits Aufschluß geben. Außerdem sind kanariengelber Salmiak und hellgelbe Färbung der Mutterlauge ein Zeichen für Abwesenheit von Iridium.

Die in dem bekannten Werk von DUPARC wiedergegebenen zahlreichen Analysenergebnisse von Rohplatinwaschkonzentraten (sog. Platinerzen) aus aller Welt sind größtenteils nach dieser Methode ermittelt worden. Sie ist etwas langwierig und, wie die meisten älteren Methoden, nicht besonders scharf, liefert aber in der Hand erfahrener Analytiker recht brauchbare Ergebnisse.

Anstatt das Iridium zunächst mit dem Platin gemeinsam als Salmiak zu fällen und beide nachher mit verdünntem Königswasser zu trennen, hat man auch versucht, durch Überführung des Iridiums in die 3wertige mit Salmiak nicht fällbare Form einen möglichst iridiumfreien Platinschwamm zu erhalten. Aber auch diese Methode führt durch die bekannte Erscheinung des Mitreißens von mehr oder weniger großen Iridiummengen bei der Salmiakfällung zu keiner glatten Trennung der beiden Platinmetalle. Siehe auch Analyse HOLTZ im Werk von DUPARC.

Eine weitere ***Arbeitsvorschrift*** wird von SCHOELLER (b) gegeben. Danach wird der etwas Iridium enthaltende Niederschlag, wie er z. B. bei der Analyse von Rohplatinwaschkonzentraten als Hauptplatinfällung erhalten wird, in angesäuertem kochendem Wasser mit Chlor behandelt, bis sich der gesamte Niederschlag gelöst hat. Die Lösung wird nach Zusatz einer gerade hinreichenden Menge Salmiak auf 20 cm^3 eingeengt und mit einer gleichen Menge halbgesättigter Salmiaklösung versetzt. Der sich abscheidende Platinsalmiak enthält den größten Teil des Platins und Iridiums und ist frei von anderen Metallen. Filtrat und Waschwasser werden mit etwas $NaClO_3$ bis zur Salmiakkrustenbildung eingedampft. Der kleine dunkle, den Rest des Platins und Iridiums enthaltende Niederschlag wird gesammelt, geglüht, reduziert und mit verdünntem Königswasser (1:3) ausgezogen. Der unlösliche Rückstand, der aus etwas Iridium besteht, wird ebenfalls geglüht und mit der ersten Fällung vereinigt, die 1 Std. bei 1000° geglüht und anschließend mit Säuren ausgezogen wird.

IIb. Zementations- und Reduktionsverfahren. α) Nach AOYAMA. Während QUENNESSEN — und ähnlich NORDENSKJÖLD — die beiden Metalle gemeinsam mit Magnesium fällen, bei schwacher Rotglut reduzierend glühen (wobei aber die Gefahr besteht, daß sie sich in geringem Maße legieren!) und nach Entfernung des überschüssigen Magnesiums mit verdünnter Schwefelsäure das Platin durch Lösen in verdünntem Königswasser vom Iridium trennen, geht AOYAMA von der Feststellung aus, daß die Fällbarkeit der beiden Metalle von der Wahl des Reduktionsmittels abhängig ist. Er hat im feinverteilten Kupfer ein Mittel gefunden, mit dem man das Platin ausfällen kann, wobei allerdings 1 bis 3% des vorhandenen Iridiums mitgerissen werden, während dessen Hauptmenge in Lösung bleibt. Die Acidität der salzsauren Edelmetallösung soll nicht mehr als 0,6 n betragen.

Zur Herstellung des benötigten feinverteilten Kupfers wird reines Kupfer(I)-chlorid in salzsaurer Lösung durch reines Zink in der Kälte reduziert.

Das niedergeschlagene Platin ist auch durch CuCl und Cu verunreinigt. Zur Entfernung des ersteren wird es 5mal mit 2n Ammoniak ausgewaschen, dann im Wasserstoffstrom geglüht (wogegen aber ebenfalls das Bedenken einer teilweisen Legierungsbildung besteht) und das Kupfer mit 3n und 6n HNO_3 ausgezogen. Schließlich wird das Platin in verdünntem Königswasser[1] gelöst und das zurückgebliebene Iridium mit der aus der Mutterlauge der Kupferfällung mit Magnesium gefällten Hauptmenge vereinigt. Zur Entfernung letzter Spuren von Ir aus dem Platin wird das ganze Verfahren der Kupferfällung wiederholt. Zum Schluß werden die beiden Metalle aus ihren getrennten Lösungen mit Mg niedergeschlagen und reduzierend geglüht.

Nach MOSER und HACKHOFER übertrifft die von AOYAMA entwickelte Trennungsmethode alle übrigen Verfahren erheblich an Genauigkeit, ist aber nicht einfach.

Auch nach unserem Dafürhalten kann die Methode bezüglich der Genauigkeit mit der hydrolytischen Trennung nach GILCHRIST und WICHERS wetteifern, die allerdings den Vorzug der rascheren Ausführbarkeit besitzt. Über eine Anwendung des Verfahrens von AOYAMA in der Praxis ist unseres Wissens bisher nichts bekanntgeworden.

β) Nach KARPOFF mit metallischem Quecksilber. Über seine Ausführung siehe Qual. Teil unter Platin, S. 47.

γ) Nach KARPOFF und FJEDOROWA mit HgCl. Diesem sowie dem vorhergehenden Verfahren liegt der Gedanke zugrunde, das Iridium durch Reduktion in die niedere, mit Salmiak nicht fällbare Chlorierungsstufe überzuführen, das Platin dagegen als Metall abzuscheiden, das beim Reduzieren und Verglühen des quecksilberhaltigen Rückstandes übrigbleibt. Dann wird das Iridium aus seiner stark konzentrierten Chloridlösung mit Salmiak in Gegenwart von Salpetersäure zur Aufoxydation und Verhinderung jedweder Reduktionswirkung in der Wärme ausgefällt, filtriert, ausgewaschen und nach Auflösen in heißem Wasser abermals zur Ausfällung letzter Reste von Platin mit einer Suspension von HgCl behandelt. Zu diesem Zwecke ist besonderer Wert auf eine vorherige möglichst gründliche und vollständige Entfernung der Stickstoffverbindungen zu legen. Je verdünnter die Lösung ist, desto weniger Iridium wird bei der Reduktion des Platins abgeschieden.

Die Reduktion mit HgCl dauert etwa 3 Std. und geht wesentlich schneller vonstatten als die mit metallischem Quecksilber, die 12 bis 14 Std. erfordert.

Das Arbeiten mit Quecksilber und seinen Salzen hat den erheblichen Nachteil, daß hierbei die große Gefahr schwerer gesundheitlicher Schädigungen besteht,

[1] 190 Teile HCl (D 1,19) + 80 Teile HNO_3 (D 1,40) auf 830 Teile Wasser.

sofern nicht für restlose Entfernung der Quecksilberdämpfe aus den Arbeitsräumen gesorgt wird.

δ) Mit Titan(III)-salzen. Wird eine Lösung, welche Platin- und Iridiumchlorid oder die entsprechenden Komplexsalze enthält, mit reiner Titan(III)-sulfatlösung versetzt, so wird Platin reduziert und als Metall abgeschieden, während Iridium nur bis zur niederen Chlorierungsstufe reduziert wird und in Lösung bleibt. Diese Feststellung ist erstmalig von WADA und NAKAZONO gemacht worden. MOSER und HACKHOFER wenden jedoch dagegen ein, daß bei der Fällung einer Lösung, die beide Metalle gleichzeitig enthält, immer Iridium von dem Platin mitgerissen wird.

IIc. Die Hydrolyse beruht darauf, daß durch Neutralisieren schwach salzsaurer Lösungen Iridium und ebenso Rh und Pd als Hydroxyde gefällt werden, während 4wertiges Platin in Lösung bleibt. Sie ist die beste Methode zur einwandfreien Trennung des Platins von den drei genannten Metallen; ihr Vorteil ist, daß die Fällung mit Salmiak ebenso wie das Ausziehen von Metallgemischen mit Säuren vermieden wird.

α) Das Verfahren von MOSER und HACKHOFER ist bei Ir-Bestimmung, S. 43, beschrieben. Es ergibt selbst bei extremen Gewichtsverhältnissen der beiden Metalle (100:1) richtige Werte. Noch 10^{-4} g Ir in 100 cm^3 Lösung lassen sich als feine dunkle Haut an der Oberfläche der Lösung wahrnehmen. Nach erfolgter Abscheidung des Iridiums wird das Platin aus dem Filtrat nach Zerstörung des Bromates mit Salpetersäure durch Hydrazin nach RUPP gefällt.

β) GILCHRIST und WICHERS (b) wenden gegen das Verfahren von MOSER und HACKHOFER ein, daß die Gleichgewichtseinstellung dabei zu langsam erfolgt. Sie führen die Hydrolyse mit $NaHCO_3$ aus; ihre Arbeitsvorschrift ist S. 93 bis 94 wiedergegeben.

Das Platin fällen sie mit H_2S und bestimmen es als Metall.

IId. Physikalisch-chemische Methoden. α) Maßanalytische Methoden mit potentiometrischer Endpunktbestimmung durch Titration der beiden Metalle teils mit $KMnO_4$, teils mit Mohrschem Salz, schließlich durch gemeinsame Titration bei gewöhnlicher Temperatur mit $KMnO_4$ werden von GRÜNBERG und PTIZYN vorgeschlagen. Ein weiterer Vorschlag geht von OGAWA aus.

β) Elektroanalytische Trennung. Hierzu vgl. unter Platinbestimmung S. 30. Nach CLASSEN und DANNEEL soll sich aus einer Lösung, die Platin und Iridium als Chloride enthält, unter den von den beiden Forschern angegebenen Bedingungen das Platin quantitativ und vollkommen frei von Iridium ausscheiden.

γ) Colorimetrische Bestimmung. Geringe Iridiummengen in Platinsalzen [es kommen nur Salze der 4wertigen Metalle in Betracht] lassen sich durch Vergleich der Farbe der mit KCl unter Alkoholzusatz erhaltenen Niederschläge mit der Farbe von K_2PtCl_6-Niederschlägen mit bekanntem Iridiumgehalt bestimmen. Die Fällung der zu prüfenden Lösungen und die der Vergleichslösungen müssen unter vollauf gleichen Bedingungen bezüglich Konzentration der Lösungen, Temperatur und Menge der zur Fällung benutzten Lösung vorgenommen werden (BERGSÖE).

Über die Ausführung des Ausschüttelverfahrens nach WÖLBLING siehe Qual. Teil S. 189.

3. Platin–Rhodium.

I. In Legierungen durch Chlorierung. Legierungen mit bis zu 5% Rh lassen sich in heißem konzentriertem Königswasser in Lösung bringen, in der die Trennung dann nach II. erfolgt. Bei geeigneter Oberflächenbeschaffenheit, z. B. bei dünnen Folien, ist der Lösevorgang auch bei 10% Rh noch durchführbar. Höherprozentige Legierungen werden zunächst mit der Zinkschmelze in feine Verteilung gebracht, nach dem Lösen des Zinks in warmer verdünnter Schwefelsäure und hierauf mit Wasser gut ausgewaschen, getrocknet (Vorsicht, Verpuffungen!) und dann chloriert.

Die Chlorierung ist gerade für Rh ein sehr gutes Trennungsverfahren, weil das entstehende Rhodium(III)-chlorid nicht flüchtig und in Königswasser unlöslich ist, während die Chloride des Platins, des Zinks und etwa noch vorhandener anderer Metalle sich teils lösen, teils verflüchtigen. Das Metallgemisch wird im Verbrennungsrohr mit über konzentrierter Schwefelsäure getrocknetem Chlor behandelt, wobei die Temperatur nur ganz allmählich bis auf höchstens 800° gesteigert wird. Über den weiteren Verlauf des Verchlorungsvorgangs siehe Qual. Teil S. 83 bis 84 und 101.

Das 1 bis 2 Std. auf dem Wasserbad mit verdünntem Königswasser (1 + 2) digerierte Rhodium(III)-chlorid wird abfiltriert und im Wasserstoffstrom reduziert. Die Reduktion wird bei möglichst niedriger Temperatur durchgeführt, um nicht etwa eine weitere Reinigung mit der Chlorbehandlung unnötig zu erschweren, z. B. infolge vorzeitiger Sinterung des Materials. Bleibt bei abermaliger Verchlorung das Verbrennungsrohr auch nach längerer Chlorbehandlung ohne jeden Beschlag, so liegt reines, von Fremdmetallen freies Rhodium vor. Das Rhodium(III)-chlorid wird schließlich bei niedriger Temperatur vorsichtig verglüht, mit kräftiger Flamme im Wasserstoffstrom reduziert und das Metall nach dem Abkühlen (wobei inertes Gas nicht nötig ist) gewogen.

Der Beschlag im Verbrennungsrohr wird mit möglichst wenig verdünntem Königswasser herausgespült und mit dem Inhalt der Vorlagen sowie mit der beim Ausziehen des Rhodium(III)-chlorids mit Königswasser erhaltenen Lösung vereinigt. Das Ganze wird zur Zerstörung der Salpetersäure mehrfach mit Salzsäure eingedampft, schließlich mit Wasser und etwas Salzsäure aufgenommen und das Platin mit Hydraziniumchlorid in bekannter Weise gefällt, verglüht und gewogen.

II. In Lösungen. a) Fällung des Platins mit NH_4Cl oder KCl. Diese Trennung ist selbst bei Verwendung alkoholischer wäßriger Lösungen nicht vollständig, da mit dem leichter ausfallenden Platinkomplex immer geringe Mengen des Rhodiumkomplexes mitgerissen werden. Die Trennung durch Umlösen des Platin-Rhodium-Schwammes in verdünntem Königswasser und neues Ausfällen mit NH_4Cl oder KCl ist ebenfalls zwecklos, da auch in diesem Falle beim Auflösen Rhodium z. T. in die Lösung geht und dafür Platin im Rückstand bleibt. Quantitative Trennungen sind nur durch genaues Einhalten ganz besonderer Bedingungen zu erreichen.

α) Besonders gründlich haben SAINTE-CLAIRE-DEVILLE und STAS die Möglichkeit der Trennung von Pt und Rh mit der Salmiakfällung untersucht. Um eine möglichst rhodiumfreie Platinfällung zu erhalten, wird die wäßrige Lösung der beiden Metalle mit *eisen-* und *calciumfreiem* Kochsalz gesättigt und bei Zimmertemperatur allmählich in ein doppelt so großes Volumen einer mit Salmiak gesättigten Kochsalzlösung gegossen, die eine hinreichende Menge von festem Salmiak in Suspension enthält, um die Lösung stets im Zustande der Sättigung zu erhalten. Die Mischung wird auf dem Wasserbad auf 100° erhitzt. Das ausgeschiedene gelbe Salz ist flockig. Man wäscht es durch Dekantieren mit einer gesättigten Salmiaklösung, bis der Abguß keinen mit den zur Verfügung stehenden Hilfsmitteln erkennbaren Rhodiumgehalt mehr aufweist. Die Salmiakfällung enthält nur noch äußerst geringe Mengen Rh. Zur Vervollständigung der Trennung des Platins vom Rhodium wird sie nicht verglüht, wobei die Gefahr der Legierungsbildung bestehen würde, sondern in kochendem Wasser aufgelöst, in eine Lösung gegossen, welche Ammoniumacetat und Ammoniumformiat enthält, und auf 70 bis 80° gebracht. Das Rhodium fällt zunächst mit veilchenblauer Farbe, gefolgt vom Platin, das als Mohr ausgeschieden wird.

Man wäscht durch Dekantieren mit heißem, schwach mit Salzsäure angesäuertem (um Kolloidbildung zu vermeiden) Wasser aus und trocknet. Aus dem so erhaltenen

Mohr (Vorsicht, Verpuffung!) wird durch eine anschließende Kaliumpyrosulfatschmelze alles Rhodium herausgelöst, vorausgesetzt, daß man mit der Höhe der Temperatur vorsichtig war und die Schmelzbehandlung mit Pyrosulfat 2mal wiederholt.

β) WADA und NAKAZONO stellten als Ergebnis einer Reihe von Versuchen fest, daß, wenn 100 cm^3 95%iger Alkohol zu 100 cm^3 einer Lösung gegeben werden, die 100 mg Platin und nicht mehr als 100 mg Rhodium enthält, die beabsichtigte Trennung mit Salmiak quantitativ verläuft. Ist dagegen die Konzentration des Platins, des Rhodiums oder des Alkohols größer als angegeben, so fällt auch Rhodium mit aus.

b) Hydrolyse. α) Nach MOSER und GRABER gelingt die Trennung des Rhodiums von Platin durch oxydierende Hydrolyse mit HBr und $HBrO_3$. Der grünschwarze Niederschlag von Rhodiumoxyd ergibt bei der Analyse Werte, die für RhO stimmen. Möglicherweise handelt es sich um ein Gemisch von Oxyden.

Die schwach saure Lösung, die in 300 bis 400 cm^3 0,003 bis 0,1 g Rh und 0,003 bis 0,3 g Pt enthalten darf, wird mit 30 cm^3 einer 0,5 m $NaBrO_3$-Lösung versetzt und auf 70° erwärmt. Nach Zusatz einer 1 m NaBr-Lösung wird die Lösung 1 Std. am Sieden erhalten. Ist nach weiterem Zusatz von Bromid-Bromat-Mischung kein Bromgeruch mehr wahrnehmbar, so ist die Fällung beendigt. Der mit heißem ammoniumnitrathaltigem Wasser gewaschene und bei 100° getrocknete Niederschlag wird nach dem Veraschen des Filters und Erkalten 15 Min. im Wasserstoffstrom geglüht. Man läßt das Metall im Kohlensäurestrom erkalten und kocht zur Entfernung von Alkalisalzen den Rückstand mit salzsäurehaltigem Wasser. Im Filtrat wird nach Zerstörung des überschüssigen Bromates durch Kochen mit Salzsäure das Platin in bekannter Weise mit Hydraziniumchlorid gefällt. Selbst bei 100fachem Überschuß an Platin werden gute Werte erhalten.

β) Nach WICHERS ist die Hydrolyse für analytische Zwecke hinreichend vollständig in schwach alkalischer Lösung $p_H \geqq 7$). In diesem Falle unterliegt das Chloroplatinat(IV) keiner Hydrolyse, während sich in stark alkalischer Lösung lösliche Verbindungen bilden. Niederschläge von Platinverbindungen werden nur erhalten, wenn eine sehr verdünnte Lösung von Chloroplatinat(IV) mit einem Überschuß von Soda, oder wenn eine konzentrierte Lösung mit einer zur Umwandlung in lösliche Platinate unzureichenden Menge Natronlauge behandelt wird.

Was die Trennung des Rhodiums mit Hilfe von NaBrO[1] oder einer Suspension von Bariumcarbonat anbelangt, so ist letzteres wegen der Alkalinität des Carbonats das geeignetere, in der Ausführung aber das umständlichere Verfahren. Meistens genügt zur vollständigen Trennung doppelte Fällung. Weitere Einzelheiten über die Ausführung der beiden Methoden siehe im Qual. Teil S. 99, Ziffer 4.

γ) Die Hydrolyse kann auch nach der auf S. 93 bis 94 ausführlich beschriebenen Methode von GILCHRIST und WICHERS (b) durchgeführt werden, und zwar ist diese nach den Angaben der beiden Autoren die bei weitem genauere.

Von den drei beschriebenen Methoden wird man die Chlorierung bei Vorwiegen von Rh, die Hydrolyse bei Vorwiegen von Pt bevorzugen, die Salmiakfällung desgleichen, aber nur bei nicht zu hohen Anforderungen an die Genauigkeit.

c) Sonstige gewichtsanalytische Methoden. Die Trennung nach JOLY und LEIDIÉ mit Hilfe der Doppelnitrite und diejenige nach MYLIUS und FOERSTER mit Kohlenoxyd und Chlor sind wegen der ihnen anhaftenden Ungenauigkeiten nicht zu empfehlen, allerdings wird die erstere neuerdings auch von GILCHRIST benutzt.

Das Schmelzen mit Kaliumpyrosulfat, das ein vorzügliches Mittel für den qualitativen Nachweis von Rhodium ist, ist für quantitative Zwecke nicht brauchbar, weil auch Platin in geringer Menge von der Schmelze gelöst wird.

[1] Das NaBrO wird zweckmäßig vor dem Gebrauch jedesmal aus einer 2%igen Lösung von Natriumhydrogencarbonat in gesättigtem Bromwasser frisch hergestellt.

d) Physikalisch-chemische Methoden. Eine elektroanalytische Methode zur Trennung von Pt und Rh aus schwefelsaurer Lösung wird von KRATZ angegeben. Hierbei soll das Platin vollständig abgeschieden werden. Die Dauer beträgt aber 20 Std.

Eine Trennung durch colorimetrische Bestimmung ermöglicht das Ausschüttelverfahren nach WÖLBLING, siehe Qual. Teil S. 189.

RYABSCHIKOFF benutzt zur Analyse von Pt–Rh-Legierungen die Eigenschaft der Chlorokomplexe von Pt, mit Bisulfiten farblose Verbindungen zu bilden, um das Rh colorimetrisch und dann Pt potentiometrisch zu bestimmen.

4. Platin–Osmium.

I. In Legierungen trennt man, nachdem man sie nötigenfalls mit der Zinkschmelze zerkleinert hat, das Os von Pt am besten auf Grund der großen Flüchtigkeit seines Tetroxyds durch Destillation, wie dies im Qual. Teil S. 152ff. und im Quant. Teil S. 51ff. beschrieben ist. Im Destillationsrückstand bestimmt man das Platin nach einer der üblichen Methoden.

a) Auf trockenem Wege erfolgt die Oxydation des Osmiums durch Erhitzen des fein zerteilten Analysenmaterials im O_2- oder NO_2-Strom. Im ersten Falle muß man mit der Temperatur auf 600 bis 650° gehen; dabei findet neben der Entstehung von OsO_4 trotz der oxydierenden Atmosphäre ohne Zweifel auch Legierungsbildung statt, so daß es unter Umständen schwer wird, den letzten Rest Os herauszuschaffen. Dagegen dürfte beim Glühen im NO_2-Strom, wobei man bereits mit Temperaturen von nicht ganz 300° auskommt, kaum die Möglichkeit der Legierungsbildung bestehen. Demnach scheint das bisher noch wenig beachtete Verfahren der Destillation im NO_2-Strom das bessere zu sein, vorausgesetzt, daß die Beschaffung einer jederzeit betriebsbereiten und betriebssicheren Quelle des äußerst giftigen Gases auf keine Schwierigkeiten stößt.

Der trockene Weg ist der einfachere, elegantere, namentlich, wenn es sich um die Entfernung größerer Os-Mengen aus dem Analysenmaterial handelt; man wird ihn also insbesondere beim Vorliegen osmiumreicher Legierungen bevorzugen.

b) Dagegen schließt man osmiumarme Legierungen besser auf nassem Wege auf. Dafür kommen folgende Verfahren in Betracht:

α) Der oxydierend-alkalische Schmelzfluß mit anschließender Destillation der aufgelösten Schmelze mit kochender Salpetersäure ($<$ 40 Vol.-%), die nach und nach zugesetzt wird; neben dem trockenen Wege die am meisten benutzte Bestimmungsmethode.

β) Behandeln des feinverteilten Analysenmaterials mit „verkehrtem Königswasser"[1]. Um z. B. aus verdünnten salpetersauren oder Königswasserlösungen[2] das gelöste Oxyd OsO_4 durch Destillation restlos auszutreiben, wird die Lösung bis auf etwa ⅔ des aufgegebenen Lösungsinhaltes verkocht und das mit den Wasserdämpfen entweichende Osmium(VIII)-oxyd in Vorlagen nach bekannten Methoden aufgefangen.

γ) Die Bleischmelze nach LATHE (vgl. Qual. Teil S. 245). Bei allen drei Verfahren wird das abdestillierende Osmium(VIII)-oxyd entweder in starker Lauge oder in 6 n Salzsäure, die mit SO_2 gesättigt ist, aufgefangen. In den Lösungen wird das Osmium nach einer der unter Os-Bestimmung, S. 54ff., beschriebenen Methoden bestimmt.

---

[1] D. h. einer Mischsäure, die HNO_3 und HCl im Verhältnis 3:1 enthält, wodurch man die Anwesenheit störender Mengen Chlor-Ionen möglichst einschränkt.

[2] Z. B. bei der Osmiumbestimmung in einem Bleiregulus nach RUSSELL, BEAMISH und SEATH.

II. In Lösungen. Hierbei muß zunächst vor allem das meist störende Osmium beseitigt und bestimmt werden. Das geschieht am besten mit der Destillation seines flüchtigen Tetroxydes aus kochender salpetersaurer Lösung. Die Trennung des Osmiums auf nassem Wege vom Platin ist vollständig, wenn aus einer salpetersauren Lösung, die wenig oder gar keine Schwefelsäure enthält, destilliert wird und die Konzentration der freien Salpetersäure (s. oben!) 40 Vol.-% nicht überschreitet, da sonst geringe Mengen RuO_4 mit überdestillieren würden. Die Ausführung erfolgt in der Destillierapparatur und die Bestimmung als Sulfid. Nachteil ist S-Rückhalt im Osmium. Bei der Bestimmung als $K_2OsO_4 \cdot 2H_2O$ verbleibt nur geringer Schwefelrückhalt, bei der Arbeitsvorschrift nach GILCHRIST und WICHERS (b) überhaupt kein solcher. Die Rückstände im Destillierkolben sowie die sämtlichen mit OsO_4 beladenen, aus dem Destillierkolben entweichenden Dämpfe müssen ihren Osmiumgehalt vollständig an die Waschflüssigkeit der Vorlagen abgeben. Nach Entfernung des Osmiums dürften wegen der Bestimmung des Platins keine besonderen Schwierigkeiten mehr zu erwarten sein. [Vgl. auch Zubereitung des Destillierkolbenrückstandes nach GILCHRIST und WICHERS (b)].

Man kann auch die beiden Metalle in der Lösung durch Zementation abscheiden. Nach reduzierendem Glühen läßt man im Wasserstoff abkühlen, den man schließlich durch inertes Gas (CO_2 oder N_2) ersetzt. Die weitere Bestimmung der beiden Metalle geschieht danach in einfacher Weise auf trockenem Wege (Oxydation mit O_2 oder NO_2). Platin wird teils als Metall unmittelbar, teils aus der Differenz bestimmt.

5. Platin–Ruthenium.

I. In Legierungen. Die Überführung in die wasser- und säurelösliche Form geschieht bei Pt–Ru-Legierungen in derselben Weise, wie unter Pt–Ir und unter Pt–Rh angegeben. Die Grenze der Löslichkeit in konzentriertem heißem Königswasser liegt auch bei Pt–Ru-Legierungen bei etwa 10% Ru. Legierungen mit höheren Ru-Gehalten müssen mit der Zinkschmelze in feinverteilte Form gebracht werden. Liegt das Analysenmaterial in oxydischer Form vor, wie etwa nach der Osmiumdestillation auf trockenem Wege, so wird es zuvor im Wasserstoff reduziert, der zum Abkühlen schließlich durch Kohlensäure ersetzt wird.

a) Die Bleischmelze ist das einfachste Verfahren zur Feststellung des Ru-Gehaltes von Legierungen auf Basis Platin. Sie wird in der gleichen Weise gehandhabt, wie beim Pt–Ir angegeben.

Der gleiche Zweck läßt sich auch mit der Silber-Boraxschmelze[1] erreichen. Diese Methode ist für die Bestimmung kleiner Mengen Verunreinigungen im Ruthenium, wie in den übrigen harten Beimetallen, besonders geeignet.

b) Die mit der Zinkschmelze vorbehandelten Legierungen, so zum Beispiel auf Basis Ruthenium, können entweder mit Kochsalz im Chlorstrom bei höherer Temperatur oder im oxydierend-alkalischen Schmelzfluß (siehe Qual. Teil S. 209) aufgeschlossen werden. Trennung von Platin erfolgt durch Destillation des Rutheniums als RuO_4.

II. In Lösungen. a) Die Destillation des Ruthenium(VIII)-oxyds kann entweder aus alkalischer Lösung mit Chlor oder aus schwefelsaurer Lösung mit $NaBrO_3$ erfolgen. Die erste ist im Qual. Teil S. 128 und 131 sowie im Quant. Teil S. 60, die zweite im Qual. Teil S. 131 beschrieben. Im Destillat wird Ru am besten nach GILCHRIST und WICHERS (b) als Hydroxyd gefällt, dieses verglüht, zu Metall reduziert und gewogen.

b) Die Fällung des Platins mit Glycerin, Natronlauge und Brom. RUFF und VIDIČ halten die Destillation für zu umständlich und überdies für ungenau, weil nach ihrer Meinung RuO_4 aus wäßriger Lösung nicht quantitativ abdestilliert wer-

---

[1] Siehe Analyse von Osmiridium nach Angaben der Leningrader Analytischen Kommission (L. A. K.), S. 112.

den kann. Auf gewisse Schwierigkeiten bei der Destillation ist schon sowohl im Qual. wie im Quant. Teil des Handbuches hingewiesen worden. Siehe auch SAINTE-CLAIRE-DEVILLE und STAS 1877, S. 169 bis 176 und 190 bis 199 sowie REMY. RUFF und VIDIČ haben nun eine Methode zur Trennung von Pt und Ru entwickelt, welche die angeblichen Mängel der Destillationsmethode vermeidet. Besonders interessant ist die dabei gemachte Feststellung, daß die empfindliche Reaktion des Rutheniums, in alkalischer Ruthenatlösung bei Berührung mit organischen Substanzen, z. B. mit Filterpapier oder Alkohol, sofort zu grünschwarzem Oxydhydrat reduziert zu werden[1], in Gegenwart von Glycerin nicht eintritt. Es lassen sich dann sogar heiße Ruthenatlösungen ohne jede Abscheidung von Oxyd durch ein Papierfilter abgießen.

Die Lösung der beiden Chloride wird mit etwa 5 cm³ Glycerin auf 0,2 g Edelmetall versetzt, wobei ein Überschuß von Glycerin nichts schadet, mit reiner Natronlauge alkalisch gemacht und zur Fällung des Platins kurze Zeit gekocht. Nach dem Abkühlen werden 15 cm³ 20%iger Natronlauge und etwa 25 cm³ Bromwasser zugegeben, so daß die Lösung immer genügend freies Alkali enthält. Nach gutem Durchschütteln wird mindestens 1 Std. bei gewöhnlicher Temperatur stehengelassen, hierauf langsam auf 80° erwärmt und mit dem Filtrieren noch so lange gewartet, bis sich der schwarze Niederschlag abgesetzt hat und die überstehende braungelb gefärbte Lösung klar geworden ist. Das Erwärmen ist notwendig, damit alles Rutheniumoxyd in Lösung geht und das Platin leicht filtrierbar wird. Die noch warme Lösung wird, ohne den Niederschlag aufzuwirbeln, durch ein Papierfilter abgegossen; der Niederschlag wird 2mal mit frischer Natriumhypobromitlösung dekantiert, dann aufs Filter gebracht und mit heißem Wasser gut gewaschen. Das Platin ist schon nach dieser Behandlung praktisch meist rutheniumfrei. Trotzdem wird es der Sicherheit halber nochmals mit konzentrierter Salzsäure unter Zusatz von etwas Salpetersäure gelöst und aus dieser Lösung in der geschilderten Weise ein zweites Mal gefällt. Man nimmt hierbei aber nur etwa die Hälfte der Natronlauge und des Broms.

Dann wird der Niederschlag abfiltriert, gewaschen, getrocknet und zuerst an der Luft, dann im Wasserstoffstrom geglüht. Die vereinigten, das Ruthenat enthaltenden Filtrate werden mit Salzsäure angesäuert und unter Zusatz von etwas Alkohol so lange gekocht, bis die Lösung völlig klar ist. Aus dieser Lösung wird das Ruthenium in der auf S. 61 beschriebenen Weise als Sulfid gefällt und als Metall bestimmt.

c) Zementation mit Magnesium. Diese Methode, die von NORDENSKJÖLD mehrfach vorgeschlagen wird, hat zur Voraussetzung, daß die Temperaturen, bei welchen das zementierte Platin und Ruthenium verglüht werden müssen, wenn sie die für die nachfolgende Säurebehandlung erforderlichen Eigenschaften besitzen sollen, sowie die Glühdauer genau bekannt sind. Ist das nicht der Fall, so besteht die Gefahr, daß entweder das Ruthenium nicht vollständig unlöslich in verdünntem Königswasser ist, oder daß das Platin infolge zu hoher Temperatur und zu langer Glühdauer sich zum Teil wieder mit dem Ruthenium legiert hat und in Königswasser nur teilweise löslich ist. Da bezüglich der erforderlichen Zahlenunterlagen nichts bekannt ist, ist diese Methode nur nach hinreichend langer praktischer Erfahrung anwendbar.

d) Die weiteren in der Literatur angegebenen Verfahren sind nicht zweckmäßig. Bei der Fällung des Platins mit Salmiak werden beachtliche Mengen Ruthenium mit niedergeschlagen; eine Reinigung des nach dem Verglühen der Fällung erhaltenen Schwammes, etwa durch Umlösen in verdünntem Königswasser, ist wenig aussichtsreich, weil ein großer Teil des Rutheniumschwammes in diesem Falle selbst von verdünntem Königswasser mit dem Platin zusammen wieder auf-

[1] Siehe Qual. Teil S. 130.

gelöst wird. — Bei der Hydrolyse besteht nach GILCHRIST und WICHERS (a) die Möglichkeit von Rutheniumverlusten; auch die zum qualitativen Nachweis gut geeignete Löslichkeit des Rutheniums in Hypochlorit ist für seine quantitative Trennung nicht geeignet, und OGBURN bezeichnet selbst seine Methode, das Ruthenium mit einem Überschuß von Natronlauge zu fällen, nur als halbquantitativ.

B. Trennung des Palladiums von anderen Platinmetallen.

1. Palladium-Platin

siehe S. 65.

2. Palladium-Iridium.

Wegen der stark verschiedenen Löslichkeit der beiden Metalle kann man häufig wenigstens einen Teil des Palladiums mit Salpetersäure herauslösen; der Rest wird mit Kochsalz im Chlorstrom bei 600 bis 650° aufgeschlossen.

I. Man fällt das Palladium aus salzsaurer Lösung mit Dimethylglyoxim, fällt, falls nötig, den Niederschlag nochmals um und wägt als Dioxim oder nach vorsichtiger Reduktion als Metall [GILCHRIST und WICHERS (b)]. Das Iridium wird nach gründlicher Zerstörung des überschüssigen Dioxims durch Hydrolyse als Oxydhydrat abgeschieden und wie auf S. 43ff. angegeben behandelt oder nach WUNDER und THÜRINGER mit Mg auszementiert.

II. Man kann auch umgekehrt zuerst das Iridium durch Hydrolyse, wie S. 43ff. beschrieben, fällen. Hierbei werden allerdings infolge induzierter Reaktion zunächst 10 bis 15% Pd mit dem Ir abgeschieden. Deshalb wird der bei 100° getrocknete und bei 180° im Wasserstoffstrom reduzierte Niederschlag nach Erkalten mehrmals mit Königswasser (1 + 1) auf dem Wasserbad bis zum Auflösen des gesamten Palladiums behandelt. Die Pd-Bestimmung erfolgt mit Hydrazin (MOSER und HACKHOFER).

III. Weniger empfehlenswert wegen der schlechten Auswaschbarkeit der Fällung ist es, das Palladium nach MAKOWKA aus salzsaurer Lösung mit Acetylen abzuscheiden und dann das Iridium als Ammoniumchloroiridat(IV) zu fällen (HOLZER).

3. Palladium-Rhodium.

I. Legierungen der beiden Metalle sind in feinverteiltem Zustand je nach ihrer Zusammensetzung in Königswasser in verschiedenem Maße löslich. Der unlösliche Rückstand wird mit Kochsalz im Chlorstrom aufgeschlossen. Das Pd fällt man aus schwach salzsaurer Lösung mit Dimethylglyoxim; nach *gründlicher Zerstörung* von dessen Überschuß wird im Filtrat das Rh mit Mg auszementiert, im Chlorstrom in $RhCl_3$ übergeführt, dieses mit Wasserstoff reduziert und das Rhodium als Metall gewogen.

II. Eine einfache Trennungsmethode besteht darin, nachdem man das Material nötigenfalls mit der Zinkschmelze zerkleinert hat, die Unlöslichkeit und Nichtflüchtigkeit des Rhodium(II)-chlorids zu benutzen, indem man die Legierungen direkt chloriert, das Rhodium bestimmt, wie bei der Trennung Pt–Rh, S. 72 beschrieben, und das Palladium mit Hydraziniumchlorid fällt.

III. Eine schwach salzsaure Lösung der beiden Metalle kann man nach Zusatz genügender Mengen KCl bei 60° mit KNO_2 versetzen; beim Abkühlen wird Rh als Kaliumdoppelnitrit vollständig gefällt (LEIDIÉ).

4. Palladium-Osmium.

Sie erfolgt durch Abdestillieren von OsO_4, wie bei der Trennung Pt–Os, S. 74 angegeben. Bei Benutzung des nassen Weges hat man den Vorteil, daß Pd in Salpetersäure löslich ist und daß man deshalb zum Aufschluß der Legierung kein Königswasser zu verwenden braucht. Infolgedessen wird die Os-Destillation beschleunigt. Nach ihrer Beendigung erfolgt die Bestimmung von Pd aus salzsaurer Lösung mit Dimethylglyoxim oder Hydraziniumchlorid.

Die Pyrosulfatschmelze ist für die Trennung der beiden Metalle nicht verwendbar, weil auch Os dabei angegriffen wird. (Vgl. Qual. Teil S. 159.)

5. Palladium-Ruthenium.

Legierungen werden, soweit möglich, in Königswasser gelöst und der Rest mit Kochsalz im Chlorstrom bei etwa 600° aufgeschlossen.

I. Die Trennung erfolgt durch Abdestillieren von Ru mit $NaBrO_3$ aus schwefelsaurer Lösung nach Gilchrist und Wichers (b).

II. Man kann auch Pd aus salzsaurer Lösung mit Dimethylglyoxim fällen, dessen Überschuß mit Königswasser (nicht mit Salpetersäure wegen der Gefahr von Ru-Verlusten!) zerstören und Ru mit Mg oder nach Ruff und Vidič als Sulfid fällen.

III. Aus einem nicht legierten Gemenge der beiden Metalle soll sich nach Rose und Finkener Pd durch Salpetersäure oder Königswasser oder durch die Pyrosulfatschmelze herauslösen lassen. Jedoch ist bekannt, daß mit der letzteren je nach der Schmelztemperatur, der Schmelzdauer und der Beschaffenheit des Rutheniums ein geringer Teil dieses Metalls gelöst wird.

Der Lösevorgang wird sich bei fein zerteiltem Material ziemlich rasch abspielen, wenn nicht die Bildung von Oxydfilmen stört. Da PdO äußerst widerstandsfähig selbst gegen konzentriertes heißes Königswasser ist, sind die Metalle zuvor gründlich bei möglichst niedriger Temperatur im Wasserstoffstrom zu reduzieren. Auch in feuchtem Zustand lassen sich diese Störungen durch reduzierende Behandlung (z. B. Kochen der Proben mit Ameisensäure) rasch wieder beseitigen. Das Palladium wird mit Dimethylglyoxim oder mit Hydraziniumchlorid bestimmt.

C. Trennung des Iridiums von anderen Platinmetallen.

1. Iridium-Platin

siehe S. 66ff.

2. Iridium-Palladium

siehe S. 77.

3. Iridium-Rhodium.

I. Legierungen werden mit Kochsalz im Chlorstrom aufgeschlossen. Da Iridium sich leichter chlorieren läßt als Rhodium und das entstehende Chlorid bei der Chlorierungstemperatur des Rhodiums schon flüchtig ist, führt man den Aufschluß zweckmäßig in zwei Stufen durch, zuerst bei 650° und dann für den noch nicht aufgeschlossenen Teil bei 750°, wobei man die 3- bis 4fache Menge Kochsalz zugibt.

Für die Trennung des Rhodiums vom Iridium stehen dann mehrere Wege zur Verfügung, von denen die beiden ersten auf der Verschiedenheit der Eigenschaften der beim Chloraufschluß erhaltenen komplexen Chloride beruhen.

a) In einem Gemisch von Aceton und Äther ist wasserfreies Natriumhexachlorrhodat(III) vollkommen unlöslich, Na_2IrCl_6 dagegen löslich (Wöhler und Metz). Voraussetzung für die Durchführbarkeit der Trennung ist allerdings, daß die Chlorierung des Iridiums unterhalb 650° erfolgt ist; denn bei 750° ist das Natriumhexachloriridat(IV) schon größtenteils in das unlösliche Salz Na_3IrCl_6 übergegangen.

b) Auch in Alkohol ist Na_3RhCl_6 im Gegensatz zu den entsprechenden Komplexen der anderen Platinmetalle unlöslich (Brunck). Vgl. Qual. Teil S. 97.

Zwei weitere umständlichere, aber genauere Methoden benutzen die Reduzierbarkeit des Rh-Komplexsalzes zu Metall durch Spezialreagenzien:

c) Wada und Nakazono fällen Rh aus der Chloridlösung mit $Ti_2(SO_4)_3$. Dieses Verfahren ist von Gilchrist und Wichers (b) durch den Hinweis auf die Löslichkeit des gefällten Rhodiums in konzentrierter Schwefelsäure und die dadurch gegebene Möglichkeit, es umzulösen, erfolgreich weiter entwickelt worden. Trotzdem bevozugen sie die Fällung mit $TiCl_3$ aus schwefelsaurer Lösung, weil das Rh in diesem Falle weniger mit Ir verunreinigt ist (vgl. S. 95). Das Rhodium wird nach dem Umlösen aus der schwefelsauren Lösung nach Zugabe von Salzsäure, wobei ein Farbenumschlag von Gelb nach Rot erfolgt, mit H_2S gefällt, das Sulfid reduziert und das Metall gewogen. Im Filtrat der Fällungen wird das überschüssige Titansalz mit Kupferron entfernt und schließlich das Iridium aus schwefelsaurer Lösung durch Hydrolyse als Oxydhydrat gefällt und zu Metall reduziert.

Moser und Hackhofer wenden gegen die Reduktion des Rhodiums mit Titan(III)-salzlösungen ein, daß dabei nicht nur die Mitfällung von Ir induziert wird, sondern auch, daß bei einer etwa anschließenden Trennung des Iridiums vom Titan die Fällung des Iridiums mit H_2S nicht vollständig ist. Aus ihren Angaben geht leider nicht hervor, ob sie die Sulfidfällung mit oder ohne Druck durchgeführt haben.

d) Nach Karpoff und Fjedorowa ist VCl_2 in Gegenwart von $HgCl_2$ ein gutes Reduktionsmittel zur Bestimmung geringer Mengen Rh neben viel Ir. Die Reduktion wird 3mal wiederholt, das letzte Mal ohne $HgCl_2$. Schließlich wird der Niederschlag geglüht und mit Flußsäure und Salzsäure gereinigt, im Wasserstoff reduziert und gewogen. Aus dem Filtrat von der Rhodiumfällung wird das Ir nach Neutralisation des Säureüberschusses am besten mit H_2S unter Druck gefällt. Näheres über diese Methode s. Gmelin, System Nr. 68 (A), Pt, S. 501, sowie Gilchrist (b), S. 319, demzufolge Ir hierbei in die 3wertige Form übergeführt wird, während das auszementierte Rhodium ein lösliches Amalgam bildet.

e) Nach Pshenitsyn kann man die beiden Metalle in salzsaurer Lösung durch Behandeln mit $CrCl_2$ trennen, wobei das Rhodium zu Metall, Ir aber nur zu $IrCl_3$ reduziert wird.

f) Auch mit der Wismutschmelze kann man nach Karpoff die beiden Metalle trennen, ebenso mit der Bleischmelze nach Gilchrist.

g) Dagegen ist die von Wöhler und Metz empfohlene Trennung mit der Pyrosulfatschmelze nur mit Vorbehalt durchführbar, da hierbei entgegen den Angaben der Autoren je nach der Schmelzdauer und der Höhe der Schmelztemperatur auch das Iridium mehr oder weniger angegriffen wird.

h) Auf die Möglichkeit, Ir und Rh auf indirektem Wege aus der Menge des beim Chlorieren aufgenommenen Chlors zu bestimmen, ist schon im Qual. Teil S. 122 hingewiesen worden; für quantitative Zwecke dürfte sie wegen der Möglichkeit, daß $IrCl_3$ sich dabei teilweise verflüchtigt, nicht genau genug sein.

II. Eine Methode, Ir neben Rh in ihren komplexen Chloriden durch potentiometrische Titration mit Mohrschem Salz zu bestimmen, haben Grünberg und Ptizyn angegeben.

4. Iridium-Osmium.

Die Trennung erfolgt durch Abdestillieren des Osmiums auf trockenem oder nassem Wege, wie bei Pt–Os S. 74 angegeben. Für besonders schwer aufschließbare Legierungen mit überwiegendem Iridiumgehalt verwendet man zum Aufschluß die Schmelze mit Alkalihydroxyd und -chlorat.

Nach der Entfernung von Os wird Ir in der Lösung durch Hydrolyse nach Gilchrist und Wichers oder nach Moser und Hackhofer bestimmt oder bei geringeren Ansprüchen an die Genauigkeit durch Kochen mit Natronlauge und Alkohol [Sainte-Claire-Deville und Stas (a)] als Oxydhydrat abgeschieden. Das reduzierte und verglühte Iridium kann, insbesondere beim oxydierend-alkalischen Aufschluß, aus den Reagenzien und Gefäßen mehr oder weniger stark verunreinigt sein. Es wird der Reihe nach mit Salpetersäure, Wasser, Salzsäure und Flußsäure behandelt, gründlich gewaschen, getrocknet, reduziert und gewogen.

5. Iridium-Ruthenium.

Das fein zerteilte Analysenmaterial wird mit Kochsalz im Chlorstrom aufgeschlossen und dann das Ru entweder aus der alkalisch gemachten Lösung des Salzgemisches durch die Chlordestillation oder aus der schwefelsauren Lösung mit der $NaBrO_3$-Destillation nach GILCHRIST und WICHERS entfernt. Das in Lösung zurückbleibende Iridium wird, wie oben unter Trennung Ir–Os beschrieben, bestimmt.

D. Trennung des Rhodiums von Osmium und Ruthenium.

Sie erfolgt wie bei den Ir-Legierungen durch Abdestillieren der Tetroxyde von Os und von Ru. Das Rh wird mit Mg als Metall ausgefällt oder durch Hydrolyse als Hydroxyd abgeschieden, verglüht und reduziert. Die Reinigung des Metalls erfolgt in beiden Fällen durch Chlorierung.

E. Trennung des Osmiums vom Ruthenium.

Der Aufschluß dieser Metallpaare erfolgt mit der oxydierend-alkalischen Schmelze (3 Teile NaOH und 1 Teil Na_2O_2). Dann wird das Osmium(VIII)-oxyd am besten mit Salpetersäure abdestilliert. Aus dem Rückstand destilliert man das Ruthenium entweder aus alkalischer Lösung mit Chlor oder nach Überführung in Sulfat mit $NaBrO_3$ ab; oder man dampft den Rückstand mit Salzsäure ein und fällt das Ruthenium nach RUFF und VIDIČ als Sulfid oder mit Mg als Metall. Es ist zweckmäßig, Ru auf Verunreinigungen durch SiO_2 und Alkalisalze zu prüfen.

Man kann das Osmium auch unter Einhaltung der bekannten Temperaturgrenzen auf trockenem Wege von Ru trennen.

Literatur.

AOYAMA, S.: Z. anorg. Ch. **133**, 230 (1924).

BERGSÖE, P.: Z. anorg. Ch. **19**, 322 (1899). — BRUNCK, O.: Quant. Analyse (1936).

Chemiker-Fachausschuß des e.V. Metall u. Erz; Analyse der Metalle I: Schiedsverfahren. Berlin 1949.

DUPARC, L., u. M. N. TIKONOWITCH: Le platine et les gîtes platinifères de l'Oural et du monde. Genf 1920.

GILCHRIST, R.: (a) Am. Soc. **45**, 2820 (1923); (b) Chem. Rev. **32**, 277 (1943). — GILCHRIST, R., u. E. WICHERS: (a) Trabajos IX. Congreso Intern. Quimica VI, 32 (1934); (b) Am. Soc. **57**, 2565 (1935). — GRÜNBERG, A. A., u. B. W. PTIZYN: (a) Iswestija Inst. Isutscheniju Platiny **12**, 156 (1935); durch C. **107**, **II**, 1768 (1936); (b) C. r. Acad. URSS. **A 1933**, **II**, 287; durch C. **106**, **I**, 1743 (1935); (c) C. r. Acad. URSS. **A 1936**, **II**, 17; durch C. **107**, **II**, 2950 (1936).

HOLZER, H.: Fr. **95**, 392 (1933).

JOLY, A., u. E. LEIDIÉ: C. r. **112**, 1260 (1891).

KARPOFF, B. G.: Iswestija Inst. Isutscheniju Platiny **4**, 362 (1926); durch C. **97**, **II**, 1672 (1926). — KARPOFF, B. G., u. A. N. FJEDOROWA: Iswestija Inst. Isutscheniju Platiny **9**, 106 (1932); durch C. **104**, **II**, 1224 (1933). — KRATZ, E.: Dissertation. Darmstadt 1929, S. 53. — KRAUSS, F., u. H. DENEKE: Fr. **67**, 94 (1925).

LATHE, F. E.: Canadian J. Res. **18**, 338 (1940). — LEIDIÉ, E.: C. r. **112**, 1260 (1891).

MAKOWKA, O.: Fr. **46**, 147 (1907). — MOSER, L., u. H. GRABER: M. **59**, 61 (1932). — MOSER, L., u. H. HACKHOFER: M. **59**, 48 (1932). — MYLIUS, F., u. F. FOERSTER: B. **25**, 668 (1892). — MYLIUS, F., u. A. MAZZUCCHELLI: Z. anorg. Ch. **89**, 1 (1914).

NORDENSKJÖLD, J.: Svensk kem. Tidskr. **1905**, 54.

OGAWA, E.: J. Chem. Soc. Japan **51**, 192 (1930); Chem. Abstr. **1932**, 1530.

QUENNESSEN, L.: Bl. Soc. chim. Paris [3] **33**, 878 (1905).

REMY, H.: Angew. Ch. **39**, 1062 (1926). — RICHARDSON, R. W.: School Sci. Rev. **25**, 360 (1944); durch C. **116**, **I**, 2 (1945). — ROSE, H., u. R. FINKENER: Handb. anal. Chemie, 6. Aufl., II, 220 (1871). — RUFF, O., u. E. VIDIČ: Z. anorg. Ch. **143**, 169 (1925). — RUPP, E.: Ar. **243**, 143 (1904). — RUSSELL, I. I., F. E. BEAMISH u. I. SEATH: Ind. eng. Chem. Anal. Edit. **9**, 475 (1937).

SAINTE-CLAIRE-DEVILLE, H., u. I. S. STAS: Comité intern. poids et mesures. Procès-verbaux (a) **1877**, 156 u. 189; (b) **1878**, 132. — SCHIFFNER, C.: Probierkunde (1912). — SCHMIDT, W.: Z. anorg. Ch. **80**, 335 (1913). — SCHOELLER, W. R.: (a) Analyst **51**, 395 (1926); (b) Analyst **55**, 550 (1930); durch C. **101**, **II**, 2924 (1930). — SWANGER, H., u. E. WICHERS: Am. Soc. **46**, 1814 (1924).

TREADWELL, D. W.: Tabellen zur quant. Analyse (1938). — TSCHUGAJEFF, L.: Z. anorg. Ch. **46**, 144 (1905).

WADA, J., u. T. NAKAZONO: Sci. Pap. Inst. Tôkyô **1**, 140 (1923); durch C. **97**, **II**, 1553 (1926). — WICHERS, E.: Am. Soc. **46**, 1818 (1924). — WÖHLER, L., u. L. METZ: Z. anorg. Ch. **149**, 297 (1925). — WÖLBLING, H.: B. **67**, 775 (1934). — WUNDER, M., u. V. THÜRINGER: Fr. **52**, 660 (1913).

F. Trennung der Platinmetalle von Gold und Silber.

1. Auf nassem Wege.

Von den sechs Platinmetallen bilden nur Pt und Pd Legierungen mit Au und Ag. Die anderen vier Metalle bleiben unlegiert zurück, wenn sie mit Au und Ag geschmolzen werden. Nur Rh geht beim Auflösen des Silbers spurenweise mit in Lösung. Vgl. HANSEN.

Die Auflösung der *Legierungen* wird durch eine geeignete Oberflächenbeschaffenheit beschleunigt. Als recht vorteilhaft hat sich, wie aus der Dokimasie bekannt, erwiesen, sie zu sehr dünnen Bändern (0,1 bis 0,05 mm) auszuwalzen und diese möglichst in Röllchenform zu bringen. In dieser Form lassen sie sich nicht nur bequem handhaben, sondern auch nach dem Auflösen eines Bestandteils rasch und gründlich auswaschen, ganz im Gegensatz zu den zwar noch feiner verteilten, aber schwer auszuwaschenden Metallmohren.

Legierungen des Goldes mit Pt oder Pd lösen sich in Königswasser, solche des Silbers mit Pd in Salpetersäure. Aus Legierungen des Silbers mit Pt kann man Ag nicht mit Salpetersäure herauslösen, weil mit ihm zugleich ein Teil des Platins in Lösung geht. Legierungen, in denen der Silbergehalt mindestens das 8fache des Platingehalts beträgt, lösen sich sogar vollständig in Salpetersäure. Man kocht die Legierungen deshalb besser mit konzentrierter Schwefelsäure, der man etwa 10 Vol.-% Wasser zugesetzt hat. Auch hierbei gehen geringe Platinmengen mit dem Silber in Lösung, die man durch Zugabe einiger Kriställchen von As_2O_3 wieder ausfällt; besser verwendet man nach FRÖHLICH zum Auskochen eine 0,5% As enthaltende Schwefelsäure, die durch Schütteln der auf 200° erhitzten Säure mit As_2O_3 erhalten wird, vgl. auch Chemiker-Fachausschuß [Schiedsverfahren (a)]. Den Rückstand vom Schwefelsäureauszug löst man in heißem, verdünntem Königswasser (1 Teil HNO_3, 3 Teile HCl und 12 Teile Wasser), wobei etwa vom Platin zurückgehaltenes Silber sich als AgCl abscheidet und der Hauptfällung des Silberchlorids hinzugefügt wird.

Gemenge der vier anderen Platinmetalle mit Au oder Ag bringt man nötigenfalls durch die Zinkschmelze in feine Verteilung. Dann zieht man aus solchen des Iridiums oder Rhodiums das Gold oder Silber mit den entsprechenden Säuren aus, wobei damit zu rechnen ist, daß bei längerer Einwirkung auch etwas Platinmetall mit in Lösung gehen kann; man schließt das zurückbleibende Platinmetall am besten mit Kochsalz im Chlorstrom auf und bestimmt es nach einer der üblichen Methoden. Auch bei Gemengen mit Ru ist das möglich, jedoch ist dabei zu beachten, daß sich bei der Behandlung mit starker Salpetersäure geringe Mengen von flüchtigem Ruthenium(VIII)-oxyd bilden können. Um Verluste zu verhüten, wird man also die Auflösung in der Destillationsapparatur bei vorgelegter Salzsäure (1 + 1) durchführen. Bei Gemengen von Ir, Rh oder Ru mit Au und Ag genügt statt der Zinkschmelze auch das direkte Aufschließen mit Kochsalz im Chlorstrom.

Dagegen muß man aus Gemengen mit Os immer dieses zuerst auf trockenem Wege oder durch Aufschließen des Gemenges mit dem oxydierend-alkalischen Schmelzfluß, Auflösen desselben in Wasser und Abdestillieren des Osmium(VIII)-oxyds mit HNO_3 entfernen und im Rückstand Au oder Ag bestimmen.

Aus **Lösungen,** die Gold und ein Platinmetall — außer Os — enthalten, entfernt man grundsätzlich zuerst das Gold, weil seine leichte Reduzierbarkeit sonst Störungen veranlassen könnte. Man fällt es z. B. mit Hydroxylammoniumchlorid, am besten in der Wärme, oder auch mit 1%iger Hydrochinonlösung in 1,2 n salzsaurer Lösung, wobei die Fällung schon nach etwa 2 Std. beendet sein soll (BEAMISH, RUSSELL und SEATH); bei Anwesenheit größerer Goldmengen fällt man mit SO_2 in schwach saurer und gelinde erwärmter Lösung. Wenn seine Farbe Verdacht auf Verunreinigungen erwecken sollte, prüft man es durch Quartieren auf Reinheit.

Auch durch wiederholtes Ausschütteln mit Äther kann man eine vollständige Trennung des Goldes von den Platinmetallen erreichen (WILLSTÄTTER). Voraussetzungen für das Gelingen der Trennung sind nach W. BILTZ (a): Das Gold muß als $HAuCl_4$ vorliegen; die Lösung soll 5 bis 10% Metall und 5 bis 10% Gesamtchlorwasserstoff enthalten. — Mit dem Gold gehen einige Unedelmetalle, vor allem Eisen, in die ätherische Lösung, aber auch kleine Mengen von etwa vorhandenem Iridium.

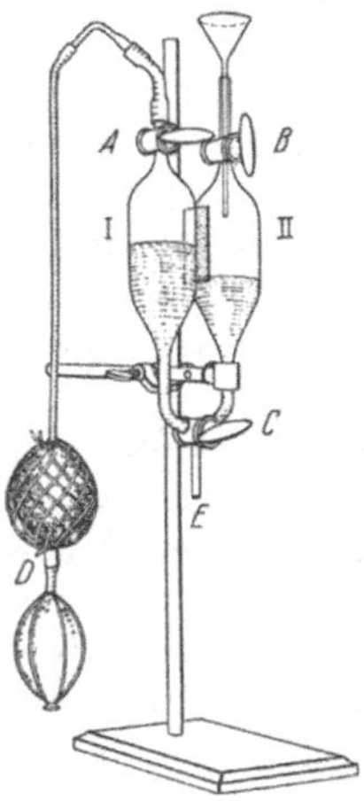

Abb. 2. Schüttelapparat nach ROTHE.

Auf je 100 cm³ Lösung wird so viel konz. HCl hinzugefügt, daß die Mischung insgesamt etwa 30 cm³ HCl (D 1,19) enthält. Die Lösung wird nun mit dem gleichen Volumen Äther im Scheidetrichter ausgeschüttelt. Nach vollkommener Trennung der Schichten wird die untere, wäßrige Schicht abgelassen. Die Behandlung mit Äther wird so oft wiederholt, bis dieser farblos bleibt. In der Regel genügt 4- bis 5maliges Ausschütteln.

Mit besonderem Vorteil bedient man sich des in LEDEBURS Leitfaden für Eisenhüttenlaboratorien beschriebenen, nebenstehend abgebildeten Apparats von ROTHE (Abb. 2). *I* und *II* sind die zur Aufnahme der Flüssigkeit bestimmten Gefäße, oben durch Hähne *A* und *B* verschließbar, unten durch ein Rohr mit Drei-Wege-Hahn *C* verbunden und mit Ablaufrohr *E* versehen. Nachdem die Verbindung beider Gefäße durch entsprechende Einstellung des Drei-Wege-Hahns unterbrochen ist, bringt man in das eine Gefäß die auszuschüttelnde Lösung, in das zweite gießt man Äther (D 0,720), so daß die Flüssigkeiten in beiden Gefäßen gleich hoch stehen. Mit Hilfe eines Kautschukgebläses *D* erzeugt man nunmehr über dem Äther einen geringen Überdruck, worauf man den Drei-Wege-Hahn öffnet, um unter Benutzung des Gebläses den Äther zu der Edelmetallösung hinüberzuführen. Alsdann schließt man sofort den Drei-Wege-Hahn, ebenso die Hähne *A* und *B* und nimmt das Gefäß *I* aus dem Halter, um es in senkrechter und waagerechter Lage zu schütteln, worauf es wieder eingespannt und einige Zeit der Ruhe überlassen wird. Hierbei sondern sich zwei scharf getrennte Schichten: Die untere enthält das Platin, die obere das Gold. Man setzt wiederum das Kautschukgebläse auf und führt die untere Flüssigkeit, um sie ein zweites Mal mit Äther zu behandeln, in das zuvor entleerte Gefäß *II* über; die Ätherlösung läßt man ablaufen, um frischen Äther einzufüllen und das Verfahren in der nämlichen Weise wie vorher zu wiederholen:

Aus der ätherischen Lösung läßt man den Äther abdunsten [Vorsicht, Entflammungsgefahr! Um Explosionen zu vermeiden, ist stets peroxydfreier Äther nach W. BILTZ (b) zu benutzen!], nimmt den Rückstand mit verdünnter Salzsäure auf und fällt das Gold mit SO_2. Nach Vertreibung des überschüssigen SO_2 wird die Lösung, die etwa 5 Vol.-% HCl (D 1,19) enthalten soll, zwecks Ausfällung etwa vorhandener geringer Mengen Ir bei der Siedetemperatur des Wasserbades in der Druckflasche mit H_2S behandelt.

Ausgefälltes Sulfid wird abfiltriert, mit H_2S-haltigem, schwach mit HCl angesäuertem Wasser gewaschen und an geeigneter Stelle in den Analysengang wieder eingefügt.

Die wäßrige Lösung dampft man zur Verjagung kleiner Äthermengen auf dem Wasserbad ein, nimmt den Rückstand mit verdünnter Salzsäure auf und bestimmt das in der Lösung verbliebene Platinmetall in üblicher Weise, so das Pt durch Reduktion mit Ameisensäure (vgl. S. 26ff.) oder elektroanalytisch (vgl. S. 30); siehe auch GILCHRIST. Pd wird mit Hydraziniumchlorid (JANNASCH und v. MAYER) oder mit Dimethylglyoxim gefällt.

Ein ähnliches Trennungsverfahren für Au und Pt wird von SKEY angegeben: Die Lösung beider Metalle wird nach Zusatz von KCNS mit Äther und Alkohol ausgeschüttelt, wobei das Goldrhodanid in die nichtwäßrige Schicht übergeht.

Nach HANUŠ, JILEK und LUKAS kann man Pd mit Benzoyldimethylglyoxim auch *vor* dem Gold fällen, ebenso nach SCHÖNTAL mit p-Aminoacetophenon.

Aus **Lösungen,** die Silber und ein Platinmetall enthalten, fällt man Ag mit Salzsäure. Dabei sind die Vorschriften des Chemiker-Fachausschusses [Schiedsverfahren (b)] genau zu beachten.

Falls die Fällung nicht rein weiß ist, muß sie mit Ammoniakwasser umgelöst werden. Bei der kräftigen Eigenfarbe der meisten Salze der Platinmetalle ist es nicht besonders schwer, den verfärbten, also verunreinigten, von einem reinweißen AgCl-Niederschlag zu unterscheiden.

Besonders sorgfältig muß man bei der Trennung von Ag und Pd arbeiten, weil bei der Fällung des Silbers mit HCl immer etwas Pd mitgerissen wird. Das Silber muß aus stark verdünnter Lösung durch tropfenweisen Zusatz von höchstens 10%iger Salzsäure unter starkem Rühren gefällt und das Silberchlorid ein- oder mehrmals umgelöst werden, bis man einen reinweißen Niederschlag erhält. Die Analyse von Ag–Pd-Legierungen ist also trotz ihrer leichten Löslichkeit in Salpetersäure gar nicht so einfach! Das gefällte Silberchlorid trocknet man bei 180° und berechnet aus seinem Gewicht den Silbergehalt der Probe.

Nach LENK kann man jedoch auch Pd vor Ag mit Dimethylglyoxim aus salpetersaurer Lösung fällen, falls kein Chlor zugegen ist. Dagegen kann man die Pd-Fällung nicht mit Hydraziniumsulfat vornehmen, weil sie zuviel Ag mitreißen würde (JANNASCH und ROSTOSKY).

Eine andere Trennungsmöglichkeit für Ag und Pd besteht darin, daß man Pd durch 1stündiges Erhitzen auf 80° mit $NaNO_2$ in komplexes Nitrit überführt und die Lösung nach dem Erkalten mit Soda schwach alkalisch macht, wobei das Ag ausfällt (ZSCHIEGNER).

Nach der Entfernung des Silbers nach dem einen oder anderen Verfahren bestimmt man im Filtrat das vorhandene Platinmetall nach einer der üblichen Methoden.

Elektrolytische Trennungsmethoden werden für Legierungen von Au und Ag mit Pt und Pd angegeben. Jedoch gibt es nach FISCHER und SCHLEICHER (a) für die Trennung von Ag und Pd keine brauchbaren Methoden. Dagegen lassen sich nach denselben Autoren (b) Au und Pd auf diesem Wege trennen; ebenso sind für die elektrolytische Trennung des Platins von Au und Ag verschiedene Vorschriften aus der Literatur bekannt. Wie jedoch BRUNCK in seinem Buche „Quantitative Analyse" mit Recht betont, sind sie gegenüber der Fällung der Edelmetalle mit den entsprechenden Reduktionsmitteln zu umständlich und haben keine praktische Bedeutung erlangt. Deshalb soll von ihrer Wiedergabe abgesehen werden. Die diesbezügliche Literatur ist im Handbuch von GMELIN, 8. Aufl. 1940, Bd. 68 A, S. 498 u. 513 zusammengestellt.

2. Auf trockenem Wege (Dokimasie).

Die dokimastische Bestimmung der Platinmetalle schließt sich so eng an die von Gold und Silber an, daß sie bei diesen mitbehandelt wird (s. Handbuch der analytischen Chemie III, Band Ib, Silber und Gold).

Literatur.

BEAMISH, F. E., s. I. I. RUSSELL u. I. SEATH: Ind. eng. Chem. Anal. Edit. **9**, 175 (1937). — BILTZ, W.: Ausführung qual. Analysen (1939), (a) S. 159, (b) S. 121. — BRUNCK, O.: Quant. Analyse, S. 114 (1936).

Chemiker-Fachausschuß Metall u. Erz: Schiedsverfahren, (a) S. 173, (b) S. 176 (1942).

FISCHER, A., u. A. SCHLEICHER: Elektroanal. Schnellmethoden, 2. Aufl. 1926, (a) S. 310, (b) S. 318. — FRÖHLICH, K. W.: Z. El. Ch. **41**, 207 (1935).

GILCHRIST, R.: Chem. Rev. **32**, 322 (1943). — GILCHRIST, R., u. E. WICHERS: Am. Soc. **57**, 2565 (1935).

HANSEN, M.: Der Aufbau der Zweistofflegg., S. 52 u. 256. Berlin: Springer 1936. — HANUŠ, I., A. JILEK u. J. LUKAS: Chem. N. **131**, 402 (1925); **132**, 132 (1926).

JANNASCH, P., u. O. v. MAYER: B. **38**, 2130 (1905). — JANNASCH, P., u. L. ROSTOSKY: B. **37**, 2460 (1904).

LEDEBUR, A.: Leitfaden f. Eisenhüttenlaboratorien, 6. Aufl., S. 60 u. 62/63 (1903). — LENK, G.: Met. Erz **32**, 95 (1935).

MOSER, L., u. H. HACKHOFER: M. **59**, 54 (1932).

SCHÖNTAL, R.: Soc. **1938**, 1099. — SKEY, W.: Chem. N. **16**, 201 (1867); Fr. **7**, 251 (1868).

WILLSTÄTTER, R.: B. **36**, 1830 (1903).

ZSCHIEGNER, H. E.: Ind. eng. Chem. **17**, 294 (1925).

G. Trennung binärer Systeme von Platinmetallen und Unedelmetallen.

Liegt der seltene Fall vor, daß es sich um reine Gemenge zweier Metalle handelt, so kann man diese häufig schon auf Grund ihrer verschiedenen Löslichkeit in Säuren voneinander trennen; dagegen wird man Legierungen in Säuren lösen oder, wenn dies nicht gelingt, sie zuerst durch Schmelzen mit Blei oder Zink aufschließen müssen.

Für die Trennung der beiden Metalle in Lösungen stehen zwei Wege zur Verfügung: man kann entweder zuerst das Edelmetall oder das Unedelmetall bestimmen. Den ersten Weg wird man bevorzugen, wenn es sich um Osmium oder Ruthenium handelt; die Flüchtigkeit der Tetroxyde dieser beiden Metalle erlaubt es, sie nach den S. 51ff. beschriebenen Methoden zuerst abzuscheiden. Dagegen fällt man beim Vorhandensein eines der vier anderen Platinmetalle nicht etwa diese zuerst mit Reduktionsmitteln oder mit Spezialreagenzien, weil diese Fällungen einerseits nie ganz vollständig sind und andererseits immer Unedelmetalle mitreißen, sondern man entfernt wenn irgend möglich zuerst das Unedelmetall mit einem der gebräuchlichen Reagenzien und bestimmt dann erst das Edelmetall.

Ein in vielen Fällen verwendbares Verfahren zur Abscheidung von Unedelmetallen ist nach GILCHRIST [(c), S. 325] die Hydrolyse bei Gegenwart von $NaNO_2$, mit dem die Platinmetalle komplexe Nitrite bilden.

Von den Unedelmetallen, die bei der Analyse mit den Platinmetallen zusammen vorzukommen pflegen, sind die wichtigsten Blei, Wismut, Kupfer und Eisen. Sie sollen zuerst besprochen werden.

1. Blei.

Da die Bleischmelze sehr häufig als Aufschlußverfahren für edelmetallhaltige Materialien verwendet wird, ist die Entfernung des Bleis aus den erhaltenen Lösungen besonders wichtig. In diesem Falle handelt es sich nicht um die Bestimmung, sondern um die Abscheidung des Bleis. Größere Bleimengen wird man immer als Sulfat aus den Lösungen niederschlagen.

Schon SAINTE-CLAIRE-DEVILLE und STAS haben nach dieser Methode gearbeitet. Neuere Vorschriften hierfür findet man bei BRUNCK (Quant. Analyse S. 81) und im Handbuch von FRESENIUS unter Blei. Wenn man sie genau einhält, wird das gefällte Bleisulfat meist reinweiß, also edelmetallfrei sein. Bei auftretendem Zweifel kann man sich hiervon leicht durch eine Schmelzprobe überzeugen: Nach dem Abtreiben des Bleis darf auf der Kupelle kein metallischer Rückstand bleiben. Ist aber das Bleisulfat durch einen geringen Gehalt an Platinmetall gefärbt, was beim Überwiegen des Edelmetallgehalts gegenüber dem an Blei vorkommt, so muß es umgearbeitet werden. Das geschieht z. B. durch Umsetzen mit Ammoniumcarbonat; nach BRUNCK ist längeres Digerieren mit Natriumhydrogencarbonat bei gewöhnlicher Temperatur vorzuziehen. Hierbei verwandelt sich das Bleisulfat in Bleicarbonat, das in Salpetersäure oder Essigsäure gelöst, in bekannter Weise als Sulfat wieder gefällt und durch Filtration vom Edelmetall getrennt wird. Oft genügt auch schon die Umsetzung des Sulfats zum Carbonat, um dem Niederschlag das Edelmetall zu entziehen und ihn rein weiß werden zu lassen. Dann braucht man nur das Filtrat zu konzentrieren, um etwas mit in Lösung gegangenes Blei abzuscheiden, dieses abzufiltrieren und das edelmetallhaltige Filtrat der Hauptlösung zuzufüllen.

Nach Entfernung des Bleis fällt man Platin und Palladium aus salzsaurer Lösung mit einem der bekannten Reduktionsmittel, Platin auch mit Salmiak, Palladium mit Dimethylglyoxim. — Rhodium kann man nach MOSER und GRABER aus schwefelsaurer Lösung auch als Sulfid ausfällen, nachdem man sie zuvor bis zur Nebelbildung eingedampft hat, wobei sich aber kein Rhodiumsulfat abscheiden darf, wogegen nach GILCHRIST und WICHERS die Fällung erst nach längerem Digerieren der Sulfatlösung mit konzentrierter Salzsäure in der Wärme gelingt. Besser ist es, das Rhodium aus salzsaurer Lösung mit Magnesium auszuzementieren und durch Chlorieren zu reinigen. Das Chlorid wird erneut reduziert und das Metall gewogen (WÖHLER und METZ). — Da Iridium sich nicht mit Blei legiert, bleibt es beim Auflösen des Bleis als Metall zurück, das man mit Kochsalz im Chlorstrom aufschließt. Aus der Chloridlösung fällt man es als Dioxydhydrat, das man zum Metall reduziert.

Soll eine *Bestimmung* des Bleis in einem Gemisch oder einer Legierung erfolgen, so fällt man es entweder wie beschrieben als Sulfat und wägt es als solches; oder man fällt es nach GILCHRIST [(c), S. 324] in Nitritlösung beim Endpunkt von Xylenolblau ($p_H = 8$) als Carbonat oder bei $p_H = 6{,}3$ als Chromat.

Zur Mikrotrennung von Iridium und Blei geben BAREFOOT, McDONNELL und BEAMISH zwei Verfahren an: Nach dem einen fällen sie Blei als Phosphat bei $p_H = 6$, während Iridium als komplexes Nitrit in Lösung gehalten wird, nach dem anderen — einfacheren — Iridium mit 2-Mercaptobenzthiazol.

2. Wismut.

Ebenso wie Blei, wenn auch weniger häufig, bringt man Wismut in das Analysenmaterial ein, wenn man nämlich bei der Trennung der Platinmetalle voneinander die Wismutschmelze zur Isolierung des Rhodiums benutzt (s. S. 79). Man entfernt es dann am besten durch Hydrolyse auf Grund der Schwerlöslichkeit seines basischen Chlorids oder Nitrats, bevor man das Rhodium bestimmt. Ist der Niederschlag nicht rein weiß, sondern rosa gefärbt, so muß er bis zu 3mal umgelöst werden (WÖHLER und METZ).

Sollte der Fall eintreten, daß Wismut als Verunreinigung eines der Platinmetalle vorliegt und seine Menge bestimmt werden muß, so fällt man es als basisches Nitrat (nicht als Chlorid wegen der Gefahr von geringen Verlusten durch dessen Verflüchtigung) und verglüht dieses zu Oxyd.

Nach Abscheidung der Hauptmenge des Wismuts werden die vereinigten Filtrate mit Zink oder Magnesium gefällt. Um die letzten Spuren Wismut aus der Fällung zu entfernen, schließt man sie mit Kochsalz und Chlor bei Rotglut auf, wobei das Wismut als $BiCl_3$ verflüchtigt wird (WÖHLER und METZ). — Dagegen ist es nach den Verfassern nicht empfehlenswert, das Gemisch von Wismut und Edelmetall von vornherein zu chlorieren, weil bei der Verflüchtigung größerer Wismutmengen leicht Rhodiumverluste entstehen.

Die Platinmetalle werden nach einer der üblichen Methoden bestimmt.

3. Kupfer

gehört mit zu den am häufigsten anzutreffenden Beimischungen der Platinmetalle. Es ist im Platinerz in Mengen von 0,1 bis 5% enthalten (DUPARC und TIKONOWITCH), und in der Industrie wird es oft dem Platin zulegiert, so z. B. bei der Herstellung von Bijouterieplatin. Die beste Methode zur Trennung des Kupfers von allen Platinmetallen ist ohne Frage die CuCNS-Methode nach SWANGER und WICHERS. Der Aufschluß erfolgt je nach dem Legierungsverhältnis mit Salpetersäure oder Königswasser. Schwer schmelzbare oder schwer lösliche Legierungen werden mit Kochsalz und Chlor in wasser- oder säurelösliche Form gebracht, nötigenfalls nach Auflockerung durch die Zinkschmelze. Vor der Fällung des Kupfers soll das Volumen der Lösung etwa 150 bis 250 cm³ betragen bei nicht mehr als 100 mg Kupfergehalt wegen der voluminösen Beschaffenheit des Niederschlags von CuCNS; dagegen können mehrere Gramm Platinmetalle zugegen sein. Die Lösung wird zunächst mit SO_2 behandelt, derart, daß eine gesättigte Lösung von SO_2 in Anteilen von 20 cm³ hinzugefügt wird, bis nach halbstündigem Digerieren auf dem Dampfbad die Lösung noch kräftig nach SO_2 riecht und blaßgelb geworden ist. Man läßt sie abkühlen und neutralisiert die freie Säure größtenteils mit NaOH-Lösung, bis sich gerade ein Niederschlag zu bilden beginnt. Dann werden 6 bis 10 Tropfen konzentrierte Salzsäure hinzugefügt. Ein großer Überschuß an freier Säure würde zu unvollständiger Kupferfällung führen. Als Reagens dient eine Lösung von 2 g NH_4CNS in 100 cm³ gesättigter SO_2-Lösung. Für je 50 mg Kupfer werden 10 cm³ dieser Lösung tropfenweise der kalten Lösung zugesetzt. Von Zeit zu Zeit wird kräftig umgerührt. Zum Absetzen des Niederschlags läßt man die kalte Lösung einige Stunden, am besten über Nacht, stehen. Der Niederschlag wird dann durch ein dichtes Filter abfiltriert und mit kaltem Wasser gewaschen, dem etwas Kochsalz zugesetzt ist (Filtrat 1). Niederschlag samt Filter werden in den Becher zurückgegeben, mit einer zur Auflösung des Niederschlags hinreichenden Menge Salpetersäure[1] versetzt und eine halbe Stunde auf dem Dampfbad erhitzt. Die Lösung wird von dem Papierbrei abfiltriert (Filtrat 2) und nochmals wie oben gefällt. Der größere Teil der Platinmetalle, die den ersten Niederschlag verunreinigten, ist bei dem Papierbrei und wird mit Königswasser ausgezogen. Das Filtrat der zweiten Kupferfällung enthält ebenfalls geringe Mengen von Platinmetallen und wird dem ersten Filtrat hinzugefügt. Der endgültige Niederschlag von CuCNS ist weiß, sofern er rein ist. Er wird abfiltriert und mit kaltem Wasser gewaschen, das etwas Ammoniumchlorid oder -sulfat enthält, bis der Ablauf alkalifrei ist. Das Kupfer wird dann in bekannter Weise bestimmt; am einfachsten ist die Umwandlung in metallisches Kupfer. Zu diesem Zweck wird das Filter mit dem Niederschlag in einem Porzellantiegel im Wasserstoffstrom verkohlt und anschließend bei Luftzutritt vollständig verascht. Der Rückstand wird im Wasserstoffstrom reduziert und als metallisches Kupfer gewogen.

Die Platinmetalle werden im Filtrat von CuCNS nach Zerstörung des Rhodankomplexes mit Salpetersäure nach einer der üblichen Methoden bestimmt, so Platin durch Fällung mit Salmiak oder mit Reduktionsmitteln, Palladium mit Dimethylglyoxim, Rhodium durch Auszementieren mit Zink oder Magnesium und Reinigung der erhaltenen Fällung durch Chlorieren, Iridium am besten durch Hydrolyse nach MOSER und HACKHOFER oder nach GILCHRIST und WICHERS.

Andere Methoden zur Fällung des Kupfers vor den Platinmetallen sind die Trennung des Kupfers von Platin und Palladium mit KNO_2 nach JOLY und LEIDIÉ und seine elektrolytische Abscheidung nach den Lehrbüchern von CLASSEN und DANNEEL oder TREADWELL.

Will man aber das Edelmetall vor dem Kupfer bestimmen, so stehen auch dafür verschiedene Methoden zur Verfügung. Platin fällen SAINTE-CLAIRE-DEVILLE und

---

[1] 1 Vol. HNO_3 (D 1,42), verdünnt mit 3 Vol. Wasser.

STAS mit Ameisensäure bei Gegenwart von Ammonacetat, RIENÄCKER mit alkoholischem Salmiak; Palladium fällen ERDMANN und MAKOWKA mit Acetylen, WUNDER und THÜRINGER mit Dimethylglyoxim, HALLS als K_2PdCl_6 (eine gute Methode!); Iridium fällen MOSER und HACKHOFER als $Ir(OH)_4$, wobei aber Kupfer mitgerissen wird. Nach MOSER und GRABER fällt man aus einer Rhodium und Kupfer enthaltenden Lösung beide Metalle nach Zusatz von $MgCl_2$ bei Siedehitze mit H_2S, führt die Sulfide in Oxyde über, reduziert diese, trennt das Kupfer vom Rhodium durch Lösen in Salpetersäure und bestimmt es elektrolytisch. Ein Vorteil dieser umständlichen Methode gegenüber den einfacheren ist nicht ersichtlich. Endlich sei die Methode von SWJAGINZEFF zur Analyse von Rhodium-Kupfer-Legierungen erwähnt: Er schließt sie mit Zink auf, löst in Königswasser und fällt bei Legierungen mit überwiegendem Rhodiumgehalt zunächst dieses bei Gegenwart von Salmiak als komplexes Nitrit, dagegen bei überwiegendem Kupfergehalt zuerst das Kupfer als Rhodanür und erst dann das Rhodium als komplexes Nitrit.

4. Eisen.

Der häufigste unedle Begleiter der Platinmetalle ist das Eisen. Der gleichen Gruppe des Periodischen Systems wie diese angehörig, bildet es einen sehr wesentlichen Bestandteil des Platinerzes, in dem es bis zu 18% enthalten ist. Auch in zahlreichen in der Industrie vorkommenden Materialien findet sich das Eisen zusammen mit den Platinmetallen. Soweit diese nicht ohne weiteres in Säuren löslich sind, werden sie am besten mit Zink aufgelockert und, wenn sie auch danach nicht in Königswasser löslich sind, mit Kochsalz und Chlor aufgeschlossen.

Leider gibt es für Eisen kein Spezialreagens, mit dem man es wie die bisher besprochenen Unedelmetalle vor den Platinmetallen aus Lösungen ausfällen könnte. Die einzige in Betracht kommende Methode ist die von LEIDIÉ, das Eisen (wie andere Unedelmetalle) aus alkalischer Lösung zu fällen, während die Platinmetalle als komplexe Nitrite in Lösung gehalten werden. (Vgl. oben S. 87.)

Beim Vorliegen größerer Eisenmengen kann man von der Löslichkeit des Eisenchlorids in Äther Gebrauch machen und dieses, wie S. 82f. beschrieben, mit Äther ausschütteln, wobei 99% des Eisenchlorids gelöst werden, andererseits aber etwas Iridium mit in Lösung geht (MYLIUS). Man dunstet den Äther ab und fällt das Eisen mit Ammoniak, wobei aber nach WÖLBLING wieder etwas Iridium mitfällt.

Bei geringerem Eisengehalt dagegen wird man zuerst die Platinmetalle entfernen und im Filtrat, nachdem man es aufoxydiert hat, das Eisen als Hydroxyd fällen und als Oxyd wägen.

Bei der Fällung des *Platins* mit Salmiak wird nach SAINTE-CLAIRE-DEVILLE und STAS stets Eisen mitgerissen; man fällt es deshalb besser bei Gegenwart von Ammonacetat mit Ameisensäure. Nach GILCHRIST [(c), S. 322] ist die Fällung vollständig, wenn man die Acidität der Lösung auf den Endpunkt von Bromphenolblau ($p_H = 4$) einstellt. — Man kann es auch mit Magnesium oder Zink auszementieren, umlösen und dann mit Ameisensäure fällen. WILLSTÄTTER fällt es aus saurer Lösung mit Schwefelwasserstoff. Die Methode von JOLY und LEIDIÉ ist nach SCHOELLER schlecht.

Palladium kann man vor dem Eisen aus schwach salzsaurer Lösung mit Dimethylglyoxim fällen, wobei man jedoch beachten muß, daß durch die Reduktion von Fe(III) zu Fe(II) ein Mehrverbrauch des Reagenses eintritt; *Rhodium* fällt man durch Auszementieren und reinigt die Fällung durch Chlorieren, oder man fällt nach MOSER und GRABER das Rhodium mit Schwefelwasserstoff bei Siedehitze aus einer Lösung, die man $^1/_7$ bis $^1/_{10}$ n salzsauer gemacht und auf je 100 cm^3 mit 15 cm^3 $^1/_{10}$ m Magnesiumchloridlösung versetzt hat. Dabei wird kein Eisen mitgerissen.

Iridium ist am schwierigsten von Eisen zu trennen. SAINTE-CLAIRE-DEVILLE und STAS haben ein umständliches Verfahren ausgearbeitet, aus dem Gemisch der geglühten Oxyde das Eisenoxyd mit einer salzsauren NH_4J-Lösung auszuziehen und als Hydroxyd zu fällen, wobei aber etwas Iridium einerseits mitgelöst und andererseits wieder mitgefällt wird.

Moser und Hackhofer fällen das Eisen vor dem Iridium aus ammoniakalischer Lösung mit H_2S bei Gegenwart von Oxalsäure, umgekehrt Wada und Nakazono das Iridium vor dem Eisen aus saurer Lösung mit H_2S unter Druck; die von Swanger vorgeschlagene Methode, mit Eisen legiertes Iridium nach Zerlegung durch die Zinkschmelze mit Pyrosulfat aufzuschließen, hat sich nach Schoeller als ungeeignet erwiesen. Verwendbar ist auch das Verfahren von Gilchrist [(c), S. 323], das Iridium in komplexes Nitrit zu überführen und das Eisen durch Hydrolyse zu entfernen (vgl. S. 98).

Die beste Methode hat anscheinend Schoeller angegeben: Die salzsaure Lösung, die das Eisen in der 3wertigen, das Iridium in der 4wertigen Form enthält, wird mit 5 g Salmiak auf dem Wasserbad eingedampft, bis die über dem schwarzen Iridiumsalmiak stehende Lösung grünfarbiges Aussehen zeigt und Salmiak auszukristallisieren beginnt. Diese Kristalle werden in der noch warmen Lösung durch Zugabe von etwas halbkonzentrierter Salmiaklösung wieder gelöst, über Nacht stehengelassen und dann durch Dekantieren ausgewaschen, abfiltriert und feucht vorsichtig erhitzt bis zum Entweichen von Salmiakdämpfen. Dem Filtrat werden einige Kubikzentimeter Salpetersäure hinzugefügt und dieses bis zur Abscheidung reichlicher Salmiakmengen eingedampft. Nach 12stündigem Stehen wird der Niederschlag wie der erste behandelt, mit diesem vereint und bei möglichst niedriger Temperatur bis zur Austreibung aller flüchtigen Bestandteile vorsichtig verglüht. Schließlich erhitzt man den Rückstand auf Rotglut und reduziert das Oxyd im Wasserstoffstrom. — Handelt es sich um geringe Mengen Iridium, dann muß die Iridiumfällung im Filtrat der ersten Fällung sehr konzentriert durchgeführt werden. Dazu wird das Filtrat mit konzentrierter Salpetersäure zur Trockne verdampft, mit 10 cm^3 heißer wäßriger Salzsäure und einigen Tropfen Salpetersäure aufgenommen und die Lösung zur Fällung des Iridiums mit 1 g Salmiak eingedampft. Im Filtrat der Salmiakfällung wird das Eisen mit Ammoniak gefällt. Enthält aber die Eisenlösung noch etwas Iridium (an der Farbe der Lösung und des geglühten Eisenoxyds kenntlich), so wird das Eisenoxyd in heißer konzentrierter Salzsäure gelöst, wobei der größte Teil des Iridiums zurückbleibt. Etwa gelöste Teile werden nach Eindampfen der Lösung und Zugabe einiger Tropfen Salpetersäure mit Salmiak abgeschieden.

5. Übrige Unedelmetalle.

Von den *übrigen Unedelmetallen* läßt sich *Zinn* auf Grund der großen Flüchtigkeit seines Sulfids und Chlorids besonders leicht durch Destillation im Schwefelwasserstoff- oder Chlorstrom von den Platinmetallen trennen (Debray; Wöhler und Spengel). Ebenso kann man *Arsen* und *Antimon* im Chlorstrom abdestillieren.

Nickel und *Kobalt, Zink, Chrom* und *Mangan* fällt man am besten vor den Platinmetallen durch Hydrolyse bei Gegenwart von Natriumnitrit nach der schon oben erwähnten Methode von Gilchrist. Zur Erzielung einer genauen Trennung von den Platinmetallen muß die Fällung wiederholt werden.

Für die Trennung des von ihm entdeckten *Galliums* von Platin, Palladium und Rhodium hat Lecoq de Boisbaudran Methoden angegeben:

Platin und Palladium (a) werden aus salzsaurer Lösung mit H_2S gefällt. Die Fällung erfolgt sehr langsam und wird dadurch gefördert, daß man die Lösung einige Stunden auf 70° erhitzt. Im Filtrat muß man sich von der Vollständigkeit der Fällung durch nochmaliges Einleiten von H_2S überzeugen, wobei keine Färbung der Lösung mehr eintreten darf.

Auch Rhodium (b) kann von Gallium durch Fällung mit H_2S getrennt werden; man muß aber die Lösung bis zum Sieden erhitzen und das Sulfid umfällen. Einfacher ist es, das Rhodium aus möglichst konzentrierter Lösung, die man allmählich bis 90° erhitzt, mit Kupfer abzuscheiden. Auch kann man das Gallium vor dem Rhodium mit $K_4[Fe(CN)_6]$ aus stark salzsaurer Lösung fällen. Für Iridium gibt LECOQ DE BOISBAUDRAN keine Trennungsmethode an.

Salze des *Titans* bringt man in das Analysenmaterial, wenn man Iridium und Rhodium nach den Verfahren von WADA und NAKAZONO sowie von GILCHRIST und WICHERS trennt (vgl. S. 78ff). Nachdem das Rhodium gefällt ist, sättigen WADA und NAKAZONO die schwefelsaure Lösung, nachdem sie ihr zur Vermeidung einer Hydrolyse des Titansulfats auf je 100 cm³ das gleiche Volumen Glycerin oder 30 g Weinsäure zugesetzt haben, in der Kälte mit H_2S und erhitzen sie in einem Druckgefäß 1 Std. auf dem Dampfbad oder in kochendem Wasser. Das ausgefällte Iridium(IV)-sulfid lösen sie in Königswasser und fällen das Iridium aus salzsaurer Lösung mit Salmiak. GILCHRIST (a) fällt das Titan aus kalter schwefelsaurer Lösung mit 6%iger Kupferronlösung, zerstört im Filtrat die organische Substanz mit HNO_3 und fällt das Iridium als Hydroxyd durch Zugabe von $NaHCO_3$ und $NaBrO_3$ bei $p_H = 6$.

Literatur.

BAREFOOT, R. R., W. J. McDONNELL u. F. E. BEAMISH: Anal. Chem. **23**, 514 (1951). — BRUNCK, O.: Quant. Analyse, S. 81 (1936).

DEBRAY, H.: C. r. **104**, 1471 (1887). — DUPARC, L., u. M. N. TIKONOWITCH: Le platine et les gîtes platinifères de l'Oural et du monde. Genf 1920.

ERDMANN, H., u. O. MAKOWKA: B. **37**, 2695 (1904).

GILCHRIST, R.: (a) Bur. Stand. J. Res. **9**, 552 (1932); (b) Am. Soc. **45**, 2820 (1923); (c) Chem. Rev. **32**, 325 (1943). — GILCHRIST, R., u. E. WICHERS: Am. Soc. **57**, 2565 (1935).

HALLS, E. E.: Ind. Chemist **10**, 313 (1934); durch GM. Syst. **68 A**, 499 (1940).

JOLY, A., u. E. LEIDIÉ: C. r. **112**, 1260 (1891).

LECOQ DE BOISBAUDRAN: (a) C. r. **95**, 1332 (1882); (b) **96**, 152 (1883). — LEIDIÉ, E.: C. r. **131**, 888 (1900).

MOSER, L., u. H. GRABER: M. **59**, 61 (1932). — MOSER, L., u. H. HACKHOFER: M. **59**, 44 (1932). — MYLIUS, F., u. C. HÜTTNER: B. **44**, 1324 (1911).

RIENÄCKER, G., u. H. HILDEBRANDT: Z. anorg. Ch. **248**, 55 (1941).

SAINTE-CLAIRE-DEVILLE, H., u. I. S. STAS: Comité intern. poids et mesures. Procès-verb. Séances (1877 u. 1878). — SCHOELLER, W. R.: Analyst **51**, 395 (1926). — SWANGER, W. H.: s. GILCHRIST, R., (b). — SWANGER, W. H., u. E. WICHERS: Am. Soc. **46**, 1814 (1924). — SWJAGINZEFF, E. O.: Žurnal prikladnoi Chim. **5**, 217 (1932).

WADA, J., u. T. NAKAZONO: Sci. Pap. Inst. Tôkyô **1**, 140 (1922). — WILLSTÄTTER, R.: B. **36**, 1830 (1903). — WÖHLER, L., u. L. METZ: Z. anorg. Ch. **149**, 307 (1925). — WÖHLER, L., u. A. SPENGEL: Fr. **50**, 165 (1911).

§ 10. Trennungsgänge.

A. Trennung der sechs Platinmetalle voneinander nach GILCHRIST und WICHERS.

Hierfür haben GILCHRIST und WICHERS eine ganz vorzügliche Methode ausgearbeitet, die wegen ihrer besonderen Bedeutung ausführlich wiedergegeben sei. Sie gehen dabei davon aus, daß die Metalle in salzsaurer Lösung vorliegen, setzen also den Aufschluß etwaiger Rohmaterialien als erfolgt voraus.

1. Trennung und Bestimmung des Osmiums [nach GILCHRIST (b)].

I. Der Destillierapparat (Abb. 3) besteht aus einem 700 cm³ fassenden Glaskolben und einem Satz von drei Absorptionsflaschen zu je 300 cm³ sowie einer Anzahl von Ver-

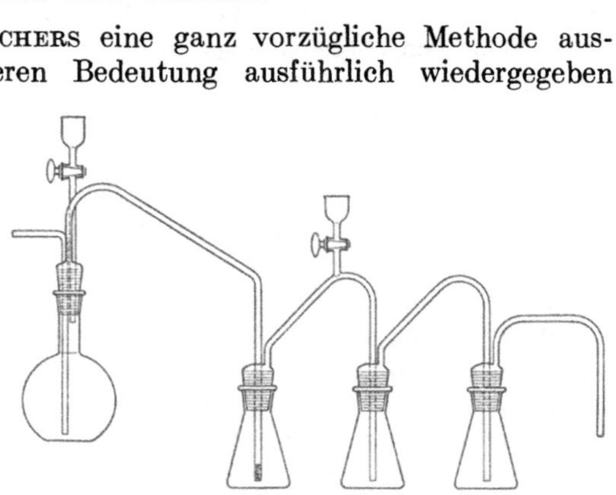

Abb. 3. Destillierapparat nach GILCHRIST.

bindungsrohren aus Glas, die zu einem Stück verschmolzen sind. Das mit einem Glashahn abschließbare Einlaufrohr zwischen der ersten und zweiten Vorlegeflasche dient zur Nachfüllung der absorbierenden Lösung mit schwefliger Säure, wenn ungewöhnliche Mengen Salpetersäure destilliert werden und um nach beendeter Destillation das Verbindungsrohr zwischen den beiden Flaschen zu spülen. Der ganze Apparat besteht aus Pyrexglas. Die Verbindungsstücke müssen sehr sorgfältig eingeschliffen werden. Die Vorlageflaschen sollen gegenseitig auswechselbar sein. Die Verbindungsstellen dürfen nur mit einem Wasserfilm ,,eingefettet" werden, niemals mit Schmierfett. Dieses würde OsO_4 zu Dioxyd reduzieren, das nicht leicht wiedergewonnen werden kann. Die einzige Stelle, die eingefettet wird, ist der Absperrhahn in dem Rohr, durch das die Salpetersäure in den Destillierkolben eingeführt wird. Während der Destillation wird dieses Rohr häufig mit Wasser gespült, um etwaiges Tetroxyd, das in die darin befindliche Wassersäule gelangt sein könnte, zu erfassen. Drei Vorlegeflaschen sind nötig, obwohl die Absorption in der ersten Flasche praktisch beendet ist. In der zweiten Flasche ist bereits kein Osmium nachweisbar.

II. Trennung des Osmiums durch Destillation als Osmium(VIII)-oxyd. Man gibt 150 cm³ verdünnte HCl (1 + 1), die frisch mit SO_2 gesättigt ist, in die erste Vorlegeflasche und 50 cm³ der gleichen Säure in jede der beiden anderen Flaschen. Die Lösung, die die Platinmetalle enthält, gibt man in den Destillierkolben und prüft, ob die einzelnen Teile des Apparates richtig verbunden sind. Falls nötig, verdünnt man die Lösung im Destillierkolben auf ungefähr 100 cm³ mit Wasser und läßt durch das Einlaufrohr 40 cm³ verdünnte Salpetersäure (1 + 1) hinzulaufen. Dieses Rohr und der Sperrhahn werden mit 10 cm³ Wasser nachgespült. Man läßt nun einen langsamen Luftstrom durch den Apparat streichen und erhitzt die Lösung im Destillierkolben zum Sieden. Die Destillation wird 1 Std. lang fortgesetzt. Diese Zeit wird genügen, um aus einer Alkaliosmat- oder -bromoosmatlösung das Osmium mit Sicherheit zu entfernen.

Ist das Osmium jedoch als Chloroosmat anwesend, so sind etwa 7 bis 8 Std. dafür nötig. In diesem Falle ist es vorzuziehen, aus konzentrierter Schwefelsäure zu destillieren, wobei die benötigte Zeit beträchtlich gekürzt werden kann. Ist kein Ruthenium zugegen, so destilliert man aus konzentrierter Schwefelsäure, der man einige Kubikzentimeter Salpetersäure hinzufügt.

III. Fällung von Osmium als Dioxydhydrat. Die vereinigten Lösungen der Waschflüssigkeiten aus den Vorlagen werden in einem sauberen, ungeätzten Becher auf dem Dampfbad möglichst weit eingedampft. Bei hydrolytischen Fällungen der Platinmetalle ist es wichtig, daß die verwendeten Becher keine innenseitigen Ätzflächen besitzen. Geätzte Glasflächen überziehen sich häufig mit einem Film des abgeschiedenen Niederschlags, der nicht immer leicht wieder entfernt werden kann. Den Eindampfrückstand digeriert man mit 10 cm³ HCl während 15 Min. und verdampft ein zweites Mal. Digestion mit HCl und Verdampfen werden noch 3mal wiederholt. Das ist nötig, um die vollständige Zerstörung etwaiger Sulfitverbindungen des Osmiums herbeizuführen.

Der Rückstand vom letzten Eindampfen wird in 150 cm³ Wasser gelöst und die Lösung bis zum Kochen erhitzt. Es wird dann eine filtrierte 10%ige Natriumhydrogencarbonatlösung hinzugefügt, bis ein Niederschlag auftritt, der plötzlich koaguliert. Nun werden der heißen Lösung einige Tropfen Bromphenolblau-Indicatorlösung (0,04%) zugefügt. Dieser Indicator wechselt bei p_H 4 die Farbe von Gelb nach Blau. Man fügt weiter tropfenweise Bicarbonatlösung hinzu, bis der Indicator eine schwach bläuliche Farbe annimmt. Schließlich wird die Lösung 5 bis 6 Min. gekocht, um die Ausfällung des Osmiumdioxydhydrates zu vervollständigen.

IV. Bestimmung des Osmiums als Metall. Die über dem Niederschlag stehende Flüssigkeit wird nun sorgfältig durch einen NEUBAUER-Tiegel[1] abgegossen, dann der Niederschlag hinzugegeben. Die Innenwände des Bechers und der Glasstab werden mit einem Gummiwischer, der vollständig durchfeuchtet ist, damit der Niederschlag nicht daran haftet, ausgewischt. Ausreiben des Bechers mit Filterpapier ist im Falle des Osmiums nicht statthaft. Der Niederschlag wird gründlich mit einer heißen 1%igen Lösung von Ammoniumchlorid ausgewaschen und dann mit festem Ammoniumchlorid bedeckt. Dieses wird mit einigen Tropfen Waschwasser befeuchtet und der Niederschlag durch Absaugen damit gesättigt. Falls erwünscht, kann auch eine gesättigte Lösung von Ammoniumchlorid benutzt werden, um den Niederschlag zu durchtränken. Das Absaugen wird fortgesetzt, bis der Boden des Tiegels mit festgewordenem Ammoniumchlorid bedeckt ist. Diese an der Außenseite des Tiegelbodens haftende Salzschicht wird abgewischt.

Der Tiegel wird mit einem ROSE-Deckel, am besten aus Quarz, bedeckt und der aus einem ROSE-Einleitungsrohr, ebenfalls aus Quarz, ausströmende Wasserstoff entzündet. Der Gasstrom wird so reguliert, daß eine ganz kleine Flamme entsteht. Das Einleitungsrohr wird in die Öffnung des Tiegeldeckels eingeführt. Hierbei wird die Wasserstoffflamme wahrscheinlich erlöschen. Zu ihrer Entzündung wird für einen Augenblick eine Brennerflamme unter den Tiegel gestellt. Der über den Tiegelrand hervortretende Wasserstoff wird hierdurch wieder entzündet und liefert die für die Entwässerung der Osmiumverbindung erforderliche Wärme, ohne den Tiegel zum Glühen zu bringen. Nach 5 Min. wird der Tiegel allmählich so weit erhitzt, bis alles Ammoniumchlorid verjagt ist. Der Osmiumrückstand wird darauf 10 Min. lang im Wasserstoff stark erhitzt. Schließlich nimmt man den Brenner weg und läßt den Tiegel etwas abkühlen. Durch kurzes Absperren des Wasserstoffstromes löscht man die Wasserstoffflamme und läßt sodann den Tiegel auf Raumtemperatur im Wasserstoff abkühlen. Schließlich ersetzt man den Wasserstoff durch Kohlensäure, ohne daß die geringste Luftmenge in den Tiegel gelangen kann; andernfalls ist mit beträchtlichen Osmiumverlusten zu rechnen. Der Rückstand wird als metallisches Osmium gewogen.

2. Trennung und Bestimmung des Rutheniums [nach GILCHRIST (a) und (d)].

I. Zubereitung der Lösung. Die nach Entfernung des Osmiums im Destillierkolben zurückbleibende Lösung wird auf dem Dampfbad zur Trockne verdampft. Man fügt 5 bis 10 cm³ Salzsäure hinzu und verdampft abermals. Das Verdampfen mit HCl wird fortgesetzt, bis sich keine Stickoxyde mehr entwickeln. Der Rückstand wird in 20 bis 30 cm³ Wasser gelöst. Man fügt noch 10 cm³ Schwefelsäure hinzu und verdampft die Lösung bis zur Bildung von Schwefelsäuredämpfen. Die Lösung gießt man samt einem etwaigen Rückstand an Platin in den Destillierkolben, der bereits bei der Osmiumdestillation gebraucht wurde. Die Lösung in dem Destillierkolben wird mit Wasser auf 100 cm³ verdünnt.

II. Trennung des Rutheniums als RuO_4 durch Destillation. In die erste Vorlegeflasche bringt man 150 cm³ verdünnte Salzsäure (1 + 1), die frisch mit SO_2 gesättigt ist, und 50 cm³ derselben Säure in jede der beiden anderen Vorlagen. Nun fügt man 100 cm³ einer filtrierten 10%igen Lösung von Natriumbromat durch das Einlaufrohr zum Inhalt des Destillierkolbens. Dieses Rohr muß von Zeit zu Zeit mit Wasser durchgespült werden, um etwaiges Ruthenium(VIII)-oxyd, das sich in der Flüssigkeitssäule aufgelöst hat, zu entfernen. Um einen Überschuß an SO_2 in der absorbierenden Salzsäure zu behalten, muß eine gesättigte Lösung von SO_2 in Wasser von Zeit zu Zeit durch das Einlaufrohr, das sich zwischen der ersten und zweiten Vorlegeflasche befindet, hinzugefügt werden. Durch die Apparatur wird ein leichter Luftstrom geleitet und die Lösung in dem Destillierkolben bis zum Sieden

[1] Der GOOCH-Tiegel ist nicht mehr aktuell.

erhitzt. In dieser Weise destilliert man etwa 1½ Std. lang. Man gibt noch 25 cm^3 der Bromatlösung hinzu und destilliert weitere 60 Min. wie beim Osmium. Die Verfasser bevorzugen die einfacher auszuführende und schneller verlaufende Destillation mit Bromat aus schwefelsaurer Lösung vor derjenigen mit Chlor aus alkalischer Lösung, die nicht ganz quantitativ verlaufen soll.

III. Fällung des Rutheniums als Oxydhydrat. Die vereinigten Absorptionsflüssigkeiten aus den Vorlagen werden auf dem Dampfbad bis zum Sirup eingedampft. Man fügt 10 cm^3 Salzsäure hinzu und digeriert die Lösung in einem bedeckten Becher auf dem Dampfbad ½ Std. Man fügt nun 50 cm^3 Wasser hinzu und erhitzt die Lösung bis zum Sieden, um die etwas schwer lösliche Rutheniumverbindung, die sich bei der Verdampfung gebildet hat, aufzulösen. Nach vollständigem Lösen filtriert man und wäscht das Filter mit verdünnter Salzsäure $(1 + 99)$. Etwa vorhandene Kieselsäure wird hierdurch ebenfalls entfernt. Die Rutheniumlösung wird nun auf 200 cm^3 verdünnt, bis zum Sieden erhitzt und eine filtrierte 10%ige Natriumhydrogencarbonatlösung hinzugefügt, bis sich ein Niederschlag zu bilden beginnt. Man fügt 3 oder 4 Tropfen Bromkresolpurpur-Indicatorlösung (0,04%) hinzu, setzt die Neutralisation der überschüssigen Säure fort, indem man die Bicarbonatlösung tropfenweise hinzufügt, bis der Indicator von Gelb nach Blau umschlägt, und kocht die Lösung 5 bis 6 Min., damit der Niederschlag koaguliert. Der sich bildende Niederschlag ist ein Oxydhydrat, wahrscheinlich vom 3wertigen Ruthenium. Er ähnelt im Aussehen den anderen Oxydhydraten 3wertiger Platinmetalle, setzt sich aber nicht so schnell ab, noch sieht er so kompakt aus wie der Niederschlag, der sich bei der Hydrolyse von Verbindungen des 4wertigen Rutheniums bildet. Doch schlägt er sich ohne Schwierigkeiten quantitativ nieder.

IV. Bestimmung des Rutheniums als Metall. Man filtriert die Lösung und wischt die Innenwände des Bechers samt Glasstab mit einem kleinen Stück aschearmem Filterpapier ab. Filter und Niederschlag werden gründlich mit einer heißen 1%igen Lösung von Ammoniumsulfat gewaschen. Zum Schluß wäscht man 3- oder 4mal mit einer kalten 2,5%igen Lösung von Ammoniumsulfat.

Filter und Niederschlag werden in einem Porzellantiegel getrocknet. Das Filter wird langsam verkohlt. Das trockene Filter wird gewöhnlich völlig verkohlt, wenn es einmal erst zu rauchen begonnen hat. Dieser Vorgang muß vorsichtig vorgenommen werden, um Verluste von Ruthenium durch Verpuffung zu vermeiden. Der Rückstand wird stark an der Luft und dann im Wasserstoff geglüht. Das Verglühen im Wasserstoff wird in ähnlicher Weise durchgeführt, wie beim Osmium beschrieben. Das erhaltene Metall läßt man im Wasserstoff abkühlen und laugt es gut mit heißem Wasser aus. Das ist zur Entfernung von Spuren löslicher Salze nötig. Der Rückstand wird zweckmäßig zuerst im Tiegel ausgelaugt, dann auf ein Filter gebracht, ausgewaschen, an der Luft zu Schwamm verglüht und schließlich im Wasserstoff reduziert. Den Rückstand läßt man im Wasserstoff abkühlen und wägt ihn als metallisches Ruthenium.

3. Trennung und Bestimmung des Platins [nach GILCHRIST (e)].

Die im Destillationskolben nach Entfernung des Rutheniums verbleibende Lösung enthält die vier Metalle Platin, Palladium, Rhodium und Iridium zusammen mit Schwefelsäure, Natriumsulfat, sauren Sulfaten, Brom und unzerlegtem Bromat. Die Erfahrung lehrt, daß Platin, welches bei der Herstellung der Lösung für die Rutheniumdestillation teilweise unlöslich geworden ist, sich während des Destillationsprozesses wieder völlig aufgelöst hat. Gegen Ende des Destillationsvorganges scheidet sich bisweilen eine Spur von Iridium als Dioxyd aus.

I. Zubereitung der Lösung aus dem Destillationskolben. Zur Vorbereitung der Lösung bringt man den Inhalt des Destillierkolbens in einen Literbecher. Das vorhandene Bromat wird restlos mit HCl zerstört. Hierbei ist Vorsicht geboten zwecks

Vermeidung mechanischer Verluste infolge starker Gasentwicklung. Nach deren Beendigung wird die Lösung eingedampft. Prüfung auf etwa noch vorhandenes Brom erfolgt durch Eindampfen mit HCl. Mitunter ist die Innenseite des Destillierkolbens an der Stelle, wo die Oberfläche der Lösung gestanden hat, leicht mit Iridium(IV)-oxyd beschlagen. Es ist deshalb zweckmäßig, den Kolben nach beendeter Destillation immer mit 5 bis 10 cm³ Königswasser zu reinigen, das zur Austreibung der Stickoxyde mit HCl verdampft werden muß, ehe es der Hauptlösung hinzugefügt wird. Die Lösung wird schließlich auf dem Dampfbad soweit wie möglich eingedampft und dann auf 200 cm³ mit Wasser verdünnt.

II. Trennung des Platins durch gemeinsame Fällung von Palladium, Rhodium und Iridium als Oxydhydrate. Die Lösung der Chloride wird bis zum Kochen erhitzt. Dann werden 20 cm³ einer 10%igen Lösung von Natriumbromat hinzugefügt. Nun gibt man vorsichtig eine filtrierte 10%ige Lösung von Natriumhydrogencarbonat hinzu, bis die dunkelgrüne Lösung die Bildung eines eben bleibenden Niederschlages zeigt. Von Zeit zu Zeit prüft man den Säuregehalt der heißen Lösung, indem man 1 Tropfen Bromkresolpurpur-Indicatorlösung (0,01%) an dem Glasstab hinunterlaufen läßt in den Tropfen, der an ihm hängenbleibt, wenn er aus der Lösung gezogen wird. Der Zusatz von Bicarbonat genügt, wenn die Farbe des Indicators von Gelb nach Blau umschlägt. In diesem Zustand fügt man weitere 10 cm³ des Bromatreagenses hinzu und kocht die Lösung 5 Min. lang. Man erhöht den p_H-Wert der Lösung langsam, indem man vorsichtig und tropfenweise Bicarbonatlösung hinzufügt, bis eine schwache rötliche Färbung in dem Probetropfen durch 1 Tropfen Kresolrot-Indicatorlösung (0,01%) hervorgerufen wird. Man fügt abermals 10 cm³ des Bromatreagenses hinzu und kocht 15 Min.

Beim Entfernen des Bechers von der Wärmequelle setzt sich die Niederschlagsmischung schnell ab, während das Platin in der Mutterlauge bleibt. Man filtriert die Lösung unter Benutzung eines starkwandigen Porzellanfiltertiegels mit porösem Boden.

Bei Wiederholung von Fällungen ist der Gebrauch von Filterpapier nicht statthaft. Das Material, aus dem das Papier besteht, reagiert zweifellos mit Säuren, wahrscheinlich unter Bildung kleiner Mengen organischer Verbindungen mit den Platinmetallen, die nicht leicht zu hydrolysieren sind. Iridium(IV)-oxyd [das sich viel weniger leicht als Palladium(IV)- oder Rhodium(IV)-oxyd auflöst] neigt dazu, Papierbrei zu färben. Die Färbung kann nicht immer durch Waschen beseitigt werden. Die Schwierigkeiten werden durch Gebrauch eines Filtertiegels vermieden. Außerdem haben solche Tiegel den Vorteil, daß konzentrierte Salzsäure zur Lösung der Dioxydhydrate verwendet werden kann und viel Zeit erspart wird mit der Zubereitung der Lösung für die weitere Behandlung.

Beim Filtrieren gießt man die über dem Niederschlag stehende Lösung zuerst ab und dann den Niederschlag. Ausspülen des Bechers und Auswaschen des Niederschlages erfolgen mit einer 1%igen, heißen Kochsalzlösung, deren Säuregehalt zwischen p_H 6 und 7 eingestellt ist. Den Tiegel mit dem Niederschlag samt dem Glasstab stellt man in den für die Fällung gebrauchten Becher. Mitunter muß auch ein kleiner Teil des Niederschlages, der während des Filtrierens über den Rand des Bechers gekommen ist, beseitigt werden. Es ist vorzuziehen, dies mit angefeuchteten NaCl-Kristallen zu machen und hierbei den Finger zu gebrauchen anstatt Papier oder einen Gummigegenstand. Den Niederschlag im Tiegel übergießt man mit 10 bis 20 cm³ HCl und stellt den bedeckten Becher auf das Dampfbad. Die Rhodium- und Palladiumverbindungen werden sich rasch auflösen, bedeutend langsamer dagegen das Iridium(IV)-oxyd. Man hebt den Tiegel mit dem Glasstab vorsichtig hoch, wäscht ihn mit Wasser und stellt ihn in einen 250 cm³-Becher. Man gießt 5 cm³ HCl in den Tiegel, bedeckt den Becher mit einem Uhrglas und setzt ihn auf das Dampfbad. Normalerweise werden hierdurch die kleinen Mengen Metallchloride in dem porösen Boden ausgelaugt. Zur vollständigen Beseitigung der Chloride wird der Vorgang mit frischer Säure wiederholt. Die hierbei erhaltenen Lösungen werden mit dem Hauptteil des aufgelösten Niederschlages vereint. Man fügt 2 g NaCl hinzu und verdampft auf dem Dampfbad bis zur Trockne. Dann gibt man 2 cm³ HCl hinzu, verdünnt die Lösung mit Wasser auf 300 cm³ und wiederholt die Fällung der Oxydhydrate. Es genügen gewöhnlich zwei solcher Fällungen, um die vollständige Trennung des Platins von Palladium, Rhodium und Iridium durchzuführen.

III. Fällung des Platins mit Schwefelwasserstoff. Jedem der Filtrate von der hydrolytischen Fällung von Palladium, Rhodium und Iridium werden 20 cm³ HCl hinzugefügt. Die Lösungen werden vorsichtig bis zur Beruhigung erwärmt und weiter konzentriert. Die vereinigten Filtrate werden dann bis zur Trockne eingedampft. Zur Sicherheit, daß alles Bromat zerstört ist, wird der Rückstand abermals mit HCl eingedampft. Die gelbe Platinlösung wird etwas verdünnt und filtriert. Das Filter wird mit verdünnter Salzsäure (1 + 99) ausgewaschen. Die filtrierte Lösung wird mit Wasser auf ungefähr 400 cm³ verdünnt und so eingestellt, daß sie 5 cm³ HCl auf 100 cm³ enthält. Das Platin wird aus heißer Lösung mit einem flotten Strom Schwefelwasserstoff niedergeschlagen und zwecks quantitativer Fällung das Einleiten von H_2S bis zur Abkühlung fortgesetzt.

IV. Bestimmung des Platins als Metall. Nach dem Filtrieren wird der Niederschlag mit verdünnter Salzsäure (1 + 99) gewaschen. Filter samt Niederschlag werden in einem Porzellantiegel verascht. Der Metallrückstand wird mit verdünnter Salzsäure ausgelaugt, auf ein Filter gebracht und gründlich mit heißem Wasser gewaschen. Filter und Rückstand werden verascht und kräftig bei Luftzutritt geglüht. Der Rückstand wird als metallisches Platin gewogen. Das so erhaltene Metall wird normalerweise eine kleine, unbedeutende Menge Schwefel enthalten, die weder durch Oxydation an der Luft noch durch Reduktion mit Wasserstoff entfernt werden kann.

Wenn höchste Genauigkeit verlangt wird, löst man das metallische Platin, das man in vorstehender Weise durch Oxydation des Sulfides erhalten hat, in Königswasser. Nach Zerstörung der nitrosen Verbindungen durch Eindampfen mit HCl filtriert man die Lösung in einen sauberen ungeätzten Becher und wäscht das Filter mit verdünnter Salzsäure (1 + 99). Die Lösung wird auf 100 cm³ verdünnt und bis zum Kochen erhitzt. Es wird nun eine Lösung, die 3 g Natriumacetat und 1 cm³ Ameisensäure auf je 0,25 g Pt enthält, hinzugefügt. Man kocht die Lösung schwach, bis das niedergeschlagene metallische Platin gut ausgeflockt und die Mutterlauge farblos geworden ist, filtriert und wäscht den metallischen Niederschlag mit einer heißen 1%igen Lösung von Ammoniumchlorid. Das Filter nebst dem schwammigen Metall gibt man in einen Porzellantiegel und verglüht stark bei Luftzutritt. Der geglühte Metallrückstand wird, wie oben angegeben, gelaugt und gewaschen. Dies geschieht, um sich von der Entfernung löslicher Salze zu überzeugen.

Das Platin wird abermals an der Luft verascht und geglüht und als metallisches Platin gewogen, das nunmehr frei von Schwefel ist. Es ist zweckmäßiger, das Platin zunächst durch H_2S zu fällen und dann nochmals mit HCOOH in einer gepufferten Lösung niederzuschlagen, als zu versuchen, das Platin unmittelbar durch HCOOH auszufällen. Die Fällung mit H_2S beseitigt die verhältnismäßig große Menge Natriumsalze, die bei der Reduktion mit HCOOH stören können.

4. Trennung und Bestimmung des Palladiums [nach GILCHRIST (c), (e)].

I. Trennung des Palladiums mit Dimethylglyoxim. Den Niederschlag der Oxydhydrate des Palladiums, Rhodiums und Iridiums löst man wie oben angegeben in HCl auf. Man filtriert die Lösung und verdünnt sie auf etwa 400 cm³. Sodann fügt man eine hinreichende Menge einer 1%igen Lösung von Dimethylglyoxim in 95%igem Äthylalkohol zu, um alles Palladium niederzuschlagen (2,2 g des festen Reagenses sind für 1 g Palladium nötig). Ein Überschuß des Reagenses von 10%

ist für eine vollständige Fällung erforderlich. Die Lösung läßt man 1 Std. stehen und filtriert dann. Die Art der Filtration ist abhängig von der Form, in der Palladium bestimmt werden soll. Man wäscht den Niederschlag mit verdünnter Salzsäure (1 + 99) und schließlich mit heißem Wasser. Der Niederschlag kann mit viel Wasser gewaschen werden, ohne daß sich auch nur eine Spur auflöst. Ein einmaliges Niederschlagen genügt, um das Palladium vollkommen von Rhodium und Iridium zu trennen.

II. Bestimmung des Palladiums. a) Als Dioxim. Palladium-Dimethylglyoxim ist hinreichend beständig und konstant in seiner Zusammensetzung, um getrocknet und gewogen zu werden. In diesem Falle wird der Niederschlag in einen Porzellan- oder Glasfiltriertiegel unter Absaugen filtriert. Der Niederschlag wird, wie vorstehend beschrieben, ausgewaschen und bei 110° 1 Std. lang getrocknet. Der Umrechnungsfaktor für die entsprechende Palladiummenge beträgt 0,3167.

b) Als Metall. Für manche Zwecke ist die Bestimmung als Metall die geeignetere. In diesem Falle wird der Niederschlag auf einem aschearmen Filter gesammelt. Die Innenwände des Bechers und ebenso der Glasstab werden mit einem kleinen Stück Filterpapier abgewischt. Man bringt Filter samt Niederschlag, die man in ein zweites Filter verpackt hat, in einen Porzellantiegel. Nach dem Trocknen wird vorsichtig an der Luft verascht. Es genügt zunächst so viel Wärme, daß die Papiere leicht rauchen. Der verkohlte Rückstand wird stark an der Luft, schließlich in Wasserstoff verglüht. Man glüht das metallische Palladium noch 2 Min. in Kohlensäure und läßt es in Kohlensäure abkühlen. Der Rückstand wird als metallisches Palladium gewogen.

5. Trennung und Bestimmung des Rhodiums [nach Gilchrist (c), (e)].

I. Zubereitung der Lösung. Man bringt die Lösung, die Rhodium und Iridium als Chloride neben überschüssigem Dimethylglyoxim von der Palladiumbestimmung enthält, in einen 500 cm³-Erlenmeyer-Kolben, dessen Öffnung mit einem kurzstieligen Trichter verschlossen ist. Man fügt 10 cm³ Schwefelsäure und 2 bis 3 cm³ Salpetersäure hinzu und verdampft, bis sich starke Schwefelsäuredämpfe entwickeln. Um die organische Substanz restlos zu zerstören, fügt man von Zeit zu Zeit etwas Salpetersäure hinzu und erhitzt weiter über freier Flamme, wobei die Lösung ständig in Bewegung gehalten wird. Die abgekühlte Lösung wird dann mit 20 cm³ Wasser verdünnt und weiter verdampft, bis wieder Schwefelsäuredämpfe entweichen. Dies ist erforderlich, um Stickoxydverbindungen zu zerstören, die beim Ausfällen des Rhodiums mit Titan(III)-chlorid stören könnten.

II. Trennung des Rhodiums durch Fällen mit Titan(III)-chlorid. Man bringt die Sulfatlösung in einen glatten, ungeätzten Becher, verdünnt auf 200 cm³ und erhitzt zum Sieden. Man fügt nun tropfenweise eine Lösung von Titan(III)-chlorid (als 20%ige Lösung) hinzu, bis die obenauf schwimmende Flüssigkeitsschicht leicht rötlich scheint. Wenn die Lösung über eine 100-Watt-Lampe gestellt und dann gerührt wird, wird eine Beobachtung des Endpunktes wesentlich erleichtert. Das niedergeschlagene, metallische Rhodium ballt sich schnell zu einer schwammigen Masse zusammen. Ist viel Iridium anwesend, so kann der Endpunkt an dem Ausbleiben eines Niederschlages und dem Auftreten einer Orangefarbe in der Lösung erkannt werden. Man kocht die Lösung 2 Min. lang und filtriert dann. Die Wände des Bechers und der Glasstab werden mit einem Stück aschearmem Filterpapier abgewischt. Filter und niedergeschlagenes Metall werden gründlichst mit kalter verdünnter Schwefelsäure (2,5 + 97,5) gewaschen.

Filter und Inhalt werden in einen 500 cm³-Erlenmeyer-Kolben gebracht und 10 cm³ Schwefelsäure hinzugefügt. Man verkohlt leicht, fügt 5 cm³ Salpetersäure hinzu und digeriert die Lösung auf einer heißen Platte. Normalerweise löst sich das Rhodium dabei ziemlich leicht auf. Vervollständigt wird die Auflösung des

Rhodiums durch Erhitzen des Kolbens über offener Flamme, indem man den Inhalt des Kolbens fortwährend in Bewegung hält. Man vergewissere sich von der Zerstörung der organischen Substanz und der Entfernung der Stickoxyde. Falls einige schwarze Flocken zurückbleiben, verdünne man die Lösung, filtriere sie und bringe das Filter in den Kolben zurück. Die Wände des Kolbens werden mit einem Stück aschearmem Filterpapier abgewischt. Man fügt 5 cm³ Schwefelsäure hinzu, verkohlt das Papier und zerstört alle organischen Substanzen mit Salpetersäure. Die Lösung wird erhitzt, bis sich starke Schwefelsäuredämpfe entwickeln. Durch diese Behandlung wird jedes verbliebene Metall aufgelöst, und es bleibt nur ein geringer Bodensatz von farbloser Kieselsäure übrig.

Das Rhodium wird ein zweites Mal auf die oben beschriebene Weise niedergeschlagen und wieder wie vorher aufgelöst. Die schwefelsaure Lösung wird mit 20 cm³ Wasser und 10 cm³ HCl verdünnt und dann 15 Min. lang gekocht. Diese Behandlung ist nötig, um das Rhodium in eine Form überzuführen, die eine vollständige Fällung mit Schwefelwasserstoff gestattet. Während dieser Behandlung wechselt die Farbe der Lösung von Gelb nach Rosa. Man filtriert die Lösung und wäscht das Filter mit verdünnter Salzsäure (1 + 99). Schließlich wird die Lösung auf 400 bis 500 cm³ verdünnt.

III. Fällung des Rhodiums mit H_2S. Das Rhodium wird als Sulfid aus einer Lösung, die gerade auf dem Kochpunkt gehalten wird, durch einen flotten H_2S-Strom niedergeschlagen. Man leitet das H_2S-Gas bis zur Abkühlung der Lösung ein.

IV. Bestimmung des Rhodiums als Metall. Man filtriert die Lösung und wäscht den Niederschlag mit verdünnter Schwefelsäure (2,5 + 97,5) und schließlich mit verdünnter Salzsäure (1 + 99) aus. Man bringt Filter samt Niederschlag in einen Porzellantiegel und oxydiert den getrockneten Niederschlag vorsichtig an der Luft. Schließlich reduziert man den oxydischen Rückstand im Wasserstoff, läßt das Metall im Wasserstoff abkühlen und wägt es als metallisches Rhodium.

6. Trennung und Bestimmung des Iridiums [nach GILCHRIST (c), (e)].

Iridium kann auf zweierlei Art bestimmt werden. Wird nämlich die das Rhodium und Iridium enthaltende Lösung in aliquote Teile geteilt, so läßt sich die Bestimmung des Iridiums wesentlich vereinfachen, da das Ausfällen des Titans durch Kupferron vermieden wird. In einem Teil der Lösung werden Rhodium und Iridium zusammen durch Hydrolyse, wie bei der Trennung vom Platin beschrieben, niedergeschlagen. Der gemischte Niederschlag von Rhodium-Iridium(IV)-oxydhydraten wird mit einer heißen 1%igen Lösung von Ammoniumchlorid, neutral gegen Bromthymolblau (p_H 7), anstatt mit einer Lösung von Natriumchlorid gewaschen. Um zu schnelles Verbrennen zu vermeiden, werden Filter und Niederschlag mit einigen Tropfen einer gesättigten Ammoniumchloridlösung getränkt und vorsichtig zu einer Mischung der wasserfreien Oxyde verglüht. Nach Reduktion zu Metall läßt man anschließend im Wasserstoffstrom abkühlen und wägt die Mischung von metallischem Rhodium und Iridium. Zur Ermittlung des letzteren wird in einem zweiten Teil der Lösung das Rhodium bestimmt, wie oben angegeben. Kann das Iridium auf diese Weise jedoch nicht bestimmt werden, so muß es aus den Filtraten von der Abscheidung des Rhodiums mit Titan(III)-chlorid ausgefällt werden.

I. Entfernung des Titans durch Fällen mit Kupferron. Die vereinigten Filtrate von der Fällung des Rhodiums mit Titan(III)-chlorid werden auf 800 cm³ verdünnt und durch Einstellen des Bechers in gemahlenes Eis gekühlt. Man fügt eine kalte, filtrierte, frisch zubereitete 6%ige Lösung von Kupferron (Ammoniumsalz des Nitrosophenylhydroxylamins, $C_6H_5N \cdot NO \cdot ONH_4$) im geringen Überschuß hinzu. Man filtriert die Lösung und wäscht den Titanniederschlag mit kalter, verdünnter Schwefelsäure (2,5 + 97,5), die etwas Kupferron enthält. Der Kupferronniederschlag ist normalerweise etwas mit Iridium verunreinigt, dessen Menge aber 1 mg nicht übersteigt, wenn es sich insgesamt um etwa 0,2 g Iridium handelt. Man gibt Filter und Rückstand in den Becher zurück, fügt 20 cm^3 Salpetersäure hinzu und erhitzt, bis der größte Teil des Niederschlages zersetzt ist. Man fügt weitere 20 cm^3 Schwefelsäure hinzu und erhitzt die Lösung bis zum Erscheinen von Schwefelsäuredämpfen. Zurückgebliebene organische Substanz wird durch Hinzufügen von Salpetersäure und Erhitzen zerstört. Nun wird die Lösung auf 800 cm^3 verdünnt und das Ausfällen des Titans wiederholt. Die vereinigten Filtrate von den Kupferronniederschlägen werden eingedampft, bis ungefähr 10 cm^3 Schwefelsäure übrigbleiben. Nachdem man sich von der Zerstörung aller organischen Substanz überzeugt hat, wird die Lösung etwas verdünnt und filtriert.

II. Bestimmung des Iridiums durch Fällung als Dioxydhydrat. Nach Verdünnung der Lösung mit Wasser auf 200 cm^3 wird der größte Teil der darin enthaltenen Säure mit einer filtrierten Lösung von Natriumhydrogencarbonat neutralisiert. Man erhitzt die Lösung zum Kochen und vervollständigt die Neutralisation bis zum Endpunkt von Bromkresolpurpur, wie bei der Trennung von Platin beschrieben. Man fügt 20 cm^3 einer filtrierten 10%igen Lösung vom Natriumbromat hinzu und kocht die Lösung 20 bis 25 Min., wobei man sich überzeugt, daß genügend Bromat vorhanden ist, um alles Iridium in den 4wertigen Zustand aufzuoxydieren. Man filtriert die Lösung und wäscht den Niederschlag gründlich mit einer heißen 1%igen Lösung von Ammoniumchlorid.

III. Bestimmung des Iridiums als Metall. Man bringt Filter und Niederschlag in einen Porzellantiegel, trocknet beide etwas und befeuchtet sie dann mit einigen Tropfen einer gesättigten Lösung von Ammoniumchlorid. Man erhitzt Filter und Niederschlag vorsichtig an der Luft und dann in Wasserstoff. Der metallische Rückstand wird mit verdünnter Salzsäure gelaugt, auf ein Filter gebracht und mit heißem Wasser gewaschen. Filter samt metallischem Rückstand werden an der Luft verglüht und schließlich im Wasserstoff reduziert. Man läßt im Wasserstoff erkalten und wägt den Rückstand als metallisches Iridium.

B. Andere Verfahren.

Kritische Betrachtung der erhaltenen Ergebnisse bezüglich der Genauigkeit. Das hier beschriebene Verfahren ist für höchste Genauigkeiten bestimmt. Bei geringeren Anforderungen in dieser Hinsicht kann das Verfahren an verschiedenen Stellen gekürzt werden. So können z. B. einige der wiederholten Fällungen fortgelassen werden. Durch einmalige hydrolytische Abscheidung des Palladiums, Rhodiums und Iridiums und deren Trennung vom Platin kann man Zeit sparen und ebenso durch einfaches Verglühen des Platinsulfides zu metallischem Platin. Weggelassen werden kann die Wiederholung der Reduktion des Rhodiums mit Titan(III)-chlorid und auch die Ausfällung des Titans mit Kupferron, indem man in aliquoten Teilen Rhodium und Rhodium samt Iridium bestimmt und Iridium aus der Differenz ermittelt. Jedoch darf hierbei nicht übersehen werden, daß durch die oben angedeuteten Abänderungen Fehler in verschiedenem Ausmaß hineingebracht werden können, die von den unterschiedlichen Mengenverhältnissen der anwesenden Metalle abhängig sind.

Die hervorragende Genauigkeit der Methode von Gilchrist und Wichers ist aus der der Originalarbeit angefügten Tabelle zu ersehen.

Holzer und Zaussinger wenden in einer Arbeit über die Analyse von Schmuck-Platinlegierungen gegen die von Gilchrist und Wichers empfohlene Methode, Rh von Ir durch Fällen mit $TiCl_3$ zu trennen und dann aus salzsaurer Lösung mit H_2S zu fällen, ein, es sei nach ihr kein titanfreies Rhodium zu erhalten. Sie setzen der Lösung deshalb Sulfosalicylsäure zu, die das Titan bei der H_2S-Fällung in Lösung hält, und neutralisieren sie vor dem Einleiten von H_2S mit Sodalösung.

Für Ir bevorzugen sie der Einfachheit halber die oben beschriebene indirekte Bestimmung aus der Differenz zwischen Rh + Ir und Rh; Pd trennen sie nicht gemeinsam mit Rh und Ir durch Hydrolyse von Pt, sondern fällen es vorher mit Dimethylglyoxim.

Nach PSHENITSYN kann man die beiden Metalle in salzsaurer Lösung durch Behandeln mit $CrCl_2$ trennen, wobei Rh zu Metall, Ir aber nur zu $IrCl_3$ reduziert werden.

Ein chromatographisches Verfahren zur Trennung von Ir, Pt, Pd und Rh durch Adsorption an der Aluminiumoxydsäule beschreiben SCHWAB und GHOSH und beweisen seine Brauchbarkeit durch röntgenographische Prüfung.

Literatur.

GILCHRIST, R.: (a) Bur. Stand. J. Res. **3**, 993 (1929); (b) **6**, 421 (1931); (c) **9**, 547 (1932); (d) **12**, 283 (1934); (e) **12**, 291 (1934). — GILCHRIST, R., u. E. WICHERS: Am. Soc. **57**, 2565 (1935).

HOLZER, H., u. E. ZAUSSINGER: Fr. **111**, 331 (1937/38).

PSHENITSYN, N. K.: C. A. **44**, 10587 (1950).

SCHWAB, G.-M., u. A. N. GHOSH: Z. anorg. Ch. **258**, 323 (1949).

C. Trennung der Platinmetalle von Unedelmetallen.

Enthält die Chloridlösung der Platinmetalle auch unedle Schwermetalle, so entfernt man nach GILCHRIST zuallererst Os und Ru, wenn diese vorhanden sind, durch Destillation, dann führt man die vier anderen Platinmetalle durch Erhitzen mit $NaNO_2$ in die sehr beständigen komplexen Nitrite über und fällt die große Mehrzahl der Unedelmetalle durch Hydrolyse unter Beobachtung der Alkalinität der Lösung mit Indicatoren. Die Komplexe von Pt, Rh und Ir sind auch bei p_H 12 bis p_H 14 noch beständig, während der Pd-Komplex bei p_H 10 zu zerfallen beginnt und bei höheren p_H-Werten sich zersetzt. Dagegen werden viele Unedelmetalle bei p_H-Werten bis zu 10 als Hydroxyde gefällt.

Zinn wird bei p_H 1 bis 6 vollständig in filtrierbarer Form niedergeschlagen; bei höherer Alkalinität wird der Niederschlag kolloidal. Die Fällung von *Gallium* ist vollständig beim Farbenumschlag von Bromphenolblau von Gelb nach Blau (p_H 4) und von Chlorphenolrot von Gelb nach Rot (p_H 6), diejenige von *Aluminium* beim Farbumschlag von Bromkresolpurpur von Gelb nach Blau (p_H 6,3), während bei höheren Alkalinitäten die Hydroxyde beider Metalle sich wieder auflösen. *Wismut* und *Cadmium* werden beim Farbumschlag von Xylenolblau von Gelb nach Blau (p_H 8) in Gegenwart von Carbonat vollständig gefällt; bei p_H 10 (Farbumschlag von Thymolblau von Gelb nach Blau) ist die Fällung folgender Metalle vollständig: Cu, Zn, Cr, Mn, Fe, Co und Ni, und von seltener vorkommenden Metallen: In, Ti, Zr, Hf und Th. Die Fällung des *Bleis* als Hydroxyd ist immer unvollständig, es kann nur als Phosphat bei p_H 4 bis 10 und als Chromat bei p_H 6,3 niedergeschlagen werden.

Nichtfällbar sind *Silber* und *Quecksilber* sowie diejenigen Unedelmetalle, die als komplexe Anionen vorliegen wie *Molybdate* und *Wolframate*.

Gold unterliegt nicht der Hydrolyse, wird aber durch die reduzierende Wirkung des Nitrits als Metall gefällt; bei p_H 6 ist die Fällung vollständig.

Nach diesen Anhaltspunkten ist es dem Analytiker möglich, eine große Anzahl von Unedelmetallen von den Platinmetallen zu trennen; um jedoch eine quantitative Trennung sicher zu erreichen, müssen sämtliche Fällungen wiederholt werden.

Für die Beobachtung der Alkalinität mit Indicatoren gibt GILCHRIST folgende Anleitung: Die Lösung der Platinmetalle ist zu stark gefärbt, als daß bei direktem Zufügen von Indicatoren deren Farbumschlag deutlich sichtbar würde. Deshalb rührt man sie mit einem Glasstab um, zieht ihn heraus und läßt zu dem Tropfen, der an seinem Ende hängenbleibt, einen Tropfen einer 0,01%igen Lösung des Indicators fließen; nach Beobachtung der entstehenden Färbung bringt man den Glasstab wieder in die Lösung und wiederholt das Ganze nötigenfalls nach Zusatz weiterer Bicarbonatlösung. So erreicht man die Feststellung des Farbumschlags ohne jeden Materialverlust.

Die Trennung der einzelnen Unedelmetalle voneinander geschieht, soweit sie nicht schon durch die Hydrolyse erfolgt, nach den üblichen Methoden; die in Lösung gebliebenen Platinmetalle werden nach Zerstörung der Nitritkomplexe durch Erhitzen mit Salzsäure voneinander getrennt, wie unter A beschrieben.

Literatur.

Gilchrist, R.: Chem. Rev. **32**, 277 (1943).

Sonderfälle.

§ 11. Reinheitsbestimmung von Platinmetallen.

Allgemeines. Mylius und Mazzucchelli beschreiben für Platin zwei chemische Untersuchungsmethoden, nämlich die Näherungsanalyse von technisch reinem und die sehr viel schwierigere Analyse von nominell reinem Platin mit höchstens 0,1% Verunreinigungen. Wie schon im Qual. Teil S. 241 ausgeführt, ist die zweite in den letzten 20 Jahren durch Untersuchung auf spektrochemischem Wege verdrängt worden und soll deshalb hier nicht beschrieben werden. Das gleiche gilt auch für die anderen Platinmetalle: Wie bei Platin, bezeichnet man auch bei diesen nach der von Mylius vorgeschlagenen Tabelle Metalle mit höchstens 0,1% Verunreinigungen als chemisch rein; für sie gilt also, daß man ihre Untersuchung auf spektrochemischem Wege (vgl. S. 114ff.) durchführt.

Das zur Untersuchung eingehende Probematerial von *technisch reinen Metallen* wird in geschmolzener Form oder als mehr oder weniger gesinterter Schwamm vorliegen. Für die Probenahme werden die vom Chemiker-Fachausschuß Metall und Erz in seinem Buch Schiedsanalysen (1942) S. 162 gemachten Vorschläge empfohlen. Die Oberflächenreinigung geschmolzener Metalle geschieht, wie im Qual. Teil S. 241 beschrieben; schwammförmiges Material muß zunächst sorgfältig reduziert werden.

Während Platin und Palladium in Königswasser löslich sind, müssen die anderen Metalle, wenn sie geschmolzen sind, mit der Blei- oder Zinkschmelze aufgelockert werden; erst danach kann man Iridium, Rhodium und Ruthenium mit Kochsalz im Chlorstrom aufschließen, während man Osmium besser durch Oxydation in lösliche Form bringt.

A. Platin.

Zur Feststellung, ob mehr oder weniger verunreinigtes (technisches) Platin oder „reines“ Metall vorliegt, verfährt man wie folgt: Man löst 0,1 g der Probe in Königswasser und dampft die Lösung mit 0,1 g Kochsalz zur Trockne. Der Rückstand wird in 10 cm^3 Wasser gelöst und mit 0,02 g Soda im Reagierrohr auf 100° erwärmt, so daß Lackmuspapier schwach blau gefärbt wird. Nach Erkalten werden 1 bis 2 Tropfen NaClO oder NaBrO hinzugesetzt, und es wird wieder erwärmt. Bleibt die Lösung dabei orangegelb ohne Bildung eines Niederschlags, so liegt nominell reines Platin vor. Dunkle Färbung oder Zusammenballen zu einem schwarzblauen Niederschlag zeigt unreines oder technisch reines Platin an.

Handelt es sich um das letztere (mit 0,1 bis 1% Beimengungen), so arbeitet man nach Mylius und Mazzucchelli wie folgt: Die Analysenproben werden in Königswasser gelöst und auf dem Wasserbade mehrfach eingedampft, bis alle Salpetersäure zerstört ist. Aus der wäßrigen Lösung werden die Verunreinigungen nach der Bromatmethode (vgl. S. 91 bis 92) durch Hydrolyse ausgefällt, im Filtrat wird das Bromat durch Eindampfen mit Salzsäure zerstört. Es hinterbleibt Natriumhexachloroplatinat(IV), das allerhöchstens noch 0,1% Beimengungen enthält, die man vernachlässigen kann. Das Platin wird mit Salmiak gefällt und als Metall gewogen. Die Hydrolysenfällung enthält auch etwas Platin. Sie wird in verdünnter Salzsäure gelöst und mit Salmiak versetzt. Es fallen Ir, Pt, Pd und teilweise auch Ru als Komplexe aus (Niederschlag I). Das Filtrat enthält noch geringe Mengen Platinmetalle. Es wird mit verdünnter Salpetersäure langsam eingedampft; dabei scheidet sich noch etwas schwarzer Iridiumsalmiak (Niederschlag II) ab, der mit der Hauptmenge (Niederschlag I) vereinigt wird. Dieser wird vorsichtig verglüht und mit verdünntem Königswasser ausgezogen. Es hinterbleibt rutheniumhaltiges Iridium, aus dem man Ru nach Anmerkung 1 entfernt. Aus dem Königswasserauszug fällt man Pt mit Salmiak und Pd mit $Hg(CN)_2$. In das Filtrat von Niederschlag II leitet man in der Kälte kurze Zeit H_2S; es fallen Cu und Au (Niederschlag III). Er wird an der Luft geglüht, das entstandene CuO mit Ameisensäure ausgezogen und aus dem Rückstand das Gold mit Königswasser gelöst. Es verbleibt unter Umständen ein unlöslicher kleiner Rest von Rh.

Im Filtrat von Niederschlag III fällt man Rh mit H_2S in der Wärme; die verbleibende Lösung enthält nur noch Unedelmetalle (Fe, Zn, Ni, Co); aus ihr wird nach Aufoxydation Fe mit NH_4OH gefällt und die anderen Metalle in der üblichen Weise durch Fällung mit $K_4[Fe(CN)_6]$ bestimmt.

Anmerkung der Verfasser.

1. Zwecks Trennung Iridium–Ruthenium wird das rutheniumhaltige Iridium mit Kochsalz im Chlorstrom aufgeschlossen, das Ruthenium mit Chlor aus alkalischer Lösung als Tetroxyd verflüchtigt, in Salzsäure aufgefangen, zur Trockne verdampft und als Metall bestimmt. Der Wert für Ir ergibt sich aus der Differenz.

2. Enthalten die Proben Os, so wird man dieses zu Beginn der Analyse auf trockenem Wege mit O_2 oder NO_2 entfernen und bestimmen.

Der *Chemiker-Fachausschuß Metall und Erz* empfiehlt folgende Schnellmethode zur Reinheitsbestimmung von ruthenium- und osmiumfreiem Platin: Eine Einwaage von 5 g wird in 100 bis 150 cm³ Königswasser gelöst und die Lösung in geeichten Meßkolben auf 500 cm³ verdünnt. Für die folgenden drei Bestimmungen werden mit ebenfalls geeichten Pipetten je 100 cm³ = 1 g Substanz entnommen. Ein vierter und fünfter Anteil kann zu Kontrollzwecken verwendet werden.

I. Gesamter Edelmetallgehalt. 100 cm³ Lösung werden auf 15 bis 20 cm³ eingedampft und mit einer kaltgesättigten Salmiaklösung und 30 cm³ einer 1%igen alkoholischen Lösung von Dimethylglyoxim versetzt. Nach öfterem Umrühren läßt man etwa 2 Std. absitzen. Der Niederschlag wird abfiltriert, über einem gelochten Platinkonus trocken gesaugt und mit dem Filter vorsichtig verascht. Der verglühte Schwamm wird mit heißer Salzsäure ausgezogen, mit Wasser gewaschen, verglüht und gewogen. Nach Abdunsten des Alkohols und Vereinigung des salzsauren Auszugs mit dem Hauptfiltrat werden die noch in Lösung vorhandenen Edelmetalle mit chemisch reinem Zink oder Magnesium auszementiert und chlorfrei gewaschen. Der Niederschlag wird von etwa mitgefallenen Unedelmetallen, z. B. Kupfer, durch Kochen mit Salpetersäure (1 + 7) befreit, zur Hauptfällung hinzugefügt und nach kräftigem Glühen im Wasserstoffstrom reduziert, abgekühlt und gewogen. Durch diese Arbeitsweise soll erreicht werden, das Palladium quantitativ als Dioxim mit dem Platinsalmiak zu fällen und dadurch der Zinkfällung zu entziehen.

II. Palladium. Weitere 100 cm³ der Lösung werden mit 15 bis 20 cm³ 1%iger alkoholischer Dimethylglyoximlösung versetzt, mit 900 cm³ kaltem Wasser verdünnt und kräftig durchgerührt. Man läßt etwa 2 Std. bei einer Temperatur von unter 15° stehen, filtriert den rein gelb aussehenden Niederschlag durch einen

NEUBAUER-Tiegel, wäscht erst mit kaltem, dann mit heißem Wasser und trocknet 1 Std. im Trockenschrank bei 120°. Der Palladiumgehalt der Fällung beträgt 31,67%.

Das freie Königswasser soll das Mitfällen von Platin und des gegebenenfalls in sehr geringen Mengen vorhandenen Goldes aus der Ausgangslösung verhindern.

III. Gold. Nochmals 100 cm^3 der Lösung werden 2mal mit Salzsäure zur Sirupdicke eingedampft, mit wenig Salzsäure aufgenommen und mit 10 cm^3 konzentriertem Eisen(II)-chlorid[1] versetzt. Man läßt am besten über Nacht bei gelinder Wärme stehen, filtriert durch ein Blaubandfilter und wäscht mit salzsäurehaltigem heißem Wasser aus. Die Fällung wird im Goldglühtiegel geglüht. Doch ist zu empfehlen, das Gold bei einigermaßen erheblichem Goldgehalt mit Silber zu quartieren und das erhaltene Gold-Silberkorn mit Salpetersäure zu scheiden.

Der Wert für die Gesamtedelmetalle abzüglich der Werte für Palladium und Gold ergibt den Gehalt an Platin, einschließlich Iridium und Rhodium.

Die *Analytische Kommission des Platininstituts Leningrad* (L. A. K.) empfiehlt einen Analysengang, der die Nitritmethode von LEIDIÉ benutzt. Bei ihm werden in einem Teil der salzsauren Lösung nach Entfernung von Silber und der Hauptmenge des Goldes die Platinmetalle durch Zugabe von $NaNO_2$ in komplexe Nitrite übergeführt und die Unedelmetalle und der Rest des Goldes aus der Lösung mit überschüssiger Soda gefällt und dann einzeln bestimmt. In einem anderen Teil der Lösung werden nach Reduktion von Ir(IV) zu Ir(III) mit Oxalsäure das Platin mit Salmiak, das Palladium mit Dimethylglyoxim, der Rest der Platinmetalle mit H_2S gefällt. Alle Fällungen müssen umgelöst werden. Die Hauptmenge des Platins wird von einem etwaigen Iridiumgehalt durch die Bleischmelze getrennt. Einzelheiten bei GMELIN, S. 522.

GRAULICH gibt im wesentlichen die gleichen Vorschriften für die Schnellanalyse wie der Chemiker-Fachausschuß Metall und Erz und fügt ihr noch solche für die Einzelbestimmung von Rh, Ir und etwa noch vorhandenem Ruthenium an. Diese Metalle finden sich in der nach der gemeinsamen Entfernung von Pt und Pd erhaltenen Zinkfällung. Zur Bestimmung des Rhodiums zieht man diese mit Salpetersäure aus und schließt sie dann bei 300 bis 400° im Chlorstrom auf. Die Chloride behandelt GRAULICH nach dem Ausziehen mit verdünnter Salzsäure, verdünntem Königswasser (1 + 7) und mit konzentriertem Königswasser, wobei Rh in Lösung gehen, Ir unlöslich zurückbleiben soll. — Nach unserer Erfahrung ist eine scharfe Trennung von Rh und Ir auf diese Weise nicht durchführbar! — Ir bestimmt GRAULICH in einer Sonderprobe von 1 bis 3 g des Analysenmaterials in der üblichen Weise mit der Bleischmelze. Zur Untersuchung auf Ru schließt er den dabei erhaltenen, in Königswasser unlöslichen Rückstand mit Na_2O_2 auf und destilliert etwa vorhandenes Ruthenium im Chlorstrom ab. Den Inhalt der mit Wasser, Salzsäure und Alkohol im Verhältnis 1:1:1 beschickten Vorlagen verdampft er unter Zusatz von festem Salmiak, glüht und reduziert ihn und wägt das Ruthenium als Metall. — Die Methode ist nur bei niedrigen Ansprüchen an die Genauigkeit der Resultate anwendbar. Für weitaus besser halten wir das oben beschriebene Verfahren der L. A. K.

B. Palladium.

Das im Handel anzutreffende Palladium kann je nach Herkunft die verschiedensten Verunreinigungen aufweisen. In dem bei der Raffination des Platins gewonnenen Palladium sind neben verhältnismäßig größeren Mengen Silber noch Gold und gewisse Beträge sämtlicher anderer Platinmetalle enthalten; von den Unedel-

[1] Nach LENK ist die Fällung des Goldes mit SO_2 in Gegenwart der Platinmetalle vorteilhafter als mit Eisen(II)-salzlösungen.

metallen noch besonders Kupfer, Blei, Zink und Eisen. ALLEN (s. bei DAY und SOSMAN) reinigt die Oberfläche der Bohrspäne mit verdünnter Salzsäure, löst sie dann in verdünntem Königswasser und fällt das Palladium nacheinander als Palladium(II)-diamminchlorid mit Kaliumjodid und Acetylen. Die Fällungen müssen mehrfach wiederholt werden. Diese sehr umständliche Methode benutzt man nicht mehr, seit man im Dimethylglyoxim ein vorzügliches Spezialreagens für Pd besitzt. Mit diesem fällt man das Palladium und wägt es nach der Reduktion zu Metall, wie im Qual. Teil S. 68 und im Quant. Teil S. 36 beschrieben.

C. Iridium.

I. Nach SWJAGINZEFF (GM. 520) glüht man 7 bis 10 g Iridiumschwamm im Wasserstoffstrom, läßt im Kohlesäurestrom erkalten und ermittelt den Gewichtsverlust, der aus O_2, H_2O und NH_4Cl bestehen kann. Dann glüht man das Metall mit der 3fachen Menge BaO_2 im Nickeltiegel 1½ bis 2 Std. bei Dunkelrotglut. Die Schmelze laugt man mit heißem Wasser aus und löst sie dann in Königswasser. Der Schmelzprozeß wird so oft wiederholt, bis kein in Königswasser unlöslicher Rückstand mehr verbleibt. Die Königswasserlösung wird zur Entfernung der Salpetersäure mehrfach eingedampft, mit Wasser auf etwa 1 l verdünnt und aus ihr mit H_2SO_4 (unter Vermeidung eines Überschusses) unter starkem Rühren $BaSO_4$ gefällt. Das Filtrat behandelt man nach der Nitritmethode von LEIDIÉ: Man setzt ihm überschüssiges Natriumnitrit zu, neutralisiert mit $NaHCO_3$ und kocht, wobei Au und die Oxydhydrate der Unedelmetalle gefällt werden. Das Filtrat neutralisiert man mit Salzsäure, setzt ihm bei Siedehitze einige Kristalle Na_2S zu, wodurch die Sulfide der übrigen Platinmetalle zusammen mit ein wenig Iridiumsulfid gefällt werden. Diese trennt man mit Hilfe „geeigneter" (nicht angegebener) Methoden. Im Filtrat zerstört man das überschüssige Nitrit durch Eindampfen mit Salzsäure und fällt die Hauptmenge des Ir als K_2IrCl_6 oder $(NH_4)_2IrCl_6$, den kleinen Rest mit Mg.

Anmerkungen der Verfasser.

a) Es ist nicht ratsam, das Iridium bei Beginn der Analyse übermäßig stark zu glühen, weil sonst das metallische Material leicht stark sintert unter Legierungsbildung; dadurch können die nachfolgenden Aufschlußvorgänge unnötig erschwert werden.

b) Nach dem Glühen ist die Oberflächenreinigung (von SiO_2) u. dgl. auch bei Iridiumschwamm nicht zu entbehren und ebenso wichtig wie die Ermittlung des Gewichtsverlustes beim Glühen. Die sauren Lösungen dampft man zur Entfernung des Säureüberschusses ein, zementiert sie mit Mg aus und fügt die Fällung der Hauptmenge des Iridiums hinzu.

c) Den Aufschluß des Iridiums mit BaO_2 hat schon CLAUS als unzweckmäßig verworfen. An seine Stelle kann der Aufschluß mit Kochsalz im Chlorstrom treten. (Siehe unter II.)

II. Nach dem reduzierenden Glühen und der Oberflächenreinigung schließt man das Metall mit Kochsalz im Chlorstrom auf, wie im Qual. Teil S. 87 und 211 beschrieben. Da es häufig mit Ru, bisweilen auch mit Spuren von Os verunreinigt sein kann, ist es zweckmäßig, zunächst diese beiden Metalle aus dem beim Aufschluß erhaltenen Material zu entfernen. Das geschieht am besten durch gemeinsame Destillation ihrer Tetroxyde nach der Methode der L. A. K. (s. S. 112). Den Rückstand löst man in stark verdünnter Salzsäure, entfernt die Unedelmetalle durch 2malige Fällung nach dem Nitritverfahren von LEIDIÉ und bestimmt sie nach den üblichen Methoden. Im Filtrat führt man die komplexen Nitrite der Platinmetalle wieder in Chloride über, trennt das Iridium und etwa vorhandenes Rhodium durch Hydrolyse nach GILCHRIST und WICHERS vom Platin, löst die gefällten Hydroxyde in starker Salzsäure und trennt Ir von Rh mit $TiCl_3$.

III. Nach GILCHRIST, WICHERS und SWANGER ist auch die wiederholte Fällung des Iridiums als $(NH_4)_2IrCl_6$ ein ausgezeichnetes Mittel, um Ir von der Mehrzahl seiner Verunreinigungen zu befreien, ausgenommen natürlich Pt und Ru.

Eine Prüfung des bei der Analyse erhaltenen Iridiums auf seine Reinheit kann nach WÖHLER und METZ dadurch erfolgen, daß man feststellt, wieviel Chlor es beim Erhitzen im Chlorstrom aufnimmt: 1 g reines Iridium benötigt zur Bildung von $IrCl_3$ 0,5509 g Chlor.

D. Rhodium.

Da Rhodium schwer löslich in Säuren ist und es andererseits kaum Spezialreagenzien gibt, die seine glatte Trennung ermöglichten, enthält „reines" Rhodium besonders leicht geringe Mengen der drei anderen Platinmetalle als Verunreinigungen.

GRAULICH entfernt aus technisch reinem Rhodium zunächst Osmium durch Erhitzen auf starke Rotglut im Sauerstoffstrom, fängt das Osmium(VIII)-oxyd in Kalilauge (1 + 2) auf, fällt das Osmium als Sulfid und bestimmt es als Metall. Eine weitere Probe des Materials schließt er bei 360 bis 400° im Chlorstrom auf, wobei er aber einen nur sehr unvollständigen Aufschluß erreichen kann. Den nichtflüchtigen Teil des Analysenmaterials zieht er mit verdünnter Salzsäure und verdünntem Königswasser aus und will dann im Rückstand Rhodium von Iridium durch Kochen mit konzentriertem Königswasser trennen, was jedoch nicht möglich sein dürfte. Deshalb halten wir die Methode nicht für brauchbar.

Gut ist dagegen das Verfahren von KARPOFF (GM. 519): Die Metallprobe wird bei 1000 bis 1200° mit der 10fachen Menge reinen Silbers 2 Std. geschmolzen. Das Schmelzprodukt wird mit Salpetersäure (1 + 3) und der darin unlösliche Rückstand mit verdünntem Königswasser auf dem Wasserbad behandelt. Die erhaltenen Lösungen werden vereinigt und zur Trockne eingedampft. Das gebildete Silberchlorid wird abfiltriert und das Filtrat zur völligen Abscheidung von AgCl nochmals eingedampft. Im Filtrat befindet sich neben Pt und Pd auch eine geringe Menge Rh. Mit dem in Königswasser unlöslich bleibenden Anteil der Metallprobe wird die Silberschmelze so oft wiederholt, bis das gesamte Platin und Palladium ausgezogen sind. Aus der Lösung können Pd mit $Hg(CN)_2$ oder Dimethylglyoxim und Pt mit Salmiak gefällt werden. Der das Rh und gegebenenfalls Ir enthaltende, in Königswasser unlösliche Rest der Probe wird mit Bi oder Pb geschmolzen, wodurch Rh in eine in Salpetersäure lösliche Legierung übergeführt wird. Der aus Ir bestehende Rückstand wird mit einem Gemisch von verdünnter Flußsäure und verdünnter Salzsäure gereinigt und nach der Reduktion im Wasserstoffstrom gewogen.

E. Osmium.

Als Hauptverunreinigungen des „reinen" Osmiums sind vor allen Dingen Ruthenium und außerdem noch kleine Mengen der anderen Platinmetalle zu nennen. Von Unedelmetallen werden außer Spuren von Eisen bisweilen Blei, Zink und Zinn angetroffen. Die Oxydation der sorgfältig reduzierten Metallproben auf trockenem Wege durch Erhitzen im Sauerstoffstrom und Destillation des Osmium(VIII)-oxyds führt rasch zu einer nahezu vollständigen Trennung des Osmiums von seinen Verunreinigungen. KARPOFF, KRASSIKOFF und FJEDOROWA (GM. 520) fangen das OsO_4 in 20%iger, etwas Alkohol enthaltender Natronlauge auf. Der nichtflüchtige Rückstand wird nach Verdrängung des Sauerstoffs durch Kohlensäure im Wasserstoffstrom reduziert; die völlige Entfernung von Os wird durch Wiederholung der Destillation im Sauerstoffstrom bis zur Gewichtskonstanz des Rückstands erreicht. Os wird „in bekannter Weise" bestimmt. Aus dem nichtflüchtigen, reduzierten Rückstand werden Eisen- und Bariumverbindungen mit verdünnter Salzsäure, danach SiO_2 mit verdünnter Flußsäure und Schwefelsäure ausgezogen; dann werden durch Schmelzen mit $KHSO_4$ Rhodium und etwa noch vorhandenes Eisen in Lösung gebracht und das Rh mit H_2S gefällt. Der Rückstand der Pyrosulfatschmelze wird mit Soda geschmolzen. Enthält die Metallprobe Ru, so ist die Lösung der Schmelze orange gefärbt; in diesem Falle wird das Ru aus ihr als Sulfid gefällt. Aus dem unlöslichen Rückstand der Sodaschmelze wird Ba mit verdünnter Salzsäure ausgezogen. Der Rest kann die übrigen Platinmetalle enthalten, die mit Hilfe „geeigneter" (aber nicht genannter) Methoden getrennt werden.

Anmerkungen der Verfasser.

1. Nach WÖHLER und METZ ist die Oxydation von Os auf trockenem Wege mit NO_2 vorteilhafter als diejenige mit O_2.
2. Nach GILCHRIST und WICHERS fängt man das abdestillierende Osmium(VIII)-oxyd besser in HCl (1 + 1) auf, die mit SO_2 frisch gesättigt ist, fällt das Osmium nach Zerstörung der Sulfite als Oxydhydrat und bestimmt es als Metall (vgl. S. 91).
3. Der Ba-Gehalt des Analysenmaterials rührt offenbar von einem vorausgegangenen Aufschluß mit BaO_2 her, den man aber besser vermeidet (vgl. Analyse von „reinem" Iridium, S. 102).
4. Der Prüfung auf Ru mit der orangefarbigen Lösung der Sodaschmelze ist die einwandfreie Destillation aus alkalischer Lösung vorzuziehen.

F. Ruthenium.

Bei der Prüfung des Rutheniums auf Verunreinigungen ist in erster Linie auf Os Rücksicht zu nehmen, ferner auf Ir, Pd, Fe, Alkalichloride und andere Bestandteile, die bei der Destillation ans dem Kolben durch Versprühen von Nebeltröpfchen infolge lebhafter Gasentwicklung in die Vorlage gelangt sein können. — Die Anwesenheit von Pd als Verunreinigung ist häufig ein Zeichen dafür, daß das Ruthenium nicht durch Destillation gewonnen ist.

Der Aufschluß des fein zerteilten Rohmetalls, seine Oxydation, Überführung in die wasserlösliche Form und die anschließende Austreibung des Ruthenium(VIII)-oxyds mit der Chlordestillation werden in der bereits in § 7 besprochenen Weise durchgeführt. Von der Vollständigkeit der Destillation überzeugt man sich nach WÖHLER und METZ dadurch, daß man den Destillationsrückstand nochmals mit Ätznatron schmilzt. Bleibt die wäßrige Lösung der Schmelze farblos, so ist das ein Zeichen für die Abwesenheit von Ru. — Der Inhalt der Vorlagen wird eingedampft, um die überschüssige Salzsäure größtenteils zu entfernen. Nach Zugabe von etwas Salpetersäure[1] wird die Lösung zur Austreibung geringer Mengen Os zur Trockne verdampft; das wiederholt man 2- bis 3mal. Der mit Salzsäure aufgenommene Eindampfrückstand wird nochmals mit Chlor aus alkalischer Lösung destilliert und die Entfernung von Os-Resten aus dem Destillat durch Zugabe von HNO_3 wiederholt. Dann werden die Rutheniumchloride zur Trockne verdampft und unter Zusatz von etwas Salmiak vorsichtig verglüht. Nach dem Reduzieren und dem Abkühlen in CO_2 wird Ru als Metall gewogen. Zur vollständigen Entfernung etwa vorhandener geringer Mengen von Alkalichloriden ist es zweckmäßig, es nochmals mit salzsäurehaltigem heißem Wasser gründlich auszuwaschen und dann wieder zu reduzieren. — Zur Vermeidung von Ru- und Os-Verlusten führt man die Weiterbehandlung des Destillats am besten in der Destillierapparatur unter Vorlage von HCl (1 + 2) und von Natronlauge durch.

[1] Es ist noch darauf hinzuweisen, daß durch Behandlung von Rutheniumchloridlösungen mit *konzentrierter* Salpetersäure RuO_4 entstehen und verflüchtigt werden kann, nicht dagegen, wenn statt der Salpetersäure Königswasser verwendet wird. (Vgl. Qual. Teil S. 137.)

Reines Ruthenium muß sich in frisch bereiteter NaClO-Lösung vollständig ohne jeden metallischen Rückstand auflösen.

Bestimmung der Verunreinigungen. Zwecks Ermittlung des Os-Gehalts im Ru destilliert man einen Teil der Lösung mit Salpetersäure unter Vorlegen von Natronlauge, die etwas Alkohol enthält. Selbst bei sehr geringen Os-Gehalten färbt sie sich violett. Das Osmium kann man als Sulfid bestimmen (vgl. Os S. 54). — Den Rückstand von der Ru-Destillation prüft man in bekannter Weise auf SiO_2, Fe, Pd und Ir. Für die Trennung von Ir und Fe ist die Methode von SCHOELLER die beste (vgl. S. 88 und GILCHRIST).

Literatur.

ALLEN, E. T., bei A. L. DAY u. R. B. SOSMAN: Am. J. Sci. [4] **29**, 152 (1910).

Chemiker-Fachausschuß Metall und Erz: Schiedsanalysen (1942). — CLAUS, C.: J. pr. **39**, 105 (1854).

GILCHRIST, R.: Chem. Rev. **32**, 312 (1943). — GILCHRIST, R., u. E. WICHERS: Am. Soc. **57**, 2565 (1925). — GMELIN: Handb. der anorg. Chemie, 8. Aufl., Syst.-Nr. 68 (A), Platin (1940). — GRAULICH, W.: Öst. Ch. Z. **33**, 2 (1930).

KARPOFF, B. G.: Iswestija Inst. Isutscheniju Platiny **9**, 108 (1932); durch C. **104**, **II**, 1224 (1933). — KARPOFF, B. G., S. E. KRASSIKOFF u. A. N. FJEDOROWA: Iswestija Inst. Isutscheniju Platiny **12**, 160 (1935); durch C. **107**, **II**, 1584 (1936).

LEIDIÉ, E.: C. r. **131**, 888 (1900). — LENK, G.: Met. Erz **32**, 95 (1935).

MYLIUS, F., u. A. MAZZUCCHELLI: Z. anorg. Ch. **89**, 1 (1914).

SCHOELLER, W. R.: Analyst **51**, 395 (1926). — SWJAGINZEFF, O. E.: Iswestija Inst. Isutscheniju Platiny **5**, 190 (1927); durch C. **98**, **II**, 1597 (1927).

WÖHLER, L., u. L. METZ: Z. anorg. Ch. **149**, 306 (1925).

§ 12. Analyse von Rohplatinwaschkonzentraten.

(Im folgenden kurz „Platinerze" genannt.)

DUPARC und TIKONOWITCH geben in ihrem Standardwerk „Le platine et les gîtes platinifères de l'Oural et du monde" eine kritische Übersicht über fünf ältere Analysenmethoden von Platinerz und beschreiben dann die von den Schülern HOLTZ und THURINGER ausgearbeitete Methode, nach der zahlreiche in dem Werk enthaltene Analysen ausgeführt wurden. Alle Methoden haben natürlich ihre Vorzüge und Nachteile; da sie aber auch heute noch, wenn auch zum Teil mit gewissen Abänderungen, benutzt werden, sollen sie wenigstens auszugsweise wiedergegeben werden.

A. Ältere Methoden.

1. Die Methode von BERZELIUS basiert auf der Angreifbarkeit des Erzes durch Königswasser und der Fällung von Pt und Ir mit KCl.

2. Die Methode von CLAUS beruht auf der Unlöslichkeit des Chloroplatinats(IV), des Chloroiridats(IV) und des Chlororuthenats(IV) des Ammoniums in einer mit Salmiak gesättigten Lösung, der Löslichkeit der entsprechenden Salze von Ir(III), Rh(III) und Pd(II) in der gleichen Lösung und der Reduzierbarkeit des Salzes $(NH_4)_2IrCl_6$ zu $(NH_4)_3IrCl_6$ durch Schwefelwasserstoff.

3. Die Methode von SAINTE-CLAIRE-DEVILLE und DEBRAY vermindert die Löslichkeit der Salze $(NH_4)_2PtCl_6$ und $(NH_4)_2IrCl_6$ durch Zusatz von Alkohol zu der Lösung; sie beruht ferner auf der verschiedenartigen Einwirkung von $(NH_4)_2S$ und von schmelzendem Schwefel auf Pd, Au, Rh einerseits und Fe und Cu andererseits sowie auf der Unlöslichkeit von Au und Rh und der Löslichkeit von Pd (ebenso wie von Fe und Cu) in Salpetersäure. Diese Methode bedeutet eine beträchtliche Verbesserung der beiden ersten, namentlich was die Trennung des Platins und Iridiums von den anderen Platinmetallen anbelangt.

Alle drei Methoden hinterlassen als Rückstand beim ersten Aufschluß mit Königswasser Osmiridium, das getrennt analysiert wird.

4. Die Methode von SAINTE-CLAIRE-DEVILLE und STAS verdankt ihre Entstehung der Forderung nach einem Verfahren, nach dem man die zur Herstellung des Pariser Normal-Meterstabes verwendete Platin-Iridium-Legierung in verhältnismäßig kurzer Zeit analysieren konnte, ist aber mit gewissen Abänderungen auch zur Erzanalyse verwendbar. Sie gründet sich auf das Schmelzen mit Blei, mit dem Pt, Rh, Pd und Cu Legierungen bilden, während Ir, Ru und Fe (und ebenso Os, LATHE) unter sich eine Legierung bilden, die sich von der Bleilegierung absondert.

5. Nach der Methode von LEIDIÉ wird das Erz bei Rotglut mit Kochsalz im Chlorstrom aufgeschlossen, wobei alle seine Bestandteile in wasser- oder säurelösliche Form gebracht werden sollen. Aus der Lösung der Chloride werden dann durch $NaNO_2$ im Beisein von Na_2CO_3 die unedlen Metalle und Gold ausgefällt, während das Osmium als Chloroosmat(IV) und die anderen fünf Platinmetalle als Doppelnitrite in Lösung bleiben.

Von diesen fünf Methoden ist die von SAINTE-CLAIRE-DEVILLE und STAS sicher die exakteste, erfordert aber die meiste Zeit und ist zur Analyse von Platinerz wenig geeignet. Gut ist die Methode von SAINTE-CLAIRE-DEVILLE und DEBRAY; dagegen besitzt die von LEIDIÉ große Nachteile: Der Aufschluß mit Chlor gestaltet sich sehr schwierig und bleibt immer unvollständig; ferner bringt der Zusatz von $NaNO_2$ und Na_2CO_3 hohe Salzkonzentrationen in die Lösung, auch kann das Nitrit die nachfolgenden Trennungen recht erheblich stören.

B. Methode von HOLTZ und THURINGER.

Einwaage 2 × 7 g. Das gediegene Gold ist zuvor ausgelesen worden. Auflösen erfolgt im ERLENMEYER-Kolben mit konzentriertem Königswasser auf dem Sandbad bei 80°, Lösedauer etwa 12 Std. Der unlösliche Rückstand wird vorsichtig (zur Vermeidung von Os-Verlusten) verglüht und gewogen, dann mit etwa der 10fachen Menge reinem Silber und Borax geschmolzen. Aus dem von Schlacke befreiten und mit 10% H_2SO_4 gereinigten Regulus wird das Silber mit Salpetersäure herausgelöst, der unlösliche Rest vorsichtig verglüht und gewogen: *Osmiridium.*

Der Königswasserauszug aus dem Erz wird zur Vertreibung der Salpetersäure mehrfach mit Salzsäure bis zum Sirup eingedampft. Der Rückstand wird in heißem Wasser gelöst, im Luftbad auf 30 cm^3 eingeengt und in die heiße Lösung eine ½ Std. lang Chlor eingeleitet. Hierauf wird im Luftbad weiterhin bei 38°, höchstens aber 42°, bis zum Sirup eingedampft, jedoch darf diese Temperatur keinesfalls überschritten werden. Hierdurch soll erreicht werden, daß das Iridium den 4wertigen Zustand beibehält, kein Gold reduziert und die Bildung gewisser basischer Salze verhindert wird. — Die Annahme von HOLTZ, daß sich durch Trocknen bei 130° Iridium restlos in das mit Salmiak nicht fällbare Iridium(III)-chlorid verwandeln lassen und bei der Fällung des Platins mit Salmiak dieses nicht verunreinigen soll, hatte zu keinem vollen Erfolg geführt.

Zu der wäßrigen Lösung des bei etwa 40° erhaltenen Sirups werden 28 bis 30 g Salmiak in kleinen Anteilen hinzugefügt. Platin und Iridium werden ausgefällt. Nach zwei Tagen wird der Niederschlag filtriert, zunächst durch Dekantieren und schließlich auf dem Filter mit einer kaltgesättigten Salmiaklösung bis zum Verschwinden der Rhodanreaktion auf Eisen ausgewaschen. Der Niederschlag wird mit etwas reinem Alkohol nachgewaschen, das Filtrat zur Trockne verdampft, mit Wasser aufgenommen und zum ersten Filtrat hinzugefügt. Rückstand und Filter werden in einem Tiegel vorsichtig im Muffelofen verascht, der Glührückstand mit verdünnter Salzsäure auf dem Wasserbad erhitzt, um ihn von anhaftendem Eisen zu befreien, schließlich von neuem verglüht, im Wasserstoffstrom reduziert und nach dem Erkalten im Kohlensäurestrom gewogen. Der Schwamm wird dann in einer Porzellanschale, die man zur Verhinderung von Konzentrationsänderungen mit einem Uhrglas bedeckt, mit verdünntem Königswasser (1 + 5) bei nicht mehr als 50° behandelt. Dies wird so oft wiederholt, bis ein frischer Aufguß von Säure innerhalb 12 Std. nicht mehr gefärbt wird. Man filtriert, wäscht mit 1%iger Salzsäure, trocknet, verglüht und reduziert mit Wasserstoff, den man schließlich durch Kohlensäure ersetzt: *Iridium.*

In der Königswasserlösung wird das Platin nach Zerstörung der Salpetersäure mit Salmiak gefällt und wie vorher bestimmt. Zur Prüfung auf Vollständigkeit der Trennung des Iridiums vom Platin ist es gut, den Schwamm noch ein zweites Mal umzulösen. Die Farbe der Chloroplatinat(IV)-fällung kann übrigens in dieser Hinsicht bereits Aufschluß geben: *Platin (1).*

Das Filtrat von der ersten Salmiakfällung wird auf dem Wasserbad erhitzt und etwa 1 g in heißem Wasser aufgelöstes Dimethylglyoxim hinzugefügt. Man erhitzt so lange, bis sich ein rein gelber (bei Abwesenheit) oder gelbbrauner (bei Anwesenheit von Gold) Niederschlag abscheidet, der auch Spuren Platin enthalten kann. Er wird mit leicht angesäuertem Wasser gewaschen, getrocknet und im gewogenen Porzellantiegel vorsichtig verglüht. Der erhaltene Schwamm wird in wenig Königswasser gelöst, die Lösung mehrfach mit Salzsäure zur Entfernung der Salpetersäure abgedampft und mit Salmiak gefällt. Der abfiltrierte Niederschlag wird mit Alkohol gewaschen und nach dem Verglühen als *Platin (2)* bestimmt. Im Filtrat wird das *Gold* mit 1 bis 2 g Ammoniumoxalat bei 60° im Luftbad innerhalb 4 bis 6 Std. ausgefällt. Durch Zusatz einiger Tropfen verdünnter SO_2-Lösung kann der Vorgang beschleunigt werden. Nach dem Filtrieren wird zunächst mit schwefelsäurehaltigem, dann mit salzsäurehaltigem Wasser gewaschen, der getrocknete Niederschlag verglüht und als *Gold* gewogen. Das ganz schwach saure Filtrat, das alles Palladium enthält, wird mit 1 g in kochendem Wasser gelöstem Dimethylglyoxim versetzt und der gelbe Niederschlag nach Auswaschen getrocknet und vorsichtig geglüht. Den Rückstand reduziert man mit Wasserstoff, läßt in Kohlensäure erkalten und wägt: *Palladium.* Das angesäuerte Filtrat wird bei bedecktem Gefäß mit 50 g Zinkgranalien behandelt. Alle Metalle mit Ausnahme des Eisens werden in 5 bis 6 Std. als Mohre abgeschieden. Man filtriert rasch und wäscht bis zum Verschwinden der Chlorreaktion aus. Das trockene Filter wird eingeäschert und der Rückstand 3 Std. in einem tarierten Porzellantiegel geglüht. Die verglühten Mohre werden in einer Reibschale zerkleinert, mit 50%iger Salpetersäure behandelt und nach 2 Std. filtriert und gewaschen. Das Filtrat enthält das Kupfer (bisweilen auch Spuren von Rhodium) und der Rückstand das Rhodium (oft mit Spuren Palladium und Platin). Das *Kupfer* wird als Kupfer(I)-rhodanid bestimmt (vgl. S. 86). Anschließend wird die Lösung zur Zerstörung des Rhodanüberschusses mit Salpetersäure und Salzsäure behandelt. Die salzsaure Lösung wird zur Erfassung etwa noch vorhandener Edelmetalle mit Zink zementiert und eine etwaige Fällung (meist Rh) dessen Hauptmenge hinzugefügt.

Der gesamte Rhodiumrückstand wird mit Kaliumpyrosulfat geschmolzen, wobei zu hohe Temperaturen zu vermeiden sind; doch soll der Schmelzvorgang etwa 30 Std. dauern. Unter diesen Bedingungen soll sich das Rhodium vollständig auflösen[1], Iridium dagegen sich kaum oxydieren und das Platin unverändert bleiben. Die erkaltete Schmelze wird zunächst mit konzentrierter Salzsäure, dann mit Wasser behandelt und beim Erwärmen das Rhodiumsalz vollständig aufgelöst.

Falls ein Rückstand bleibt, besteht er aus etwas Platin und Iridium. Er wird der Hauptmenge des Platins hinzugefügt und mit diesem zusammen der Trennung des Platins vom Iridium mit verdünntem Königswasser unterzogen.

---

[1] Über die Ausführung der Pyrosulfatschmelze vgl. auch Qual. Teil S. 100.

Die Rhodiumlösung wird mit Zink behandelt, der ausgefallene Mohr filtriert und nach dem Auswaschen und Trocknen verglüht. Dann wird er nochmals mit verdünnter Salzsäure zur Entfernung des dem Rhodium anhaftenden Zinks gewaschen, abermals im Wasserstoffstrom verglüht, im Kohlensäurestrom erkalten lassen und gewogen: *Rhodium.*

Nach einer im Original beigefügten Tabelle stimmen die Analysenwerte mit Ausnahme derer von Rhodium und Iridium sehr gut überein. Es ist anzunehmen, daß auch die Iridiumwerte genauer ausgefallen wären, wenn die Trennung von Platin und Iridium nicht durch Umlösen in Königswasser, sondern mit der Bleischmelze erfolgt wäre. Das mit Zink gefällte Rhodium sollte durch Verchlorung bei hoher Temperatur mit anschließender Säurebehandlung von den ihm hartnäckig anhaftenden Verunreinigungen befreit werden, so daß dann auch eine wesentlich bessere Übereinstimmung der Rhodiumwerte zu erwarten wäre.

Der vorstehend beschriebene, sehr umständliche Analysengang zeigt, daß mit Ausnahme des Palladiums alle Platinmetalle an mehreren verschiedenen Stellen erfaßt werden. Das langsame Eindampfen der Königswasserlösung bei höchstens 42° zum Sirup dürfte ein ziemlich langwieriger Vorgang sein; die erste Salmiakfällung wird erst nach zwei Tagen filtriert, für die Trennung des Platins vom Rhodium durch Schmelzen mit Pyrosulfat werden 30 Std. benötigt. Immerhin können bei sorgfältigem Arbeiten diese schwierigen Trennungen von geübten Analytikern mit befriedigendem Erfolg durchgeführt werden.

C. Methode von Gilchrist und Wichers.

Dagegen erzielen Gilchrist und Wichers mit der auf S. 89ff. wiedergegebenen Analysenmethode in einem einzigen Gang zufriedenstellende Analysenergebnisse, die in den meisten Fällen vollauf genügen und nur bei allerhöchsten Anforderungen an die Genauigkeit eine Wiederholung von Fällungen erforderlich machen.

D. Schnellmethode von Adolphi.

Für die Bewertung von Platinerz nur nach seinem Platingehalt gibt Adolphi nach guten Vorschriften für die Probenahme folgenden kurzen Analysengang an:

20 g Roherz werden mit Königswasser ($HCl : HNO_3 = 3:1$) auf dem Dampfbad ausgezogen. Die Säure wird so lange erneuert, bis die Lösung nur noch schwach gelblich gefärbt ist. Der unlösliche Rückstand wird auf einem gewogenen Filter[1] gesammelt, ausgewaschen, bei 100° getrocknet und gewogen. Die Lösung wird im Literkolben mit destilliertem Wasser aufgefüllt. Es werden 50 cm^3 = 1 g gelöstes Erz abpipettiert und in einem Becherglas von 200 cm^3 unter Zusatz von Salzsäure zur Zerstörung der Salpetersäure zur Trockne verdampft. Der Rückstand wird in 100 cm^3 95- bis 98%igem Alkohol gelöst. Ist die Lösung nach einiger Zeit nicht klar, so wird sie filtriert. Man fügt 8 bis 10 cm^3 gesättigte Salmiaklösung hinzu und läßt 24 Std. stehen. Der Niederschlag muß kanariengelb[2] sein, das Filtrat kaum gelblich gefärbt. Er wird auf einem Filter gesammelt, mit Alkohol ausgewaschen, leicht getrocknet und im Platintiegel verglüht. Das Ausglühen muß sehr vorsichtig geschehen: Es wird zunächst nur mit schwacher Flamme erhitzt, bis das Papier verbrannt und der größte Teil des Salmiaks verflüchtigt ist. Der Schwamm wird gewogen.

---

[1] Die Verwendung eines Filtriertiegels ist vorzuziehen.

[2] Verfasser gibt leider nicht an, was zu geschehen hat, wenn die Farbe des Niederschlages nicht kanariengelb ist (Umlösen?)

E. Methoden des Platininstitutes Leningrad.

Die neuesten und besten Analysenmethoden verdankt man der Analytischen Kommission des Platininstitutes Leningrad, in dem hervorragende russische Fachleute arbeiten. Da uns ihre Veröffentlichungen leider nicht im Original zugänglich waren, werden sie mit freundlicher Erlaubnis des Herausgebers nach der Darstellung in GMELINS Handbuch der anorganischen Chemie, 8. Auflage, Systemnummer 68, 528ff. wiedergegeben:

1. Schnellanalyse [Analyt. Komm. (b)].

2 g Platinerz werden in Königswasser (1 Teil HNO_3 und 3 Teile HCl) im bedeckten ERLENMEYER-Kolben auf dem Sandbad zunächst schwach, dann zum Sieden erhitzt. Zur besseren Ausnutzung des Königswassers wird dieses in Portionen von 50 cm^3 zugesetzt. Die hierbei erhaltenen Lösungen werden abgegossen, wenn ihre Färbung nicht mehr zunimmt, und durch neue Portionen frischer Säure ersetzt, bis die Auflösung beendet ist. Die Lösungen werden vereinigt, zur Sirupdicke eingedampft; dann wird mit wäßriger Salzsäure erneut bis zur Erlangung eines dicken Sirups eingedampft und mit Wasser aufgenommen. Der unlösliche Rückstand wird mit schwach durch Salzsäure angesäuertem Wasser bis zum Verschwinden der Reaktion auf Eisen ausgewaschen, getrocknet und gewogen. Das Volumen der salzsauren Lösung soll nicht mehr als 200 bis 250 cm^3 betragen. Durch Zugabe von $Hg(CN)_2$-Lösung unter Vermeidung eines Überschusses wird $Pd(CN)_2$ gefällt, mit ganz schwach salzsaurem Wasser ausgewaschen, geglüht, im Wasserstoffstrom reduziert und im Kohlensäurestrom abgekühlt: *Palladium*. Das Filtrat wird in Gegenwart von so viel H_2SO_4 mit Zn reduziert, daß der Überschuß von Zn vollständig in Lösung geht; nach 10 bis 12 Std. wird die fast farblose Lösung vom Niederschlag abgetrennt. Dieser wird mit schwach salzsaurem Wasser ausgewaschen, geglüht, im Wasserstoffstrom reduziert, gewogen und mit der 20fachen Menge von reinem Blei im Kohletiegel bei etwa 1000 bis 1200° etwa 2 Std. geschmolzen. Nach Entfernung von Kohlestückchen wird das Schmelzprodukt mit HNO_3 $(1+3)$ behandelt, wobei sich Pb, Cu und ein Teil des Rhodiums auflösen (Lösung 1). Der unlösliche Rückstand wird mit Königswasser $(1+3)$ erhitzt, wobei Pt und Rh in Lösung gehen (Lösung 2), während als Rückstand Ir verbleibt, das nach dem Auswaschen mit schwach salzsaurem Wasser geglüht, im Wasserstoffstrom reduziert und gewogen wird: *Iridium*. Dieses wird zur Prüfung auf Ru mit Soda geschmolzen, das Schmelzprodukt mit Wasser ausgelaugt, wobei in Gegenwart von Ru eine orange gefärbte Lösung erhalten wird.

Lösung 2 wird nach Zusatz von wenig Schwefelsäure, die zur Fällung von etwa noch vorhandenem Blei dient, zum dicken Sirup eingedampft. Nach dem Abfiltrieren des Rückstands wird sie mit Chlorwasser zwecks Oxydation des gesamten Platins zu Pt(IV) auf 100 bis 150 cm^3 eingedampft und mit dem gleichen Volumen gesättigter Salmiaklösung versetzt. Der ausgeschiedene Platinsalmiak wird in üblicher Weise in metallisches Platin übergeführt: *Platin I*. Das Filtrat der Platinfällung wird längere Zeit mit Oxalsäure gekocht und das ausgeschiedene *Gold* abfiltriert.

Lösung 1 wird in Gegenwart von H_2SO_4 eingedampft und das Filtrat nach dem Abfiltrieren von $PbSO_4$ mit dem Filtrat der Goldfällung vereinigt. Die Lösung wird in der Hitze mit H_2S gefällt und der Niederschlag nach dem Glühen längere Zeit unter Erhitzen und zeitweisem Rühren mit verdünnter Salpetersäure $(1+3)$ behandelt; hierbei lösen sich CuO und die noch vorhandenen Spuren von PbO auf. Der aus Rh_2O_3 und Pt bestehende Rückstand wird nach der Reduktion im Wasserstoffstrom gewogen und dann zwecks Entfernung des Platins mit verdünntem Königswasser $(1+3)$ behandelt. Aus der Lösung wird Pt wie üblich mit Salmiak gefällt und als Metall bestimmt: *Platin II*. Das nach der Entfernung des Platins zurückbleibende *Rhodium* wird nach Reduktion im Wasserstoffstrom gewogen.

2. Gesamtanalyse [Analyt. Komm. (a u. c)].

5 bis 10 g Platinerz werden in Königswasser (1 Teil HNO_3 und 3 Teile HCl) im bedeckten ERLENMEYER-Kolben 12 Std. lang bei 80° auf dem Sandbad erhitzt. Die Reaktionsmasse wird in eine Porzellanschale übergeführt und bis zur Sirupdicke eingedampft. Nach Zugabe von 25 cm³ wäßriger Salzsäure wird erneut bis fast zur Trockne eingedampft und der Rückstand mit 50 cm³ wäßriger Salzsäure unter schwachem Erhitzen bis zur völligen Auflösung der Chloride behandelt (Lösung 1). Wenn das silberhaltige Gold, das bei der Aufbereitung des Erzes durch Amalgamation ausgezogen wird, nicht vollständig entfernt wurde, so tritt im unlöslichen Rückstand, der aus Osmiridium und anderen Mineralien besteht, auch AgCl auf. In diesem Falle wird er mit heißer wäßriger Ammoniaklösung behandelt. Die Lösung wird zum Vertreiben des Ammoniaks gekocht und durch Ansäuern mit wäßriger Salzsäure das Silberchlorid ausgefällt und gewogen: *Silber.* Nach der Entfernung des Silbers wird der unlösliche Rückstand abfiltriert, das Filter vorsichtig verascht und möglichst kurze Zeit geglüht, damit namentlich bei osmiumreichen Rückständen keine Zersetzung des Osmiridiums erfolgt, und der Glührückstand gewogen. Darauf wird er erneut mit verdünntem Königswasser (1 + 3) 1 bis 1½ Std. erhitzt, zwecks Entfernung von noch vorhandenen geringen Mengen Au. Nach dem erneuten Abwägen des Rückstandes ergibt sich das Gewicht dieser Goldmenge aus der Differenz beider Wägungen: *Gold I.*

Der Sandgehalt, und zwar die Menge fremder Mineralien, wie beispielsweise Chromeisenstein, Titaneisenstein und Kieselsäure, die sich neben den Platinmetallen in dem in Königswasser unlöslichen Rückstand befindet, wird durch Schmelzen desselben mit 10 Teilen Silber unter einer Schicht von Borax bestimmt. Die Gewichtszunahme des Silbers nach Entfernung der Schlacke entspricht dem Gehalt an „Osmiridium". Aus der Differenz der Gewichte von unlöslichem Rückstand und „Osmiridium" ergibt sich der Sandgehalt.

Die Lösung 1 wird entsprechend der Erzeinwaage mit 7,5 bis 15 g festem Salmiak bei 30 bis 40° versetzt. Nach 12 Std. wird der vorwiegend aus $(NH_4)_2PtCl_6$ bestehende und als Beimengungen die entsprechenden Iridium- und Rutheniumsalze enthaltende Niederschlag zuerst durch Dekantation und dann auf dem Filter mit konzentrierter Salmiaklösung bis zum Verschwinden der Eisenreaktion ausgewaschen. Das Filter wird mit dem feuchten Niederschlag in einen Porzellantiegel übergeführt und unter Beachtung der üblichen Vorsichtsmaßregeln geglüht. Der Metallschwamm wird mit verdünntem Königswasser (1 + 5) ausgezogen (Lösung 2), das unlöslich bleibende Iridium wird abfiltriert, im Wasserstoffstrom reduziert, im Kohlensäurestrom abgekühlt und gewogen: *Iridium I.* Die Lösung 2 wird eingedampft und erneut mit Salmiak gefällt. Der die Hauptmenge des Platins und etwas Ir enthaltende Niederschlag wird zur Trennung beider Metalle beispielsweise nach der Kalomelmethode von KARPOFF und FJEDOROWA (S. 70) behandelt: *Platin I und Iridium II.* Die Filtrate der beiden Salmiakfällungen werden in einer geräumigen Porzellanschale bis zur beginnenden Abscheidung von Salmiak eingedampft, dann wird die Schale mit einer Glasscheibe bedeckt und zwecks Zersetzung des Salmiaks allmählich konzentrierte Salpetersäure zugesetzt. Wenn die Gasentwicklung aufhört, wird die Glasscheibe abgespült und die Lösung bis fast zur Trockne eingedampft. Der Rückstand wird mit einigen Tropfen verdünnter Salzsäure angefeuchtet und dann in Wasser gelöst. Die auf 80 bis 100° erhitzte Lösung wird bei bedecktem Gefäß vorsichtig mit festem Natriumnitrit bis zur Neutralisation versetzt, darauf wird sehr vorsichtig etwas Soda zugesetzt und zum Sieden erhitzt. Nach dem Absetzen des Niederschlags wird die heiße Lösung filtriert; der Niederschlag, der hauptsächlich aus Hydroxyden unedler Metalle besteht, wird mit heißem Wasser gewaschen, vom Filter mit heißer verdünnter Salzsäure gelöst und die Fällung wie oben angegeben wiederholt. Die erneute Fällung bezweckt die Entfernung von mitgerissenen Oxydhydraten des Rhodiums und Iridiums aus dem Niederschlag, der neben Hydroxyden der Unedelmetalle auch etwas Au enthalten kann. Der nach der zweiten Fällung erhaltene Niederschlag wird in heißer verdünnter Salzsäure gelöst und aus der Lösung *Eisen* und *Kupfer* in üblicher Weise niedergeschlagen. Der in verdünnter Salzsäure unlösliche Rückstand besteht aus Au: *Gold II.*

Das Filtrat von der Fällung der unedlen Metalle (Lösung 3) wird zwecks Zersetzung der Nitrite vorsichtig mit verdünnter Salzsäure versetzt, zum Sieden erhitzt und zur Trockne eingedampft. Der Rückstand wird mit rauchender Salzsäure behandelt, das ausfallende Kochsalz über ein gut mit verdünnter Salzsäure ausgewaschenes Asbestfilter[1] filtriert und bis zur völligen Farblosigkeit mit verdünnter Salzsäure ausgewaschen. Das die Platinmetalle enthaltende Filtrat wird zur Trockne verdampft und der Rückstand zwecks völliger Entfernung von HNO_3 mit verdünnter Salzsäure öfters abgedampft. Der Rückstand wird in Wasser gelöst und die erhaltene Lösung mit $Hg(CN)_2$-Lösung unter Vermeidung eines Überschusses versetzt. Das gefällte $Pd(CN)_2$ wird mit schwach salzsaurem Wasser ausgewaschen, getrocknet, geglüht, reduziert, im Kohlensäurestrom abgekühlt und gewogen: *Palladium.* Aus dem Filtrat (Lösung 4) fällt nach Sättigung mit Salmiak ein Gemisch der Komplexsalze von Pt und Ir aus, das nach etwa 12 Std. abfiltriert wird. Die Trennung der beiden Metalle erfolgt nach der oben genannten Kalomelmethode: *Platin II, Iridium III.*

Die Filtrate von der gemeinsamen Fällung des Platins und Iridiums mit Salmiak und von der Trennung des Platins und Iridiums nach der Kalomelmethode werden vereinigt und die Platinmetalle in salzsaurer Lösung durch Zink ausgefällt (Rh, Ir und geringe Mengen von Pt). Durch Behandlung des Niederschlages mit verdünntem Königswasser $(1+5)$ wird Pt herausgelöst, die Lösung auf ein kleines Volumen eingedampft und dann durch Eindampfen zur Trockne mit Ammoniumformiat und Soda Pt zu Metall reduziert: *Platin III.* Das in Königswasser unlösliche Gemisch von Rh und Ir wird mit Bi oder Pb zusammengeschmolzen, wobei bei Verwendung von Pb die Schmelze öfters wiederholt werden muß. Das Schmelzprodukt wird mit HNO_3 $(1+3)$ behandelt. Der unlösliche Rückstand wird in einer Platinschale mit einem Gemisch von verdünnter Salzsäure und Flußsäure behandelt und dann im Wasserstrom reduziert: *Iridium IV.*

Das Rhodium wird entweder durch Differenz ermittelt oder besser nach Trennung vom Bi oder Pb bestimmt. Bi wird als basisches Chlorid, Pb als Sulfat gefällt. Gegebenenfalls vorhandenes Ruthenium wird vom Rhodium durch Hydrolyse mit HgO getrennt: *Rhodium I.* Die Lösung 4 wird mit Zink bis zur völligen Entfärbung reduziert. Der hierbei ausfallende Niederschlag wird zunächst durch Dekantation und darauf auf dem Filter bis zum Verschwinden der Chlorreaktion mit heißem Wasser ausgewaschen, dann im Wasserstoffstrom geglüht und im Kohlensäurestrom abgekühlt: *Rhodium II.*

Die verschiedenen Iridiumniederschläge, die gegebenenfalls Ru enthalten können, werden vereinigt und im Platintiegel mit der 10fachen Menge Soda ¼ Std. auf Rotglut erhitzt. Die Schmelze wird mit schwach salzsaurem Wasser behandelt und das hinterbleibende Iridiumoxyd damit ausgewaschen. Dann wird es im Wasserstoffstrom geglüht und im Kohlensäurestrom abgekühlt: *Das gesamte Iridium.* Die orangegelbe Lösung wird mit Zn bis zur völligen Entfärbung reduziert, der Niederschlag mit schwach salzsaurem Wasser gewaschen, reduziert, im Kohlensäurestrom abgekühlt und geglüht, dann im Platintiegel mit verdünnter Flußsäure behandelt, erneut reduziert, abgekühlt und gewogen: *Ruthenium.*

---

[1] Wir würden statt dessen einen NEUBAUER-Tiegel empfehlen!

3. Analyse von Osmiridium [Analyt. Komm. (d)].

2 bis 3 g des nach der Behandlung von Platinerz mit Königswasser verbleibenden Rückstands werden mit einer Lösung von Ammoniumacetat zwecks Entfernung von $PbSO_4$ und des größten Teils des darin enthaltenen Silberchlorids mehrmals gekocht. Der Rückstand wird mit heißer, wäßriger Ammoniaklösung zur Entfernung des restlichen Silberchlorids und darauf mit schwach salpetersaurem Wasser ausgewaschen, getrocknet, bei möglichst tiefer Temperatur geglüht und gewogen. Aus der Differenz des Gewichtes von Einwaage und Lösungsrückstand ergibt sich der Gehalt an *Blei* und *Silber*.

Die nun folgenden Behandlungen dienen vor allem der Zerkleinerung des Minerals Osmiridium: der Lösungsrückstand wird mit 5 bis 6 g pulverförmigem Silber und 2 bis 3 g Borax vermischt, in einem kleinen hessischen oder einem Graphittiegel mit Borax bedeckt und auf dem Bunsenbrenner geschmolzen. Bildet sich beim Schmelzen etwas Schlacke, dann wird etwas Soda zugesetzt, wodurch die Schlacke leichtschmelzbar erhalten wird. Nach dem Abkühlen wird der Tiegel zerschlagen, der König zwecks Entfernung von Schlacke gehämmert, abgebürstet und mit verdünnter Schwefelsäure gereinigt. Nach dem Wägen wird er mit konzentrierter Schwefelsäure erhitzt und nach dem Verdünnen der Säure mit Wasser zwecks Lösung des ausgeschiedenen Silbersulfates der Rückstand abfiltriert. Der Rückstand wird mit schwach schwefelsaurem Wasser bis zum Verschwinden der Silberreaktion ausgewaschen. Liegt das Osmiridium nach dieser Behandlung noch grobkörnig vor, dann wird der Rückstand vom Filter entfernt, dieses verascht, der Glührückstand mit der Hauptmenge des Osmiridiums vereinigt und dann mit der 20- bis 30fachen Menge von reinem Zink entweder im Wasserstoffstrom oder unter einer Schicht eines Gemisches von 70% wasserfreiem Calciumchlorid und 30% NaCl oder eines Gemisches von gleichen Teilen KCl und LiCl bei Dunkelrotglut 2 Std. geschmolzen. Das Schmelzprodukt wird mit verdünnter Salzsäure behandelt, der unlösliche Rückstand mit schwach salzsaurem Wasser ausgewaschen, auf dem Filter getrocknet, weitgehend vom Filter entfernt, das Filter verascht und das Glühprodukt mit der Hauptmenge wieder vereinigt.

Das auf diese Weise zerkleinerte Osmiridium wird mit NaOH und Na_2O_2 geschmolzen; hierzu werden zunächst 4 bis 5 g NaOH im Nickeltiegel geschmolzen, und darauf wird eine Mischung des Osmiridiums mit 10 bis 15 g Na_2O_2 vorsichtig zugesetzt. Das Gemisch wird mit einem Nickelspatel gerührt und die Masse etwa ½ Std. im halbflüssigen Zustand gehalten. Die Schmelze wird in wenig Wasser gelöst. Lösung und unlöslicher Rückstand werden gemeinsam in den Kolben einer Destillationsapparatur übergeführt. In der Vorlage befindet sich verdünnte Salzsäure $(1 + 2)$. Zu dem Gemisch im Destillationskolben wird NaOH im Überschuß zugegeben und die Lösung in der Kälte mit Chlor gesättigt. Darauf wird unter weiterem Durchleiten von Chlor so lange auf 70 bis 80° erhitzt, bis die Destillation des Ruthenium(VIII)-oxyds in der Hauptsache beendet ist, was daran erkannt wird, daß die Färbung der Säure in der Vorlage nicht weiter zunimmt. Hierauf wird zum Sieden erhitzt, wobei der größte Teil des Osmiums als OsO_4 überdestilliert. Durch den Tropftrichter des Destillationskolbens wird in kleinen Portionen verdünnte Salzsäure zugegeben, bis die Lösung sauer reagiert (Umschlag von Blau nach Dunkelbraun), wobei nach jeder zugesetzten Portion Säure wieder Chlor durchgeleitet und die Lösung zum Sieden erhitzt wird. Darauf wird das Durchleiten des Chlors unterbrochen, die Lösung gekocht, bis sich der gesamte, während der Destillation abgeschiedene Niederschlag gelöst hat, der Kolben abgekühlt und die Lösung aus ihm entfernt. Bleibt ein unlöslicher Rückstand von Osmiridium zurück, so wird dieser abfiltriert, sein Gewicht ermittelt und von der Einwaage abgezogen, wenn er, was meist der Fall ist, nicht mehr als 5% der Einwaage beträgt. Anderenfalls muß der Aufschluß dieses Rückstands mit Na_2O_2 wiederholt werden. Das Os und Ru enthaltende Destillat wird in den Destillationskolben sowie eine konzentrierte Ätznatronlösung in die Vorlage gefüllt und die Trennung von Ru und Os einfach durch Kochen der Lösung durchgeführt, wobei diese auf etwa $^2/_3$ des ursprünglichen Volums abgedampft wird. Die Vollständigkeit der Entfernung von OsO_4 wird mit H_2S in dem gegen Ende der Destillation übergehenden Destillat geprüft, das nicht mehr braun gefärbt werden darf. Die das Os enthaltende alkalische Lösung wird bis zur völligen Entfärbung unter Erhitzen mit Ammoniumsulfidlösung behandelt. Der abgesetzte Niederschlag wird auf einem Filtertiegel filtriert, unterhalb 80° getrocknet, im Wasserstoffstrom reduziert und gewogen: *Osmium*. Die im Destillationskolben verbliebene, das Ru enthaltende Lösung wird in einer Porzellanschale auf ein kleines Volumen eingedampft, dann in einen gewogenen Porzellantiegel übergeführt, zur Trockne eingedampft, im Wasserstoffstrom geglüht, im Kohlensäurestrom abgekühlt und gewogen: *Ruthenium*.

Aus der nach der gemeinsamen Destillation von OsO_4 und RuO_4 verbliebenen Lösung, welche die anderen Platinmetalle enthält, werden durch Salmiak Pt und Ir gemeinsam als Komplexsalze gefällt; der Niederschlag wird mit gesättigter Salmiaklösung gewaschen und vorsichtig geglüht. Der Metallschwamm wird mit der 8- bis 10fachen Menge Ag zusammengeschmolzen und das Schmelzprodukt mit HNO_3 behandelt, wobei mit dem Silber das Platin in Lösung geht. Aus der Lösung wird Silberchlorid gefällt, im Filtrat HNO_3 durch Eindampfen zerstört, der Rückstand in Wasser gelöst, Pt mit Salmiak gefällt und der Niederschlag in metallisches Platin übergeführt: *Platin*. Der in HNO_3 unlösliche Rückstand des Schmelzprodukts mit Ag wird erneut der gleichen Behandlung unterworfen, dann im Wasserstoffstrom geglüht, im Kohlensäurestrom abgekühlt, gewogen und, wie unten angegeben ist, zur Bestimmung von Ir verwendet.

Die Filtrate von der gemeinsamen Fällung des Platins und Iridiums und von der anschließenden Fällung des Platins mit Salmiak werden vereinigt, mit verdünnter Salzsäure angesäuert und zunächst bis zur Entfärbung mit Zn behandelt. Darauf wird ein geringer Überschuß von Zink zugesetzt und die Lösung so weit angesäuert, daß das gesamte Zn in Lösung geht. Der hierbei gebildete Niederschlag wird geglüht, das Glühprodukt zwecks Auflösung von Cu so lange mit Portionen verdünnter HNO_3 (1 + 1) behandelt, bis die Säure nicht mehr gefärbt wird, und die erhaltene Lösung mit Dimethylglyoxim auf Pd geprüft. Der in HNO_3 unlösliche Rückstand wird mit dem bei der Trennung des Platins von Iridium nach der Schmelze mit Ag und Behandlung mit HNO_3 unlöslich bleibenden Rückstand vereinigt und im Porzellantiegel mit der 10fachen Menge Bi 2 bis 3 Std. zusammengeschmolzen. Das Schmelzprodukt wird mit verdünnter Salpetersäure und der darin unlösliche Rückstand mit Königswasser behandelt. Der hierbei unlöslich bleibende Rückstand wird im Wasserstoffstrom geglüht, im Kohlensäurestrom abgekühlt und gewogen: *Iridium*. Die beiden Lösungen werden zur Entfernung von HNO_3 getrennt mit HCl eingedampft. Die erste Lösung wird stark mit Wasser verdünnt, wobei Bi als basisches Chlorid ausfällt. Darauf werden beide Lösungen vereinigt und, wenn hierbei noch basisches Wismutchlorid ausfällt, titriert. Das Filtrat wird mit Zn bis zur Entfärbung behandelt, der hierbei ausfallende Niederschlag zunächst durch Dekantieren und darauf auf dem Filter bis zum Verschwinden der Chlorreaktion mit heißem Wasser ausgewaschen. Das auf dem Filter verbleibende, unreine Rhodium wird mit der 8fachen Menge Ag zusammengeschmolzen. Das Schmelzprodukt wird zwecks Entfernung des Silbers mit HNO_3 und darauf unter Erhitzen mit verdünntem Königswasser (1 + 4) behandelt. Der Rückstand wird im Wasserstoffstrom geglüht, im Kohlensäurestrom abgekühlt und gewogen: *Rhodium*. Aus der Lösung wird nach Abscheidung des Silbers als AgCl das *Gold* niedergeschlagen und das Filtrat auf Pt geprüft.

Bemerkung. Neuerdings empfehlen HILL und BEAMISH, das Osmiridium durch trockne Chlorierung bei 681 bis 720° in Gegenwart von Kochsalz aufzuschließen, wobei restlos in Salzsäure lösliche Produkte entstehen.

Literatur.

ADOLPHI, W.: Ch. Z. **50**, 232 (1926). — *Analytische Kommission* des Platininstitutes Leningrad. Iswestija Inst. Isutscheniju Platiny, (a) **4**, 351 (1926); (b) **9**, 91 (1932); (c) **9**, 99 (1932); (d) **9**, 102 (1932).

BERZELIUS, J. J.: Pogg. Ann. **13**, 533 (1828).

CLAUS, C.: Beiträge zur Chemie der Platinmetalle, S. 55. Dorpat 1854.

DUPARC, L., u. M. N. TIKONOWITCH: Le platine et les gîtes platinifères de l'Oural et du monde. Genf 1920.

HILL, M. A., u. F. E. BEAMISH: Anal. Chem. **22**, 451 (1950); durch C. **122**, **I**, 1209 (1951). — HOLTZ, C. H.: Dissertation. Genf 1911; s. DUPARC, S. 225; Ann. Chim. Phys. **VIII**, **27**, 559 (1912).

LATHE, F. E.: Canadian J. Res. **18**, B 339 (1940). — LEIDIÉ, E.: C. r. **131**, 888 (1900). — LEIDIÉ, E., u. L. QUENNESSEN: C. r. **136**, 1399 (1903).

SAINTE-CLAIRE-DEVILLE, H., u. H. DEBRAY: Ann. Chim. Phys. **III**, **56**, 439 (1859). — SAINTE-CLAIRE-DEVILLE, H., u. I. S. STAS: Comité intern. poids et mesures. Procès-verbaux 1877, S. 151.

THURINGER, V.: Dissertation. Genf 1914; s. DUPARC, S. 229.

§ 13. Spektrochemische Bestimmung des Platins.

Von H. OBERLÄNDER, Hanau.

Die Methode der spektralanalytischen Prüfung der Platinmetalle ist aus zwei Gründen verhältnismäßig einfach. Einmal sind die Spektren nur wenig von den Entladebedingungen abhängig, lediglich die Elektrodenform spielt bei der quantitativen Analyse eine gewisse Rolle. Zweitens sind im Platin fast alle Elemente leicht zu erkennen, da sie meist an charakteristischen Stellen des Spektrums liegen. Dabei ist von Vorteil, daß das Platinspektrum auf der einen Seite genügend Linien besitzt, die mit den Linien der Verunreinigungen für die quantitative Bestimmung verglichen werden können, daß es andererseits aber wieder nicht so linienreich ist, daß die Linien der zu bestimmenden Fremdmetalle nicht mehr deutlich erkannt werden können. Infolge dieser günstigen Verhältnisse hat sich auch gerade bei der Bestimmung der Platinmetalle die Analysenmethode der Vergleichspaare von GERLACH und SCHWEITZER bis zum heutigen Tage bewährt, da sehr viele Vergleichspaare gefunden werden können, so daß in vielen Fällen eine photometrische Auswertung sich erübrigt. Voraussetzung dazu ist lediglich ein trennscharfer Quarzspektrograph mit ausreichender Dispersion.

Zunächst sei der Analysengang für ein Platin mit geringen Verunreinigungen beschrieben:

Zur Anregung bei der Aufnahme dient der FEUSSNERsche Funkenerzeuger, der auf die Kapazität $C = 2800/3500$ p. F., die Induktivität $L = 0{,}08$ mHy und auf die 4. Stufe (12000 Volt) geschaltet wird. Als Elektroden dienen für die quantitative Bestimmung immer, also auch bei den späteren Beispielen, Bohrspäne (6 mm-Bohrer), die gut in HCl ausgekocht sind, um etwa vom Bohren anhaftende Eisenteilchen zu entfernen. Nachdem etwa 1 Min. vorgefunkt ist, wird belichtet. Als Vergleich zum Analysenmaterial wird in der Regel ein reines Platin mit aufgenommen, wodurch das Auffinden fremder Linien sehr erleichtert wird. Das Analysenmaterial wird, der größeren Genauigkeit wegen, zwei- oder mehrmals aufgenommen. Das so auf der photographischen Platte festgehaltene Spektrum erstreckt sich über das Wellenlängengebiet von etwa 2200 bis 4500 Å. Die Auswertung kann mit der Lupe oder mit dem Spektrenprojektor erfolgen. Man sucht unter Anlehnung an die Reinplatinvergleichsaufnahme nach den Analysenlinien fremder Metalle, wobei jedoch auf auftretende Koinzidenzen geachtet werden muß. So kann z. B. die Ag-Linie 3280,67 Å nicht zur Auswertung benutzt werden, wenn auch Rhodium in der Probe vorhanden ist (3280,54 Å). Gute Hilfe zur Ausscheidung koinzidierender Linien bieten die GERLACH-RIEDLschen[1], die KAYSERschen[2] oder die HARRISONschen[3] Tabellen. Bei Gehalten von über 0,2% empfiehlt es sich, zu photometrieren.

Die Vergleichspaare der wichtigsten Verunreinigungen von Platin sind in der folgenden Aufstellung wiedergegeben (Tabelle 1).

Tabelle 1.

Au in Pt		
Au 2676 Å	= Pt 2681 Å	Au = 0,01 %
Au 2676 Å	= Pt 2658 Å	Au = 0,05 %
Au 2676 Å	= Pt 2679 Å	Au = 0,135%
Au 3122,5 Å	= Pt 3127 Å	Au = 0,14 %
Au 2676 Å	= Pt 2674 Å	Au = 0,18 %
Au 3122,5 Å	= Pt 3141 Å	Au = 0,19 %
Pd in Pt		
Pd 3404 Å	= Pt 3447 Å	Pd = 0,008%
Pd 3421 Å	= Pt 3431 Å	Pd = 0,02 %
Pd 3421 Å	= Pt 3417 Å	Pd = 0,035%
Pd 3404 Å	= Pt 3367 Å	Pd = 0,06 %
Pd 3609 Å	= Pt 3683 Å	Pd = 0,09 %
Pd 3634 Å	= Pt 3674 Å	Pd = 0,15 %
Pd 3609 Å	= Pt 3687 Å	Pd = 0,2 %
Pd 3634 Å	= Pt 3638 Å	Pd = 0,3 %
Pd 3481 Å	= Pt 3483 Å	Pd = 0,5 %
Pd 3609 Å	= Pt 3643 Å	Pd = 0,75 %
Pd 3440 Å	= Pt 3483 Å	Pd = 1,00 %
Ir in Pt		
Ir 3220 Å	= Pt 3208 Å	Ir = 0,11%
Ir 3220 Å	= Pt 3224 Å	Ir = 0,16%
Ir 3133 Å	= Pt 3117 Å	Ir = 0,2 %
Ir 3220 Å	= Pt 3228 Å	Ir = 0,25%
Ir 3133 Å	= Pt 3127 Å	Ir = 0,33%
Ir 3220 Å	= Pt 3212 Å	Ir = 0,40%
Ir 3220 Å	= Pt 3240 Å	Ir = 0,75%
Rh in Pt		
Rh 3435 Å	= Pt 3431 Å	Rh = 0,025%
Rh 3435 Å	= Pt 3447 Å	Rh = 0,05 %
Rh 3658 Å	= Pt 3659 Å	Rh = 0,07 %
Rh 3435 Å	= Pt 3367 Å	Rh = 0,15 %
Rh 3435 Å	= Pt 3428 Å	Rh = 0,25 %
Rh 3692 Å	= Pt 3706 Å	Rh = 0,40 %
Rh 3692 Å	= Pt 3672 Å	Rh = 0,50 %
Rh 3658 Å	= Pt 3672 Å	Rh = 0,7 %
Ag in Pt		
Ag 3383 Å	= Pt 3427 Å	Ag = 0,009%
Ag 3383 Å	= Pt 3344 Å	Ag = 0,02 %
Ag 3280 Å	= Pt 3233 Å	Ag = 0,04 %
Ag 3383 Å	= Pt 3367 Å	Ag = 0,054%
Ag 3280 Å	= Pt 3282 Å	Ag = 0,06 %
Ag 3280 Å	= Pt 3251 Å	Ag = 0,10 %
Ag 3280 Å	= Pt 3255 Å	Ag = 0,35 %

[1] GERLACH u. RIEDL: Die chemische Emissionsspektralanalyse, III. Teil, Tabellen zur qual. Analyse.

[2] KAYSER: Tabelle der Hauptlinien der Linienspektra aller Elemente.

[3] HARRISON: Tables of Wavelengths.

Cu in Pt

Cu 3247 Å	= Pt 3240 Å	Cu	= 0,005%
Cu 3247 Å	= Pt 3250 Å	Cu	= 0,016%
Cu 3247 Å	= Pt 3233 Å	Cu	= 0,02 %
Cu 3247 Å	= Pt 3230 Å	Cu	= 0,03 %
Cu 3274 Å	= Pt 3230 Å	Cu	= 0,04 %
Cu 3274 Å	= Pt 3268 Å	Cu	= 0,05 %
Cu 3274 Å	= Pt 3290 Å	Cu	= 0,15 %
Cu 3247 Å	= Pt 3255 Å	Cu	= 0,16 %
Cu 3247 Å	= Pt 3200 Å	Cu	= 0,26 %
Cu 3274 Å	= Pt 3255 Å	Cu	= 0,33 %
Cu 2370 Å	= Pt 2371 Å	Cu	= 0,66 %

Ni in Pt

Ni 3414 Å	= Pt 3431 Å	Ni	= 0,01%
Ni 3414 Å	= Pt 3417 Å	Ni	= 0,02%
Ni 3414 Å	= Pt 3447 Å	Ni	= 0,05%
Ni 3050 Å	= Pt 3047 Å	Ni	= 0,07%
Ni 3414 Å	= Pt 3428 Å	Ni	= 0,16%
Ni 3619 Å	= Pt 3674 Å	Ni	= 0,25%
Ni 3619 Å	= Pt 3672 Å	Ni	= 0,4 %
Ni 3619 Å	= Pt 3638 Å	Ni	= 0,5 %
Ni 3619 Å	= Pt 3643 Å	Ni	= 0,7 %
Ni 3619 Å	= Pt 3628 Å	Ni	= 1,00%

Fe in Pt

Fe 2599 Å	= Pt 2517 Å	Fe	= 0,003%
Fe 2598 Å	= Pt 2595 Å	Fe	= 0,01 %
Fe 2755,7 Å	= Pt 2560 Å	Fe	= 0,017%
Fe 2611 Å	= Pt 2612 Å	Fe	= 0,03 %
Fe 2599 Å	= Pt 2596 Å	Fe	= 0,05 %
Fe 2599 Å	= Pt 2603 Å	Fe	= 0,09 %
Fe 2755,7 Å	= Pt 2753 Å	Fe	= 0,21 %
Fe 2755,7 Å	= Pt 2754,9 Å	Fe	= 0,62 %
Fe 2585 Å	= Pt 2572 Å	Fe	= 0,9—1%

Zur Bestimmung von Legierungsbestandteilen, deren Konzentration über 1% liegt, empfiehlt es sich, stets Testproben mit bekannten Gehalten mit aufzunehmen. Auf diese Weise können sogar Iridium- und Rhodiumgehalte bis zu hohen Prozentgehalten noch deutlich unterschieden werden. Da es sich nämlich bei den Iridiumlegierungen in der Regel um die handelsüblichen Zusammensetzungen von 10, 20 und 30%, bei den Rhodiumlegierungen meist um 1-, 5- oder 10%ige Legierungen handelt, so ist auch hier auf dieselbe Weise eine rohe quantitative Analyse möglich. Zur genaueren Ermittlung des Gehaltes ist dann die photometrische Auswertung erforderlich, für die dieselben Linienpaare wie zu der rein visuellen Auswertung verwendet werden können. Die photometrische Bestimmung kann natürlich auch nach dem leitprobenfreien Verfahren von Kayser Verwendung finden.

Im folgenden sind nun die Vergleichspaare für Konzentrationen über 1% aufgegeben. Da sich die Gleichheit hier um die in der Tabelle angegebenen Werte mit den bei der Spektralanalyse üblichen Schwankungen bewegt, wurde angegeben, bei welcher Konzentration das betreffende Paar „verwendbar" ist (Tabelle 2).

Tabelle 2.

Pd in Pt

Pd 3421 Å	= Pt 3485 Å	bei 2 %	verwendbar
Pd 3718 Å	= Pt 3699 Å	bei 4,5%	verwendbar
Pd 3718 Å	= Pt 3706 Å	bei 5 %	verwendbar
Pd 3421 Å	= Pt 3408 Å	bei 6,5%	verwendbar
Pd 3481 Å	= Pt 3408 Å	bei 7 %	verwendbar
Pd 3440 Å	= Pt 3408 Å	bei 10 %	verwendbar
Pd 3433 Å	= Pt 3408 Å	bei 11 %	verwendbar

Ir in Pt

Ir	2924 Å =	Pt 2921 Å	bei	1,5	%	verwendbar
Ir	3220 Å =	Pt 3233 Å	bei	2	%	verwendbar
Ir	3220 Å =	Pt 3230 Å	bei	3	%	verwendbar
Ir	2934 Å =	Pt 2921 Å	bei	5	%	verwendbar
Ir	2937 Å =	Pt 2921 Å	bei	8	%	verwendbar
Ir	3220 Å =	Pt 3156 Å	bei	10	%	verwendbar
Ir	3133 Å =	Pt 3156 Å	bei	14	%	verwendbar
Ir	2840 Å =	Pt 2834 Å	bei	20	%	verwendbar
Ir	2937 Å =	Pt 2919 Å	bei	25	%	verwendbar
Ir	3220 Å =	Pt 3204 Å	bei	27	%	verwendbar
Ir	3220 Å =	Pt 3301 Å	bei	32	%	verwendbar

Rh in Pt

Rh	3658 Å =	Pt 3638 Å	bei	1,2	%	verwendbar
Rh	2520 Å =	Pt 2488 Å	bei	1,6	%	verwendbar
Rh	2510 Å =	Pt 2488 Å	bei	2,6	%	verwendbar
Rh	3856 Å =	Pt 3923 Å	bei	3,5	%	verwendbar
Rh	3280 Å =	Pt 3251 Å	bei	4,2	%	verwendbar
Rh	2510 Å =	Pt 2513 Å	bei	4,5	%	verwendbar
Rh	2475 Å =	Pt 2488 Å	bei	5	%	verwendbar
Rh	3958 Å =	Pt 3923 Å	bei	5,5	%	verwendbar
Rh	2475 Å =	Pt 2513 Å	bei	8	%	verwendbar
Rh	3280 Å =	Pt 3255 Å	bei	10	%	verwendbar

Ag in Pt

Ag	3383 Å =	Pt 3408 Å	bei	2%	Ag	verwendbar

Cu in Pt

Cu	2370 Å =	Pt 2384 Å	bei	2%	Cu	verwendbar
Cu	2370 Å =	Pt 2418 Å	bei	3%	Cu	verwendbar

Ni in Pt

Ni	3619 Å =	Pt 3628 Å	bei	1%	Ni	verwendbar
Ni	3809 Å =	Pt 3800 Å	bei	2%	Ni	verwendbar

Fe in Pt

Fe	2399 Å =	Pt 2403 Å	bei	1,5%	Fe	verwendbar
Fe	2585 Å =	Pt 2647 Å	bei	2 %	Fe	verwendbar

Die spektrochemische Analysenmethode ist selbstverständlich nicht an die angegebene Form der Bohrspäne gebunden. Es ist dabei jedoch zu beachten, daß sich die Gleichheitspunkte der Vergleichspaare verschieben. Bei geänderter Elektrodenform ist deshalb stets das photometrische Verfahren anzuwenden, das aber mit den gleichen Linienpaaren, wie hier angegeben, durchgeführt werden kann.

Die angeführten Beispiele beziehen sich nur auf die quantitative Analyse von festen Körpern, nicht von Lösungen.

Bei den fünf Platinbegleitmetallen dient die quantitative spektrochemische Analyse bisher nur zur rohen Orientierung, da sie unseres Wissens noch nicht exakt ausgearbeitet worden ist. Zahlenmaterial kann deshalb nicht angegeben werden.

Neuerdings wurden Methoden gefunden, Pt-Metalle in Lösungen quantitativ zu bestimmen. Ayres und Berg verwenden den Hochspannungsfunken.

Die Chloride der Pt-Metalle als Analysenmaterial lagen in salzsaurer Lösung vor, und Kobalt wurde als Bezugselement in Form von Kobalt(II)-hexahydratchlorid zugesetzt; dazu wurde eine Reihe von Standardlösungen mit bekannten Gehalten erstellt.

Als Träger beim Anfunken wurden Elektroden aus Spektralkohle benutzt, die obere 5 cm lang und von 6 mm Durchmesser, ein Ende flach gedreht, vom anderen Ende aus mit 3,5 mm-Bohrer angebohrt, so daß eine Bodenstärke von etwa 0,6 mm verblieb. — Die untere Elektrode war 3 mm stark, und ein Ende war wie ein Bleistift angespitzt.

Vor dem Funken ließ man bei einem Abstand von 4 mm einen Bogen von 3 Amp. 1 Sek. lang übergehen, welche Vorbehandlung, neben der oberflächlichen Reinigung, der oberen Elektrode die gewünschte Porosität verleiht. — Die hierauf oben in den Bohrkanal eingefüllte Lösung sickert während des Funkens langsam und gleichmäßig durch den Boden.

Zur photometrischen Bestimmung der Intensitätsverhältnisse standen genügend Linien zur Verfügung, und es ergaben sich normale Kurven.

Der durchschnittliche relative Analysenfehler lag mit 2,8% in durchaus erträglichen Grenzen.

Literatur.

AYRES, G. H., u. E. W. BERG: Anal. Chem. **24**, 465 (1952).

GEILMANN, W., u. F. W. WRIGGE: Z. anorg. Ch. **210**, 382 (1933). — GERLACH, W., u. K. RUTHARDT: Festschrift der Platinschmelze SIEBERT. Hanau 1931. — GOLDSCHMIDT, V. M., u. C. PETERS: Nachr. Götting. Ges. **1932**, 380.

DE LASZLO, H.: Ind. eng. Chem. **19**, 1366 (1927). — LÓPEZ DE AZCONA, J. M.: Spectrochim. Acta **2**, 185 (1942). — LUNDEGÅRDH, H.: Die quantitative Spektralanalyse der Elemente. Jena 1934.

MEGGERS, F. W., u. C. C. KIESS u. F. J. STIMSON: Sci. Pap. Bur. Stand. **444**, 251 (1922/23).

PETERS, C.: Metallwirtschaft **12**, 17 (1933).

ROHNER, F.: Helv. **21**, 25, 30 (1938).

SCHNEIDERHÖHN, H., u. H. MORITZ: Festschrift der Platinschmelze SIEBERT. Hanau 1931.

III 18/97 721/77/52

GPSR Compliance

The European Union's (EU) General Product Safety Regulation (GPSR) is a set of rules that requires consumer products to be safe and our obligations to ensure this.

If you have any concerns about our products, you can contact us on ProductSafety@springernature.com

In case Publisher is established outside the EU, the EU authorized representative is:

Springer Nature Customer Service Center GmbH
Europaplatz 3
69115 Heidelberg, Germany

Batch number: 10683525

Printed by Printforce, the Netherlands